过探先（1887—1929）

庚□原田以農立國畫而不進遂

芜其殖　先生念之奮起致力焉

林植綿科學組織遠近開風

從者如卿　一病身殲鵬搏折翼

威儀儼然披圖太息

探先先生遺像　蔡元培敬贊

蔡元培所题过探先遗像赞词

康奈尔大学中国学生会合影（1913年，五排右二过探先）

过探先与同事合影（前排右三过探先）

过探先与金陵大学农林科部分教职员合影（1928年，左起第二过探先）

过探先与《农林汇刊》部分作者合影（1928年，前排中过探先）

过探先与《农林汇刊》编辑部成员合影（1928年，前排左三过探先）

过探先与中华农学会成员合影（1928年，前排左五过探先）

南京金陵大學農林科

適之吾兄先生大鑒日前在申諸承
優待感不去心惜以事未能久留竟至不別
而行別後又未嘗存問歉仄何似弟前在申時
曾草英还庚歟提倡農業意見書託在君兄轉
陳
諸公數日前復奉一書申論各端想已次第呈
政兵此次英國庚歟麥買是否僅將用途之大
綱抑并須再進一步將該歟詳細分配如有諸

南京金陵大學農林科

歟補助之機關應否於此時即將請求書送
陳審核抑宜俟諸用途大綱公布以後諸希
詳示俾便匯行為盼專頌
台綏
　　　　　　　　弟過探先謹啟日三月二十八

过探先致胡适书信手稿

UNIVERSITY OF NANKING

COLLEGE OF AGRICULTURE AND FORESTRY

NANKING, CHINA

OFFICE OF THE DEAN

We have experienced much trouble in securing new teachers. Practically every good teacher will be absorbed by government schools. So far we have not made any headway to get new teachers for our college. Do you have any to suggest? I hope I can see you before long.

Yours sincerely,

T. S. Kuo.

过探先英文手稿

迳啟者查本校有學生高樸李振綱程塗薔劉國士四名在暑假時經本科派送至江蘇昆山為出外從事捕蝗工作迄今尚未竣事惟本校註冊時期已到該生等勢不能按期來校註冊為此特行通知至希

貴處特別通融勿以延誤註冊論是幸即請

查照一此致

教務部

九月二日

过探先工作手迹

南京农业大学便函

南农文 校字（94）第 01 号

关于归还过探先墓地文物及保持墓地完整
的 报 告

江宁县政府：

应落实贵县汤山林场汤山工区的过探先生墓地，在"文革"中被遗反派强暴，其墓碑和墓志铭以及牌坊柱子被辟列他处，紧贴墓地正面空地又安葬了汪场工人坟墓，为了落实党的政策，保护文物和保持墓地的完整性，恳请贵县或有关部门予以解决，谨情如下：

过探先生，是我国著名农学家，我校前身东南大学农科副主任和金陵大学农科主任，1911年即同期道、竺可桢等人一起到美国留学，倡导创办中国第一个科学团体，回国后培育出优良棉花品种，培养了大批农业建设人才。1929年不幸逝世，当时，中央大学农学院和金陵大学农学院等12个单位举行追悼，国民政府元老、著名教育家蔡元培先生写了挽词和墓碑，另一位无老吴稚晖先生写了墓志铭，并将当时江苏省教育林第二林场第一区山地（即今汤山林场汤山工区）3亩作为墓地，建立了墓道、牌坊等，以志纪念。过探先长子过首南，年轻时即在台湾工作，曾任教授，1990年去世后，骨灰由台湾运回南京，也安葬在过探先墓地边。

"文革"中，遭反派掘墓破磐，整个墓磐遭到彻底破坏，所有墓碑、墓志铭均移作他用，1984年时，又将该工区化烧工人移葬至墓地正面之前。经县多次抓卖地人上了解，现已知一些文物的下落，县国据急速实政策予以料理，并通过贵县有关部门将汪场工人墓地迁葬，以保持墓地的完整性。

具体要求是：

一、墓目前尚有汤山镇李家生金砌切口，不管多少年后可退出，但须由镇政府出面征得使用人同意。

二、墓志铭碑现在汤山交管大队后，即进入浩亮水泥予制件厂小路50公尺处一条沟上，作为桥面板垫柱，其上有两块水泥予制板为盖，只须该厂同志手帮举举出即可，但名须由镇政府解出面与该厂交涉。

三、原牌坊柱子即在汤山工区水塘中，也易取出。

四、要求汤山工区将工人坟改华墓近迁他处（汪属于墓园）。

我们认为，过探先生是国内农学界者宿，在国内外享有盛大声誉，以上问题除第4条要微妥处这工作才能解决外，其他3条均为另中。同时，办事处汤山镇今后将发展为旅游区，如……落实政策、保护文物外，就能为汤山多增加一个墓观，特此报告，请大力支持，并责成文物部门和汤山镇将房子以解决为盼。

南京农业大学
一九九四年三月二日

附件：过探先生墓原貌照片四张

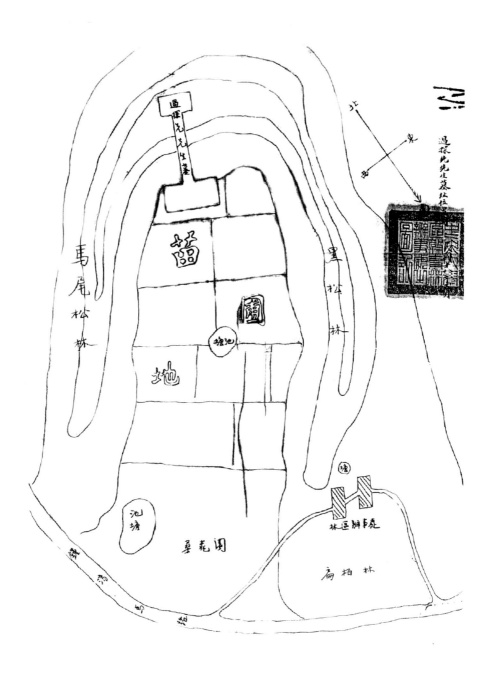

过探先墓地图纸

过探先之墓

2022年7月，过探先孙过伟与南京农业大学董维春、
张红生、朱世桂、卢勇前往汤山拜谒过探先、胡竞英之墓

过 探 先 文 集

南京农业大学 编

 南京大学出版社

图书在版编目（CIP）数据

过探先文集 / 南京农业大学编. -- 南京：南京大学出版社，2025. 5. -- ISBN 978 - 7 - 305 - 29052 - 7

Ⅰ. S3 - 53

中国国家版本馆 CIP 数据核字第 202579NC61 号

出版发行　南京大学出版社
社　　　址　南京市汉口路 22 号　　　　邮　编 210093

GUOTANXIAN WENJI
书　　　名　过探先文集
编　　　者　南京农业大学
责任编辑　吴敏华

照　　　排　南京紫藤制版印务中心
印　　　刷　南京新世纪联盟印务有限公司
开　　　本　787 mm×1092 mm　1/16　印张 19.75　字数 353 千
版　　　次　2025 年 5 月第 1 版　2025 年 5 月第 1 次印刷
ISBN 978 - 7 - 305 - 29052 - 7
定　　　价　198.00 元

网　　　址：http://www.njupco.com
官方微博：http://weibo.com/njupco
官方微信：njupress
销售咨询热线：(025)83594756

编辑凡例

过探先先生毕生从事农林科技教育事业,桃李满天下,学生及后人为其所撰的回忆文章及生平论著,浩如烟海,故在编撰此文集时有所甄别,内容有较多重复的,一般选用成文时间在前的文章。

在不影响阅读的情况下,尽量尊重、保留原文的用字习惯、句读方式、行文格式等。

关于用字习惯:对于符合当时一般书写习惯而如今属于异体字、错别字者,一般不加以修改,如"藉""透澈"等;对极个别影响文意理解的字词或在当时也属于别字者,作注予以说明,如"淡气"应为"氮气"。

关于句读:原文若无句读,则依据文意加以句读;原文句读若有明显不合语意之处以致影响阅读者,则径直修改以使表达顺畅。

关于数字:在正文中保留原文形式,部分表格中出现的中文数字统一以今国际通用的阿拉伯数字表示。

原文中部分章节序号与图表标注形式与现时论著编写及阅读习惯存在较大差异,故在收录的过程中,在不改变原文本意的基础上,作出适当调整。

关于过探先生的部分生平记事,由于缺乏原始资料直接确证,后人多采信当时与先生共事之人的回忆文字。故时有不同回忆文章对同一记事表述不一的情况,在不影响阅读情况下,本着尊重原文的基本原则,本文集对不同表述予以保留。

文章中出现的脚注,"①②③……"为原文注解,"＊"为编者注解。

每篇作品在篇末均注明其原发表处,以示严谨。

科学救国理想的践行者(序一)

2022年11月20日,南京农业大学隆重举行建校120周年创新发展大会和"大学·大地"庆祝晚会,豪迈地展示了"躬耕双甲、奋进一流"的辉煌过去与美好未来,生动地再现了"诚朴勤仁、强农兴农"的办学精神与使命担当。

肇始三江,光裕金陵。南京农业大学是中国近现代高等农业教育先驱,有三个办学起源:1902年创办的三江师范学堂农学博物科、1912年调整成立的江苏省立第一甲种农业学校(即后来的国立中央大学农学院)和1914年创办的私立金陵大学农科(即后来的私立金陵大学农学院)。在120年办学历程中,南农人始终走在中国高等农业教育前列,扎根中国大地,谱写了大学与大地结合的壮丽史诗。为修编新版校史,学校对南农"大先生"生平业绩进行系统整理,与先贤亲属一起出版金善宝、过探先、傅焕光、樊庆笙、章之汶等先生的文集、传记,以期挖掘他们强农报国的科学家精神,为知农爱农情怀为教育提供活教材。

"富国之道不外农工商三事,而农务尤为中国之根本",19世纪末和20世纪初,受西学东渐和洋务运动影响,中国近代高等农业教育从清末名臣张之洞倡建的农务学堂里萌芽,但尚未具备现代科学教育完整体系。新文化运动高举民主与科学大旗,是一场由先进知识分子发起的思想解放运动,促进了清末农务学堂办学模式向现代大学农业科学教育模式的转型,成为中国高等农业教育现代化的起点。在这次重要转型中,南农三个办学起源发挥了示范引领作用。

美国著名学者克拉克·克尔(Clark Kerr)在《高等教育不能回避历史》一书中,论述了高等教育与社会发展的关系及其解决冲突的方法。百年前的中国同样遇到了这样的问题。一方面,国家积贫积弱,农业生产水平低下,民不聊生;另一方面,处于"新学"初期的农业教育,难以胜任改造传统农业的使命。问题的关键是,当时的中国缺少现代农业科学学者和现代农业科学教育体系。

1914年6月10日,一批留美庚款生在康奈尔大学聚会,讨论了世界走势和中国未来,认为"科学家人数之多寡,为其国文化之标识""中国缺乏的莫过于科学",提出了"欲富强其国,先制造其科学家是也"的科学救国理想。他们决定组织"科学社",创办杂志《科学》,以"提倡科学,鼓吹实业,审定名词,传播知识"为宗旨。先后在社章上签名的有九人:任鸿隽、赵元任、周仁、秉志、章元善、过探先、金邦正、杨杏佛、胡明复。公推任鸿隽为社长,胡明复为总干事,过探先为经营部长兼美国通讯部负责人。过探先(1887—1929)与胡明复(1891 1927)都是无锡人,过探先长胡明复4岁,是胡的妹夫。二人在科学社的发起、社章起草和《科学》月刊撰稿中发挥了重要作用,可惜天妒英才。

1915年,科学社改组为"中国科学社",胡明复、任鸿隽、邹秉文三人起草了新的社章,以"联络同志、研究学术,以共图中国科学之发达"为宗旨,赵元任、胡明复负责数学、物理股,秉志、金邦正、过探先负责农业股。秉志、过探先、金邦正、邹秉文四位学农,回国后除金邦正工作于中国农业大学前身外,其余三人分别工作于南京农业大学三个办学起源。他们与后继归国学者一道,高举现代农业科学火炬,开设中国最早的农业科学课程,创办现代科学意义上的农业系科组织,提出"农科教结合"办学思想,开始了现代农业科学教育的伟大实践,并创办了中华农学会、中国植物学会、中国动物学会等一批全国性学会,促进了现代农业科学传播和学术共同体建设。

1915年,过探先先期回国,带回了中国科学社农业股,由其在寓所独自撑持,农业股成为1917年成立的中华农学会前身。1918年,中国科学社从美国整体迁回祖国,暂驻上海大同学校,因是民间组织,也无所作为。
1919年后,郭秉文担任南京高等师范学校和国立东南大学校长,这位第一
个在美国获得教育学博士学位的中国人,独具建立中国现代大学的眼光,
把这批中国最早的现代科学学人整体引进到南京,使国立东南大学成为
"中国现代科学的大本营""中国第一所现代大学"。中国科学社成员除教
学外,成立了很多研究所,如生物所、气象所、天文所等,这些研究所成为
1928年国民政府中央研究院的重要分支机构和中华人民共和国成立后中
国科学院南京分院的分支机构。

过探先是在时代巨变中逐步走上了科学救国的道路。其求学期间,适
值清末民初中国传统教育向新式教育激烈转变,前后经历了旧学、新学和
留学三个阶段,虽然错过了科举入仕,但成为一位优秀的现代知识分子。
经过旧式私塾后,其前往无锡堰桥胡氏公学攻读新学,奠定了外文和数理
基础。恩师胡雨人赏识其勤奋好学,随将侄女胡竞英许配(1915年成婚)。
1907年,过探先考入上海中等商业学校,因庚子赔款生招考,遂于1908年
转入苏州英文专修学校。1910年,成为第二期庚款留美生一员,成绩位居
70人中的第53名。1911年首入威斯康星大学时,正值辛亥革命爆发,杨
杏佛、赵元任等在康奈尔大学发起成立中国留美学生"政治研究会",研究
会活动充满了对祖国的热爱,深深影响了过探先,使其立志学习美国先进
农业科学,将来对振兴祖国农业有所贡献。1912年,其转学到康奈尔大学
农学院学习作物遗传育种,在这个著名农业学者最多的学府,如饥似渴地
学习,在同学中表现得最为用功,仅用三年时间获得学士学位。随后在康
奈尔大学农业研究站从事棉花育种研究,并于1915年破格提前一年获得
农学硕士学位,前后仅用四年时间完成了六年的学业。

1915年,过探先成为中国科学社的第一位归国社员,成为科学救国理
想的忠诚践行者。他先后担任江苏省立第一甲种农业学校校长(1915
年)、国立东南大学农科副主任(1923年)和私立金陵大学农林科中方主任
(1925年),成为唯一横跨南农三个办学起源并都担任领导职务的农学家。
能够与之媲美的大概只有邹秉文先生,邹秉文曾先后担任南京高等师范学

校农业专修科主任(1917年)、国立东南大学农科主任(1921年)和国立中央大学农学院院长(1930年),这也是绝无仅有的。除在三校任职外,过探先还应上海华商纱厂联合会聘请主持棉花育种工作,曾参与中华农学会、中华森林会的筹创,兼任国民政府教育部大学委员会委员、农矿部农林事业推广委员会委员、总理陵园计划委员会委员、江苏省农民银行首任总经理等职。从1915年29岁学成归国,到1929年43岁英年早逝,过探先仅工作了短短14年时间,但这非凡的14年干出了"一世"的功绩,其产生的影响是深远的。

大哉一诚天下动,诚朴雄伟见学风。南京农业大学120年的发展史,是一部前辈垦荒拓宇、后辈不懈求索的历史,是一部扎根中国、放眼世界的历史,是一部心系苍生、弦歌不辍的历史。过探先是南农三个办学起源的卓越领导者,是南农历史上的"大先生"。纵观过探先短暂而光辉的一生,尽管任职多有变动,但贯穿始终的当数"科学救国"理想,并"苦心孤诣""矢志不渝"地践行这个理想。他是中国近现代高等农业教育的先驱者,中国近现代棉花育种事业的奠基者,中国大面积人工造林工作的先行者和中国农民银行的首倡者,同时他是中国科学社的发起者之一、中华农学会的创始者之一和"农科教结合"办学思想的重要推动者。

今天,正值中国新农科建设北京指南工作研讨会召开三周年,愿南农历史上像过探先、邹秉文、金善宝、章之汶、樊庆笙等"大先生"学农报国的精神,能够在中国农业农村现代化建设中经世流芳、弥久如新、光照未来、启迪后生。

董维春　写于南京农业大学

2022年12月5日

纪念先祖过探先（序二）

适逢南京农业大学120周年校庆,学校拟为农学家、农业教育家过探先先生编撰纪念文集、修缮陵墓、重新设立过探先奖学金。

因为一个人,影响一座城;因为一群人,感召后来者。1911年,作为第二期庚子赔款的学子代表,过探先先生远赴重洋,首入美国威斯康星大学,后转入康奈尔大学专习农学并获学士与硕士学位。1915年初学成回国,1917年1月发起成立中华农学会,1918年春参与将中国科学社迁回祖国并成立办事处,1919年秋在南京洪武门(今光华门)外开辟植棉总场,1923年任国立东南大学农科副主任,1925年8月任私立金陵大学农林科中方主任,1928年夏组建江苏省农民银行并任总经理,参与老山林场、中山陵园、孔山江苏教育林的规划。那个时代,过探先同任鸿隽、胡明复、赵元任相约结社,励精图治;与邹秉文、陈裕光、傅焕光筚路蓝缕,开拓中国近代农业教育事业。

2022年,有幸跟随南农大董维春副校长去汤山拜谒先祖父祖母过探先、胡竞英之墓。当时,墓地已荒草丛生,不便行走,董副校长率一众学子晚辈肃立墓前,默哀致敬。

承蒙卢勇先生之托,我们得以有机会写一篇纪念先祖父的千字短文,表现其高尚人格和博大胸怀,缅怀一代农业奠基者的丰功伟绩。探先祖父为了事业,舍小家为大家。为了农业,写论文讲实情。为了农民,育良种减赋税,隐忍斡旋,奔走呼号,积劳成疾,刚到不惑之年,便已两鬓斑白。1929年春在南京参加军官屯垦讲习班时身染重疾,不幸逝世,享年43岁。蔡元培先生亲笔题写过探先先生遗像赞词,追悼大会由杨杏佛、陈裕光、王善佺等致悼词,吴稚晖撰写纪念碑文。一介书生,贡献自己三牌楼寓所为科学社办公场地。一己之力,勘察汤山育林地形时顽疾发作血染衣襟。一身傲骨,为民族大义和师生权利愤而辞去东南大学的所有职务。一病不起,使吾国吾民之农业蒙受不可估量的损失。先祖父家风端正,家教甚严。大伯南田少小离家,砥砺奋斗,先后捐资设立多个助学奖学金;姑妈南大、南山、南伍秀外慧中,桃李已满天下;七伯南强与家父南同均子承父业,从事农业机械与植物保护,著书立说,成绩斐然。最后谨祝南京农业大学越办越好!愿先祖父探先的宏图伟志早日成为现实!

过坚　过弘　过伟

2022 年 11 月

目　录

农艺与种业

农业问题考

论农业教育

观世界农业

其他论述

附录一

附录二

农艺与种业

棉种选择论

（1915 年）

过探先

植物选种之重要，及其效用，已于《植物选种论》详言之（参见本杂志本卷第七期）。兹更举棉种为例，详阐选择之秩序，备陈施行之方法。

棉种之类别

从植物学上而论，棉属锦葵科（Malvaceae），种甚伙且紊。即植物大家，于分类时，颇多疑难。盖棉为人类耕植久矣，流落郊野者，搜集未尽；植于田间者，册籍不详。耕植既久，则变迁自大。有变迁，则必经人择。经人择，其变迁之状态益著。且近四百年之间，棉种移植发达；各种之起源，更难稽求，无怪乎各植物学家分类有多寡之歧异也。虽然，从实际上言之，有经济价值之棉，不过五种。试本瓦特（G. Watt）氏之著作 *Wild and Cultivated Cotton Plants of the World*（1907）[①]，作一简表，以示各种区别之真相。

1. 种子外衣所生之纤丝[②]只有长者。花黄色，间或转红。

A. 子分离，不相连续。原产地美洲之热带。

谓之海岛棉（Sea Islands Cotton），科学名 Gossypium barbadense Linn。

B. 子连理，原产地南美洲。

谓之秘鲁棉（Peruvian Cotton），科学名 G. brasien Macf 或 G. peruvianum

---

① 　此书作者未曾得见，系摘录大英百科全书。

② 　俗所为棉花者，非花也，乃棉子耳。子之外衣生毛，纤细如丝，即人俗所谓花衣。参观第一图。

Cav。

2. 种子外衣所生之纤维，有长有短。

A. 花黄色，或白色，间或转红。

（a）叶大，缺裂三或五，花白。原产地墨西哥。

谓之高地棉（Upland Cotton），科学名 G. hirsutum Linn。

（b）叶小，缺裂或三或五或七，花黄色。原产地印度。

谓之印度棉（Indian Cotton），科学名 G. herbaceum Linn。

B. 花紫色，或红。原产地近印度一带。

谓之树棉（Tree Cotton），科学名 G. arboreum Linn。

海岛棉。哥伦布始见此种于西印度群岛，因其蕃植于南方诸海岛及沿大西洋岸北美诸省，故名之曰海岛棉。棉质佳良无比，丝细而美，长约 1.4—2.5 英寸。自经美国农材部试验员细心选择后，更加精良。

埃及棉。与海岛棉为同种，丝之长短，介于海岛棉、高地棉之间。每岁，由他国输入美国之棉，十分之八为埃及棉。盖埃及棉质精细，柔韧而不易断，伸缩力大而绞扭无伤。其纱可织袜，和蚕丝及羊毛，可为线带也。

秘鲁棉。此种为多年植物，丝粗强而坚韧，所织之布匹，大似以羊毛织成者。丝长约 1—1.5 英寸。

高地棉。此种于当世商业上，最占紧要地位。盖北美为产棉之巨擘，而其所植之棉，大半属于此种也。丝长约 0.75—1.25 英寸。

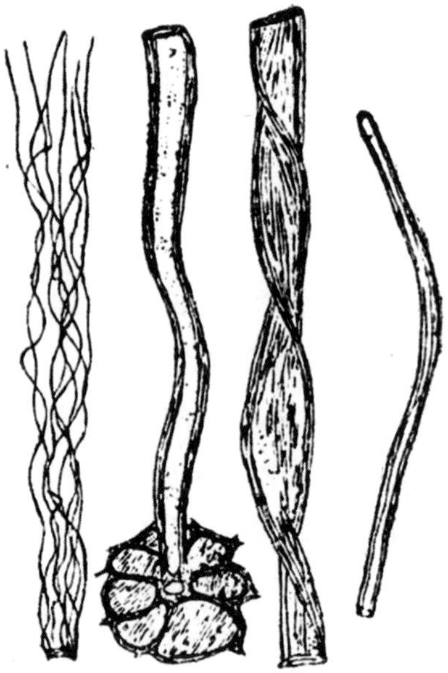

A B₁ B₂ B₃

图 1 - 1 - 1*　棉丝

 A 为棉子外衣之一部及其所佩之丝（放大三倍）

 B₁ 为丝之下部（放大三百倍）

 B₂ 为丝之中部（放大三百倍）

 B₃ 为丝之上部（放大三百倍）

 （描录 Bonn 植物教科书）

---

* 即前文所提"第一图"。

印度棉。此种盛植于亚洲之南部及印度等处。与高地棉甚相似，不过其丝稍短略强耳。丝约 0.5—1 英寸。

树棉。印度及非洲各处出产甚多，形如矮树，为多年植物。丝细而光亮，于商业上无甚紧要，间有以之为园庭布景之用者。

中国棉，何种居多[1]，及植何种为最佳，未经详加研究，不敢臆度。俟归国后，再行考求报告。如广东冯庆桂博士、上海穆湘玥硕士、嘉定杨永言硕士等，研究棉业有素，苟能略陈梗概，报告当世；或各处有志农业之士，代为采集标本，通告近况，是所馨香祷祝者也。

选种家应知之事

选种之原理，简而易明。选种之事，亦非高远而难能。农业家或忽而不讲，或畏难而止，犹划地自限耳。

旷观宇宙之间，万物相传，各得其真。棉之子，恒生棉，苟细心研察，则见同种所生，未必相齐。亦犹同族之伯叔兄弟姊妹之不必相肖也。试观一田之中，植科有大有小；或高或低；佩实有丰歉之不同，优劣之不齐。万物之迁异，达尔文固详论之矣。苟能利用其迁异之势，慎择佳种而养育之，则嘉嗣可望；或奇种猝现，竟远胜其祖先焉。今日世界最著名之棉种，大半为继续选择之效果。出自异种交接者，亦时有所闻。以不在本篇范围之内，且非有经历者不能为，姑不具论。

于选择之时，须定一标准；向之而行，不得不止。志向不可过奢，以专一为贵。譬如增进产额、改良棉丝二者，均为棉种选择者之所想望。惟丝长者，出产未必丰；出产丰者，其丝未必长；二者能兼得之固善。不可得兼，取舍固视选择者所怀之标准如何，然总以两不伤害为是。

准个遗传能力之大小，亦宜顾及。准个虽有特别之优点，苟无遗传之能力，则其优点之存在，不过一世耳。故选种家，于收获种子之时，宜将各科所佩之种子，另置之，毋使与他科所佩者相混。于次年，布种田间后，表以记号。俟成熟后，研究其特性，是否与第一年所选者相类；其优点是否近想望之标

---

[1] 中国江苏一带之棉，或曰属 G. Sinense，与印度棉同属也。

准,是则存之,否则去之。

棉花虽能自交,然花大且美,蜂及他虫常好集其上。以此由虫类之媒介,异花相交者,常有十分之一。故选种之田场,最好不与他种棉地相联,恐异花交接,有以乱其种也。

据寻常之习见,佳美之果实,常生于肥田之内。选种棉田之土质,须与寻常棉田相仿佛。惟宜施肥料,勤耕耘。

选择期成之目的

农家之收入,视乎出产之多寡、出品之精粗而定。选种之目的,在乎增进农家之收入。故选种者所怀之目的,即农家之所馨香而祷祝者也。一言以蔽之,曰:增进产额、改良出品二事耳。

凡输入之新种,必须慎行选择,俾得准合于天时地宜;凡固有之旧种,亦须继续选择,以保整齐之优点;凡易受菌侵虫害之种,经数年选择之苦心,可成善于抵拒之种。此三者,固为选种之目的。兹姑就棉质应改良之要点,为选种家所注意而期成者,论之如次。

增进产额。据美国农林部员及南方诸试验场员之经历,佥谓选植出产丰盛之种,其所生必蕃。当埃及棉输入美国时,产额低微。经三载选择后,产乃丰。近年来,海岛棉产额渐丰,选种家与有力焉。

增进棉丝之长度。棉之价值,与棉丝之长短,有密切之关系。观下表即知(下表摘录英国一千九百零五年皇家棉业陈赛记录)。各种棉丝之长度,参差甚大。倘继续选种佩长丝之子,棉丝可望逐渐增长。当司搭姆(埃及棉之一族)棉,输入美国时,棉丝长度之平均,不过 $1\frac{1}{4}$ 英寸,第一年所生之植科,高至八英尺,惟其出产甚歉,棉质亦不甚佳。选最佳植科所佩之种,于次年培植之,棉丝长度增加,产额亦渐丰云(参观第二图*)。

---

* 即图 1-1-2。

表 1-1-1　棉种价值与长度之关系

棉之种类	棉丝之长度	同时每磅之价
海岛棉	1.8 英寸	1 先令
	2.0 英寸	1 先令 3 便士
埃及棉	1.2 英寸	$7\frac{1}{2}$ 便士
	1.5 英寸	$9\frac{1}{4}$ 便士
高地棉	1.0 英寸	4 便士
	1.3 英寸	$4\frac{2}{5}$ 便士
印度棉	0.8 英寸	$3\frac{11}{16}$ 便士
	1.0 英寸	$3\frac{1}{2}$ 便士

齐一棉丝之长度。棉丝不惟欲长，尤宜整齐。倘参差不齐，棉丝虽长不足宝，盖长度参差之棉，于纺纱时，耗损甚多也。同一棉子所佩之丝，在子尖之丝，辄较中间所佩为短。同科所结之子，其丝之长度，亦有出入。选种者，宜注意所选种子之丝，其长度是否齐一。

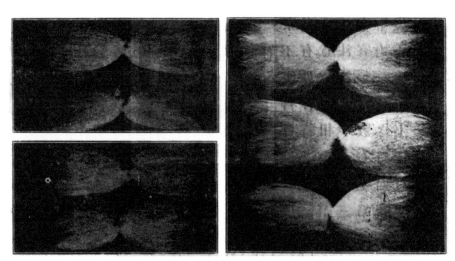

图 1-1-2　表明选种对于改良棉丝长度及棉质之功效

在左之上者为新输入之司搭姆棉；

在左之下者为经第一年选择后之结果；

右者为经第二年选择后之结果。

（转载北美农林部报告年册，图之大小为原大八分之七）

棉丝须坚韧。选种时,于棉丝之坚韧与否,亦宜注意。棉丝软弱者,比比皆是,坚韧而有力者,贵而难得。盖棉丝之坚韧与否,与纺织甚有关系也。

选择法

选择棉种方法,可分为三,曰:普通的、简易的、科学的。而其选择目的,以增进产额,改良棉质为归则一也。无论用何种方法,所选之棉,丝朵宜大而整,植科宜健荣无病,佩实宜丰,成熟宜早,种子易有遗传之能力。

普通的方法

(第一年)当棉朵初放之候,巡行田间;细观植科之形式、健弱、成熟之早晚、佩实之丰歉、棉朵之多寡大小,如是者数次,择优者,以数字表记之。每次采落时,置棉朵于袋中,袋上有数字,与前所表记之数字相符合。至秋终,更将各袋中之棉朵,查察一番。凡棉丝之长短、整齐与否,种子之大小,均宜注意。有不如意者去之。置合意者于轧花车,轧去其棉丝,须注意毋使各袋之子相混杂。

(第二年)春间以各科之种子,布种田间。表以的切之数字,与袋上之数字相符合。最好以每科之种子,占田中一行(或二行三行亦可,随所宜而定可也,参观第三图*)。施肥料,耕耘,一切管理,均视寻常棉田。俟初开花时,观察田间各行之植本,是否较第一年所生有进步,及其整齐之程度。于最整齐之行选择最佳之植科。于斯时也,各科产额之丰歉,及混杂之乱种,均能略觇梗概。有秀且高,而下枝稀疏者,其产额必不丰。有状异乎寻常,介乎两种之间者,必为混杂之种,此等均宜避忌。三数日后,再行巡视一周,果有不如意者,屏除之。待成熟时,再行度定其产额之优劣、成熟之早晚、疾病之有无,以及整齐与否。于棉朵开放以后,于最整齐之行,为最后之选择,摘置于袋中,袋上以数字表明其来源。设自第一行采落者,则置于第一号袋内,其余类推。于轧去棉丝时,仍须注意于各科种子之掺杂。

(第三年)巡行之方法,及宜注视之要点,都与前年相似。俟成熟后,于最整齐之行,为最后之选择。于来年为留种田之用。后年留种田之种,即于此

---

* 即图 1-1-3。

选择。以其剩余为寻常棉田之种，或售诸邻舍，循是以往，苟能谨慎将事，免与他种相混，不患无佳种矣。

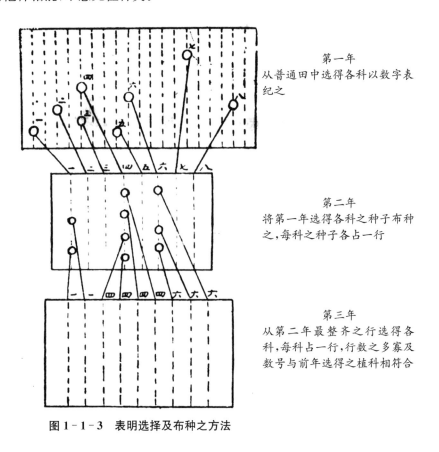

第一年
从普通田中选得各科以数字表纪之

第二年
将第一年选得各科之种子布种之，每科之种子各占一行

第三年
从第二年最整齐之行选得各科，每科占一行，行数之多寡及数号与前年选得之植科相符合

图 1-1-3　表明选择及布种之方法

亦有采用如下列计划者，其法亦甚善（参观第四图*）。苟于第一年，选择五科，每科有子五百粒（或至二千粒），则于三年后，其种可植一百五十亩，苟于第一年，选二十科；则于三年后，可植六百亩。北美采集此制，选择海岛棉，其效卓著云。

简易的方法

农夫识浅，不知普通法之善处；或田事彷徨，有志不逮；此简易法之所以作也。择于棉之优劣素有经验者，任采棉之役，于第二次摘采之前，至田间，

_____

* 即图 1-1-4。

采择合意之棉朵,并置袋内,为来年之种。于轧去棉丝时,须注意毋与他种相混杂。美洲老于植棉者,常谓第一次及第三四次摘落之棉种,不若第二次落摘者为佳。故采种须在第二次采摘时。用此法者,虽未计及各科遗传能力之强弱;苟能得有经验之采者,谨慎将事,成效亦必可观。美国自行留种之农户,多采用此法。

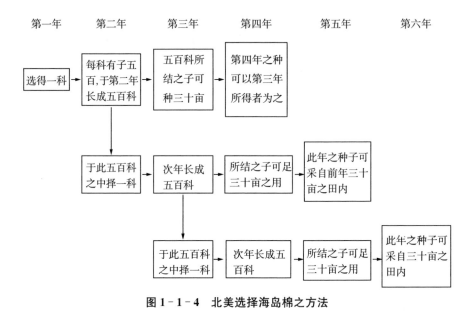

图 1-1-4　北美选择海岛棉之方法

科学的方法

此法大都用于农业试验场。其进行之大致,与普通法相彷佛。惟任用此法者,科学之知识及实习上之经历,须较用普通法者稍高,品评须稍严,记载须稍详。有记载可凭,则品评愈确,选择愈当,且可搜获善良之新种焉。

育种家及选种家之重条理者,多备有品评单,凭之以比较各种之优劣。倘用科学的选择,品评单尤不可缺。品评单上所列之各款及分数,视所期之目的而定,不宜执一。譬如欲选择长丝之高地棉,须注重于棉朵、产额、棉丝之长度,及成分各款。若欲选早熟之大朵短丝之棉种,则须注重成熟期之早晚、棉朵、产额数项。兹本美国通用之棉种品评单,略为变通,录于下方,其中各款虽已齐全,分数尚未填入,选择家酌定可也。

表 1-1-2　品评单（选择棉种用）*

种名		产地			年　月　日　某某评		
成熟期 分	极早			棉丝　稀密 分	极密	
	早				密	
	晚				平常	
	极晚				稀	
植科形状 分				长度 分	$\frac{7}{8}$英寸	
					1 英寸	
					$1\frac{1}{18}$英寸	
虫病抵抗力 分	极大				$1\frac{1}{8}$英寸	
	大				$1\frac{3}{16}$英寸	
	小				$1\frac{1}{4}$英寸	
	极小				$1\frac{5}{16}$英寸	
抵拒旱干力 分	极大				$1\frac{3}{8}$英寸	
	大				$1\frac{7}{16}$英寸	
	小				$1\frac{1}{2}$英寸	
	极小				$1\frac{5}{8}$英寸	
抵拒风暴力 分	极大				$1\frac{3}{4}$英寸	
	大				$1\frac{7}{8}$英寸	
	小				2 英寸	
	极小				$2\frac{1}{8}$英寸	
产额 分	极丰				$2\frac{1}{4}$英寸	
	丰				$2\frac{3}{8}$英寸	
	平常				$2\frac{1}{2}$英寸	
	歉					
棉朵　大小 分	极大			色 分		
	大					
	小					
	极小					
开放	极佳					
	佳					
	平常					
	劣					

---

* 本篇中"品评单""每科记录单""族遗记录单"并非现行标准下严格意义上的表格，此处依原文转录。

续　表

种名	产地		年　月　日	某某评
备注		极精		
	精粗分	精		
		平常		
		粗		
	整齐分	极佳		
		佳		
		平常		
		劣		
	力量分	坚极		
		平常		
		弱		
	扯力分	极强		
		强		
		平常		
		平弱		
		弱		
	成分（即"花衣"之成分,如30%谓每百斤之"棉花"有三十斤花衣）分	39＋％		
		37—38％		
		35—36％		
		33—34％		
		31—32％		
		29—30％		
		27—28％		
		25—26％		
		23—24％		
		21—22％		
		19—20％		

　　田间已经选择植科之状态,须记载于记录单,采摘之棉朵,置于袋内,每科一袋,切不可混杂,袋上之号字,须与植科上所佩者相同。带至室内,细细研究之、品评之、比较之,登入记录单内。记录竣事后,比较各科所得分数之多寡,其优劣即了如指掌。将分数最多者数袋,留为次年布种之用。

表 1-1-3 每科记录单(选择棉种用)

种名	产地	号数		
	年　月	日某某记		第　页
种族之特性		选择期成之目的 已经选择之年数		
植田观察随笔		备注		

下种月日	第一花朵开放期	植科之状态	虫病	棉朵之重量(以十朵计)	朵数	棉朵		棉子		
						大小	开放	光簇	重量	佩丝之稀密

棉丝						产额 "棉花" 之重量	"花衣" 之成分	总分数
长度	色	精粗	整齐	力量	扯力			

　　最好,于棉花将开放时,视察田内,将不合意之植科,拔除之。免其与适合植科混和交接。

　　次年培植后,进行均如旧,更须格外注意于前年选择各科遗传之能力,详细记录其真相,而一一比较之。遗传能力强者,积数年必为佳种;遗传能力弱者,弃之勿用。记录单,用之以研究遗传能力之强弱者,名曰族遗记录单。

表1-1-4 族遗记录单（选择棉种用）

种名		产地		号数 年 月 日某某记						第 页			
母种之特性 参观每科记录第 页					观察随笔								
					备注								
植田名	下种月日	科数	收获之科数	成熟期	植科之形状	虫病	棉朵		棉子				
							大小	开放	大小	光	簇	佩丝之稀密	

棉丝					产额	"花衣"之成分	总分数
长度	色	精粗	力量	扯力			

作者之希望

推广棉区，改良棉质，为振兴棉业之要图；而研究选种，实为达此目的之先声。回顾吾国农民，知识幼稚，能知选择之原理者，十无一二；或稼穑艰难，田事彷徨，虽知选种之利益，而不暇计及焉。近闻有设立棉业试验场之议，他日必能求得佳种，广布民间。愚以为各地纱厂，均宜附设棉种公司，购地专为种植棉种之用；请经验家为之督率，以其选得之棉种，售与农民为布种之用，且时常巡行各村，观察一切。演讲原理，应对疑问。如是，则数年后，棉质产额当均有进步之希望。棉质良，则纺织品之价值，因之增加；不独农民之幸，抑亦厂家之利也。举事专易而收功多，莫逾于此。热心实业者，盍起而图之？

（原载《科学》1915年第1卷第8期，911—925页）

华商纱厂联合会植棉场之经过概况

（1921 年）

过探先

绪言

吾国棉品之输入，早已成为国民经济上绝大之漏卮。盖产额不足，品质不良使然也。

世界棉产之总额，近二十年来，增加达五分之二。一千九百十三年至十四年一年间之产额最丰，都凡二七，七〇三，〇〇〇包（每包五百磅）。美国执世界之牛耳，产额居总数一半以上。印度所产，约占五分之一以上。我国所产，则不及六分之一。虽欧战以还，物价腾贵。欧美各国，以事实上之关系，不能增加出产，以应世界之需求，授吾人以空前莫大之机会。更加国人渐行觉悟于棉货漏卮之大，尽力提倡植棉之推广。棉田产额，年有增加。八年之产额虽丰，仅能与印度相伯仲耳。试以世界人口与棉产比，每人可得六磅。而我国人口与棉产比，每人只得四磅。国货既不足以应一般之需要，外人遂得扩张商业之机缘。乘势而入，吸我脂膏。观乎八年进口之棉纱，价值在七千二百万两以上。进口之布货，价值在一万四千万元以上。国人急宜深省觉悟者也。

以棉之品质而论，最良者为海岛棉；次为埃及棉、高原棉；最次为印度棉及中国棉，纤维粗短，硬强不韧。世界方日流于奢华，决非此恶劣棉质所能应其需求。若细纱精线花布纱标羽缎等商品，居输入类之大部分者，亦非粗短之纤维所能纺织。故专求产额之增加，而不图质量之改良，则价格低廉，于生产人不能得相当之利益。而于消费人方面，亦必得有精美之棉，方能多出精美之制作,争炫竞奇,战胜于商场也。

世界优良棉之供给,几全赖美国,而美国近年之出产,不惟不能增加,反有退缩之现象。以一千九百十九年与一千九百十三年相比较,面积计减少三百四十余万英亩(每英亩合中国六亩),产额减少至五百万包之巨。盖墨西哥蛀果虫之蔓延,人工之缺乏,生产费用之增加,有以致之也。近日棉价骤低,市价几不及生产费用之半。美国南方诸洲之银行家、棉商与植棉人,爰在孟费司开联合大会,决定缩小种棉区域百分之五十。埃及政府,亦应多数省议会之请,决议减少种棉田三分之一。如果世界平和,经济状况渐形恢复,缺棉之恐慌,将有不可终日之势。我国地广宜棉,劳工众多。苟能实力提倡,尽心于棉田之推广、棉质之改良、栽培方法之研求、病虫害之注意,十数年后,不惟仅能供给本国之需要,或可补救他国棉产之不足。是又国人所常勉力者也,抑吾国提倡植棉,盖亦有年矣。民国初元,张公季直,实倡"棉铁救国"之说,风动一时。农部特设棉业处,并聘专家为顾问,规划一切。棉作试验场,先后成立者凡四。各省所设立者,尚不计焉。三数年前,海上有名人物,复有中华植棉改良社之组织,各地闻风兴起,相从者不下千人。自美国加入欧战以后,渐起棉荒之恐惧。日人既得霸占东方市场之机会,棉业于是乎勃兴。而吾国原棉之需求更巨。中外人士,咸知吾国提倡植棉之推广及改良,更不容缓。政府遂有整理棉业筹备处之设立。外人纱厂公会与金陵大学,共组研究植棉之机关。而华商纱厂联合会植棉场,亦于此时应运而生焉。

宗旨及计划

植棉场之宗旨,概其要不外二端:一曰增加产额;二曰改良棉质。增加产额,所以剂供求之相应;改良棉质,所以应时势之需要。以选育优良种子,改良栽培方法,推广植棉区域三者,为进行之方针。其他如规定棉产品级标准、筹设收买良棉机关,以保护植棉者应得利益诸事业,亦当观余力之有无,次第进行。

组织

场之组织,力事简省。设总场长一人,受成于华商纱厂联合会植棉委员会,主持一切。委员长穆藕初,委员聂云台、荣宗敬、刘柏森、徐静仁,办事处设事务员二人,分理会计庶务各事。总场设技术员二人,助理试验各事。分场视面积之大小、事务之繁简,酌设技术员一人或二人。

又为培植实地植棉人才起见,招收农校学生,授以确切之智识、朴实耐劳之训练。整理棉业筹备处亦派多人来场练习,自备资斧请求入场者,亦有二三人云。

场地

表 1-2-1 植棉场址与地土之状况

场名	场地地址			面积	地土之状况			备注
	省名	县名	地名		土质	高低	肥瘠	
南京总场	江苏	江宁	洪武门外花园村	54	砂质壤土略兼碱性	有高有低	中庸	
江浦分场		江浦	永宁镇涧湾李	400	砂质壤土及粗砂土	高地居,三分之二余均平田	肥瘠不等	种棉之面积计二九六亩
溧水分场		溧水	赞贤乡薛家村	50	砂质壤土	高田居多	中庸	
金坛分场		金坛	珠琳镇三官堂	70	粗粒砂土	高阜	稍瘠	
宝山分场		宝山	张华浜陈家宅	50	砂质壤土	低	中庸	
灌云分场		灌云	响水口双港乡	50	砂质壤土	平原	肥	
铜山分场		铜山	三堡半截楼	50	砂土	平原略低	中庸	该场地系零星小块,管理不便,已停办矣
萧县分场		萧	黄口王小屯集	50	砂土	平原	碱性颇重	该场居萧砀两县交界之处,极宜植棉,明年已在砀山县界租田百二十亩
宝应代办场		宝应	黎城镇学田庄	103	粘土	微倾斜	中庸	代办性质

续　表

场名	场地地址			面积	地土之状况			备注
	省名	县名	地名		土质	高低	肥瘠	
唐坊分场	直隶	丰润	唐坊	30	壤质粘土	高	颇有碱性	津贴包办性质
唐山分场		滦	唐山	30	砂土	高	中庸	同上
郑县分场	河南	郑	五龙口白庙豫丰纱厂	231	砂质壤土	平原	中庸	三区总面积如上数
杭县分场	浙江	杭	彭家埠七堡	50	细砂土	低	碱性颇重	该场土质碱性极重,排水不良,今年三次被淹,明年拟缩小范围藉节经费而续试验
武昌分场	湖北	武昌	文昌门外	50	粘质壤土	稍低	中庸	
郎溪分场	安徽	郎溪	方家铺	62	砂砾	高阜	瘠	该场地系新垦,土浅,极瘠,不宜植棉,已停办矣
衡阳分场	湖南	衡阳	集兵滩	30	沙土			津贴包办性质
常德分场		常德	德山	40	粘土	高	肥	该处屡受军事影响,拟俟时局安静后再行继续办理

（原载《时报》1921 年 4 月 11 日 0013 版）

吾国棉业之前途

（1921 年）

过探先

　　衣食住，为人生三要素。衣之中，棉为最要。其子之油，经荡气炼坚以后，可以代牛油、猪油而为食品、为燃料。篷帐床被，车轮艇帆，都以棉成。棉于人生之功用，固不仅限于衣之一端也。棉业之发达，实随文化而增进。文化进，则棉之用途广；用途广，则价值高。世界上人，现时无衣服者，统计不下二千万，褴褛者不下十万万，而棉产已有供不应求之现象矣。二十年之中，美棉（花衣）之价值，增加五倍。西历 1901 年之价，每磅为美金 8.66 分；1911 年，增至 14.69 分；今则至 40 分左右。百物腾贵，虽为近世普通之现象，然就其增加之速率而言，则棉为甚焉。1910 年之棉价，较之 1899 年之时价，增加百分之三十八。而一般之物价，增加不及百分之十也。世界棉价增高之速，由于需要之大，棉产虽年有增加，1909 年至 1914 年五年间之出产额，平均为二千四百六十六万包（每包五百磅花衣）。较之前五年间之平均，每年得二千四十六万包者，已增百分之 20。然供不应求之现象，仍未少纾也。据 1907 年，世界纱锭之统计为一万二千万枚；至 1913 年时，增加至一万四千三百万枚，即增加百分之 20。而每千锭每年所用之花衣分量，亦由一百四十八包，增加至一百五十六包矣。消费之数，决不能超过出产之额固也。以上所述，不过表明棉产需要之增进，较出产为速耳。

　　故棉业之前途，不在需求低落，而在无充足佳良之原料。现今世界上棉产最多者，首推美国，占世界全额十分之 5 而强。次印度，占十分之 2 而弱。中国则居第三，占十分之 1.5 而弱。参观下表（根据 John A. Tudd*：*The*

---

　　* 据考证，"Tudd"应为"Todd"之误。

World's Cotton Crops)（以千包为单位）。

表1-3-1　世界棉产之分布

	1909—1910	1910—1911	1911—1912	1912—1913	1913—1914
美国	10,651	12,132	16,043	14,129	14,610
印度	4,718	3,853	3,288	4,395	5,201
中国	2,531	3,467	3,437	3,931	4,000
埃及	1,000	1,515	1,485	1,507	1,537
俄国	686	895	875	911	1,015
其他	950	967	1,058	1,171	1,340
总计	20,536	22,829	26,186	26,044	27,703

　　美国因虫害之蔓延、人工之缺乏、生产费之增加,棉产能保持原额,已觉非易。若欲大加增进,以遇世界之需要,一时恐未必能成事实。吾国则地大物博,宜棉之区既广,荒地亦尚多,植棉之提倡方始萌芽。后日产额,超过印度、美国而上之,亦非不可能之事也。

　　以棉业而论,吾国更属幼稚。近年来,虽渐发达,然至去年三月底止,我国纺纱之锭,仅一百五十七万五千余枚,占1917年世界全额百分之1,仅及日本在该年所有锭数之半,是可耻也,是可忧也。

表1-3-2　不同年份各国纺织锭数

国名	调查年份	纺纱锭数
英国	1917	60,973,381
美国（北部）	1916	19,597,871
美国（南部）	1917	13,937,167
德国	1914	10,162,872
俄国	1917	9,576,952
法国	1914	7,400,000
印度	1916	6,839,877
奥国	1914	4,941,320
意国	1917	4,600,000

国名	调查年份	纺纱锭数
日本	1917	3,181,604
西班牙	1917	2,250,000
比国	1914	1,775,000
巴西	1913	1,520,000
瑞士	1917	1,454,494
中国	1917	1,126,568
其他	不述	

　　试观 1914 年世界人口之统计,为 2,177,413,600。1913 年,花衣之总产额为 27,703,000 包,每包为五百磅,则每人合得 6.3 磅。我国是年之人口,为 439,214,000,应有 5,534,000 包方能敷用。而我国 1913 年所产,只 4,000,000 包,相差一百五十万包。我国人口占世界人口五分之一,而纺纱之锭数,仅抵全世界百分之一,供不需求,相差尤大。是以吾国国民衣着所需之棉货,在经济上已成为绝大之漏卮。民国七年,海关贸易册载:进口之印度棉纱,值 16,396,036 两;日本棉纱,值 35,358,884 两。是年棉货进口之价值,为 15,138,423 两,而出口棉花之值,仅有 37,887,337 两也。长此以往,即此一项之漏卮,已足尽我民之脂膏而有余矣。

　　近年棉业救国之说甚盛,因纺纱获利之大,投资者渐有兴味。去年四月一号至九月底,六阅月之中,添购锭子达六十万枚。各地建设之新厂,正如春夏之竹苞,有勃发而不可抑制之势。棉业前途,正未可量。美国驻华商务参赞安诺德君尝曰:“中国人民之购买力,目下尚低。将来国内实业发达,则购买力必随之而增。是故输入棉业机器,不必视为减少外国所制棉货销售于中国之机会。盖中国人口有四万万,只须每人略增销耗棉布之量,则除本国出品外,外货之销路决不至减少,或反加增。”吾国棉业之前途,真未可限量也。

　　但吾国棉业之前途,果能与英美日本竞胜与否,当视原料之供给为断。万一所出之品,粗劣不精,不合现时之需要,原料不足,必欲仰人之鼻息,则今日蓬勃之投资,适足藏后日之隐忧,前途固未可乐观也。夫原料供给之问题有二:一曰品质,一曰数量。笃特(John A. Todd)氏论世界棉产之品质,别为五等。中国之棉与印度棉同列最下之等。以市场之价值而言,尚不及佳良之印度棉。观下表可了然也。

表 1-3-3　不同棉种及其市场之价值

等第	名称	纺纱支数(最大)	长度①	花衣一磅之价值②
I	海岛棉(上等)	300支	2+	$12\frac{1}{2}$—18
II	海岛棉(次等)	100支	$1\frac{1}{2}$—$1\frac{3}{4}$	$11\frac{1}{2}$—$12\frac{1}{2}$
	埃及棉(上等)	100支	$1\frac{1}{2}$—$1\frac{3}{4}$	10—$11\frac{1}{2}$
III	埃及棉(次等)	70支	$1\frac{1}{4}$—$1\frac{1}{2}$	$8\frac{1}{2}$—$10\frac{3}{4}$
	美国长丝棉	70支	$1\frac{1}{2}$	—$10\frac{1}{2}$
	秘鲁棉	60支	1—$1\frac{1}{2}$	7—10
IV	菲洲东部棉	50支	1—$1\frac{1}{4}$	$6\frac{1}{2}$—10
	巴西棉	50支	$\frac{3}{4}$—$1\frac{1}{4}$	6—9
	美国短丝棉	40支	1—$1\frac{1}{8}$	$5\frac{1}{4}$—$8\frac{1}{3}$
	俄国棉	40支	$\frac{9}{10}$—$1\frac{1}{8}$	5—$7\frac{1}{2}$
	菲洲西部棉	40支	1—$1\frac{1}{8}$	$6\frac{3}{4}$—$7\frac{1}{2}$
	小亚细亚棉	40支	$\frac{3}{4}$—$1\frac{1}{8}$	5—$7\frac{1}{2}$
V	印度棉	30支	$\frac{3}{8}$—1	$3\frac{3}{4}$—7
	中国棉	30支	$\frac{3}{8}$—1	$6\frac{1}{4}$

　　世界文明日进,精棉细纱之需要日广。若车轮、若艇帆、若丝布、若花边,皆非精棉不成。占每年输入额大部分之细斜纹布、标布、印花染色等布,均非吾国退化已极之棉质所能制选,且棉质之精良与否,不仅与出品之精粗有关,

---

① 以英寸为单位。

② 以 1914 年七月十日列物浦之市价为标准,以便士为单位。

即与工作之效能、成本之轻重,亦有直接之关系也。中国纱厂,纺十六支纱,每日夜每锭出数不足一磅,而日本则可出一磅二五。由于所用棉质不同之故,棉质不良,则费料多而成本重。吾国欲希望棉业之发达,棉业基础之稳固,非先注意于输入长纤维之棉种,并将本国之种大为改良不可也。

论棉产之数量,供不敷求,前已言之矣。世界每人每年平均销费净棉63*磅。以此而推,吾国每年应增一百五十万包,方能敷用。即以出产最丰盛之额计算,每六亩出花衣一包,则当推广棉田九百万亩。有自名"沪农"曾著《请国民人人注意此生活大问题》一篇,投登于日报,计算尤为痛切详尽。其言曰:我国纺织界,今岁添购纺纱锭子六十万枚,年需用净棉一百八十万担,合子棉五百四十万担。每亩平均,收获子棉百斤,则急须增加新棉田五百四十万亩。苟不急图,则各厂势必仰给印棉美棉,坐观每年八十兆元巨额金钱之输出,其罪非我国民公任之欤。衣被苍生,章身有物,固人人共享之幸福。增殖原料,力求自给,自给有余,进图出口,亦人人应有之天职。且上述每年八十兆元巨额金钱之输出,仅就新添六十枚锭子言之耳。若再尽力推广,按照急应增添之六百五十万枚锭子,以次置备,苟原料问题不先解决,则每年在原料上不将输出九百余兆元乎。然则根本自救之道,以推广植棉为第一要义矣。

吾国本部十八省,除直隶、山西、甘肃三省之北部外,都可植棉,合计面积有 1,532,420 方英里之大。扩充千万亩之棉田,亦非难事。且固有之棉田,苟能于育种上、栽培上大加改良,又可增加产量不少也。

虽然,世界科学日形进步,实业上、商业上之竞争益烈。今日实业之发展,固不能专恃资本之雄厚、原料之充足也,要皆以能否运用科学为优胜劣败之根本。不惟机械之运转、原料之配合、管理之方法,均当适合科学之原理,即运用机械之人、经理职工,亦当深知科学之应用,注意科学之研求,而其业乃得日进而月新,战胜于商场焉。故科学之于实业,实如盲者之辅导、夜行者之明星,不可须臾离者也。其关系任君鸿隽论之详矣,无待赘述。兹姑就棉业之发展,有赖于科学者,约略言之。

凡百实业发展之始,虽多偶然之发明,发展以后之进化,则不得不赖规律之研究。经科学之研求,乃有新实业之发生,因求实业之进步,而发现科学之新理。旷观棉业之发达史,愈知此说之不谬。

---

* 据前文,本处应为"6.3"。

夫科学上之发明,与棉业最有密切关系。而其进步之速,最足惊人者,莫如机械。今日纺织机械之日新身异,皆由于发明者之研求不倦,非发见于偶然者也。当十八世纪之中业,英国棉布之商业大盛,手工棉业因之发达。然其纺织所用之器具,甚为简单,出产之效率甚微。设无相当机械之发明足以增加棉纱之出产者,商业决无推广之希望。哈氏(James Hargreaves)爰有纺绩机之创造。虽不见容于藉手绩为生之邻居,而其机固已潜行于兰克郡(Lancashire),而克氏(Crompton)及矮氏(Arkwright)之纺绩机械,因之发明,而纱业于以大盛矣。纺业既盛,出产渐多,织机于是有不得不改良之势。至1787年乃有嘉氏(Rev. Cartwright)之水轮机械,出以应世。美国棉业之兴盛,至1793年,灰氏(Whitney)发明锯式轧花机之后,方见发轫。相传灰氏之发明轧花机也,实由于格将军(Greene)夫人之嘱托。一日,夫人遇某友于茶会,畅谈南方植棉事业逐渐兴盛,苦于手力轧花之厌烦,思有机械之代用。夫人曰:"吾友灰君,必能创造。"爰告之灰氏,而灰氏孜孜研求,始克告成,是皆因实业上之需要,而发现科学之新应用者也。

再论科学上之发明,有裨于棉业之发展者,莫如近今化学之进步。满氏(Mercer)研求咸质于纤维之作用,然后有丝光纱之制造,而纱布之韧力光泽,因以大进焉。昆虫学家乐氏(Reanmer)于1734年之时已有人造丝之思想,然至有火棉溶液之发明,而客氏等(Chardonnet, du Vivier, & Lehner)方能证诸实行。待漂白染色之学大进,而棉布制造益精,外观愈美,而棉之用途亦愈广。是皆经科学研求之结果,而发生新实业之略例也。

科学之有造于棉业,不惟于工艺一方为然,即于原料供给之一方面,其关系亦极重大。近来棉质之精良,棉产之增多,都赖植物学、作物学、肥料学、育种学、昆虫学等种种之研究、种种之发明。埃及之鲍氏(Ball),美国之惠氏(Webber)、顾氏(Cook),为改良棉作之主要人物,而皆科学家也。鲍氏研究棉科发育之状况与环境之关系,为改良耕种栽培方法之根本。惠氏研究育种方法,为改良种类之先导。顾氏研究棉科生长之状态,叶枝果枝之分别,乃有迟间密留法(Single stalk culture)之发明。不惟成熟期早,可以避蠛虫之侵害,即收量亦因之而增加。以种类论,旧种则逐渐改良,如郎字棉(Longstar)之出于极字棉(Jackson)、哥字棉(Columbia)之出于鲁字棉(Russell)。新种则日有增加,如独字棉(Durango)、爱字棉(Acala)皆由于墨西哥输入者也。美国各厂需用之埃及棉,已能在美种植,不复受埃及市场之垄断。凡此种种成功之原委,不得不归功于育种学之进步焉。

　　总之,今日棉业之发达,实食昔日机械学家、工程学家、化学家、植物学家、农学家研求之报答,以后棉业之发展、商战之生存,当视能否应用科学以增加原料、减轻成本、改良产品、推广用途为断。现今世界棉业上之问题,有待科学解决者,正复不少。吾国棉业,方始萌芽,巩固其基础,光大其前途,尤不得不赖科学研求之辅助也。棉产如何改良,棉区如何推广,工厂如何管理,出口如何翻新,均当根本科学研求解决之。否则盲人骑瞎马,驰骋于喧市之间,或东或西,一无把握,忽前忽后,难言进步,不致颠沛已幸矣,有何竞胜之望。英国政府,有科学实业研求局(Department of Science and Industrial Research)之设立,有造于国内实业之进步,其功已伟。而商人尚以为未足,更组织棉业研究会(Cotton Research Association)以辅助之。且有扩充植棉会(British Cotton Growing Association)之计划。美人亦方极力鼓吹研究机关之设置。吾国政府,固亦早已有整理棉业之思想,商人复有植棉之提倡,工师亦有学会之组织。诚望均能实事求是,注重科学之研求,不让欧美独步向前,则吾国棉业之前途,兴盛正未有艾。若夫墨守成法,习故踏常,人则精进不已,我则故步自封,则优胜劣败,天演难逃,吾斯之未能乐观。

　　　　　　　　　　　　(原载《科学》1921 年第 6 卷第 1 期,102—111 页)

吾国之棉产问题(一)[*]

(1921年)

过探先

去年,本社在南京举行年会时,探先曾以"吾国棉业之前途",商榷于到会诸君,备论棉产之供不应求、棉质之窳败、棉业之幼稚、棉货漏卮之浩大,以后棉业之发展、商战之生存,当视能否应用科学之方法以增加原料、减轻成本、改良产品、推广用途为断。吾国棉业,方始萌芽,巩固其基础,光大其前途,尤不得不赖科学研求之辅助。品质如何改良,产额如何增加,工厂如何管理,出品如何翻新,均非根本科学之研求,不能解决也。探先于"业"之一方,为门外汉。兹就"产"之一方,备述见到之问题,藉为研究解决方法之商榷。如荷热心研究棉产诸君,审慎讨论,加以匡正或辅助,固所愿也。

棉产之问题,概其要不外二端:(一)增加产额;(二)改良品质。今试分别论之如次。

增加产额问题

增加产额之方法,不外下列之二端:(一)推广植棉区域;(二)增多每亩平均产量。

产棉区域,大都限于南北纬四十度之间。虽适合润湿气候,然在少雨之区,一经溉灌,即得良好之发育。若埃及尼鲁流域,若美之西部,都藉溉灌,出产良棉者也。以吾国论,扬子江流域,固为重要棉区。即如黄河流域,近来棉

---

* 本篇与后一篇在发表时均题为《吾国之棉产问题》,实为同一文章的一、二部分,本文集将其分别改为《吾国之棉产问题(一)》《吾国之棉产问题(二)》,以示区分。

区日广，其重要正复相等。西南各省，虽在试验时代，观其已往之成绩，推测后来之发展，希望亦甚大。总计吾国宜棉区域，不下四千万顷。现在之棉田，尚不及三十万顷。推广千万亩之棉田，以期增加数百万包之花衣，供给国人之需要，杜绝二千万元之漏卮，洵非艰难之事，顾力行何如耳。

然推广棉区，亦有先决之问题在焉。如何使农民乐行种棉乎？问题一。农民乐行种棉矣，如何供给纯良之种子，不惟俾农民得丰盛之收获，且可使消费人得优美之产品乎？问题二。

农民耕作物之趋势，间接视社会之需要，直接视能得利益之多寡。近年来棉货之需要甚大，棉价高昂异常，农民种棉者因之而日众。虽棉价自去夏至今，日渐低落，以美国之工值，合现在美棉之市价，种棉者无利益之可言。在中国则农工尚有余裕，工价不大，只抵美国工价十分之一，植棉所得之利益，尚较栽培旱谷豆菽为多。而棉价似已至最小限度，或不致再行低落，吾国植棉者，诚不必存不能得利益之忧虑也。

且吾国农民，智识浅薄，耕作粗放，倘能注意于选种方法之改良，运用简单之机械，则每亩平均产量又可增加；栽培费用尚能减少，则植棉之利益更大。而农民植棉之兴味愈必浓厚矣。

至于种子供给问题关系于棉业前途，实非浅鲜。美国方感种类夹杂、劣棉日多之痛苦，盛倡统一各地种类之议。吾国于推广植棉区域之候，极应注意及此，免致日后有同样之痛苦也。美国阿州之有棉，不过十年耳；幸农部于提倡之始，即注意于选育同一种类，供给农民，现已成为绝好之埃及棉区。所产之棉，品质优良整齐，市价视埃及棉价尚高，比普通之美棉相去更远，而农民所得之利益亦独厚。

英国帝国植棉委员会之报告，有曰："世界棉花缺乏，且日形恐慌。最缺乏者，为上等棉花。"故仅注意于推广棉区之提倡，不注意于纯良种子之供给，则势必至于中下等货充斥市场，挤压一般之棉价则有余，若欲应一般之需要，则未能也。

江苏淮海一带，垦植公司林立，作物以棉为大宗，洵为国内新辟之良好棉区。惜各公司未经注意于纯良种子之供给，以致所产之棉，品质均属中下等级。近来因生育之不良，病虫且随之而充斥，收获大减，折阅时闻。是皆人谋之不臧，亟当引以为前车之鉴者也。

解决供给纯良棉子之方法，惟有广设育种场，慎重选育而已。平均一亩之棉田,能选敷种十亩之种子。假以每年推广二十万亩棉田计,则当有育种田二万亩。设二百亩为一场,则当设育种场一百所焉。且育种非一年所能奏功,至少亦需三年。第一年所选之种子,非不得已,不宜分给也。现今国内因棉田推广之速,种子之需要极大,每有供不应求之势,而国内育种机关设立未久,为数亦甚寥寥,是则吾国人所急当提倡者也。

吾国棉田,每亩之产量丰者少而歉者多。果能注意于种子之选择、栽培方法之合宜、病虫害之驱除,则平均产量之增加,亦大有希望。设能每亩平均多收花衣三斤,则全国可增产额百万担左右。民国八年,为棉作中稔之年,南通之产量,每亩平均不过花衣十九斤,崇明得十六斤,江阴二十五斤,尚有产额较南通更低者(参考华商纱厂联合会棉产调查报告)。比埃及每亩之平均,产量不及固远,即比之美国,亦愧不如焉。

欲谋每亩平均产量之增加,当先考察歉收之原因。夫歉收之原因,不外三端,即种子之不选择、栽培方法之不当、病虫害之猖獗是也。

各种类之生产力,有多寡之不同,盖已尽人皆知。即同一品种之内,个体生产之能力,亦复大有出入,且足以遗传。选择产量丰盛之个体而繁殖之,则可得产量丰盛之种族。设任产额歉薄之个体,繁衍不绝,则其生产之能力亦必日就衰弱也。

因植棉者不知选种之结果,吾国棉田,常见下列数种之不好现象:种类夹杂不堪,常见四五品种并育于一田之内,一也;棉果轻小且少,棉丝粗而短,二也;发育参差不齐,三也;不结果之棉株甚多,徒然占据面积,耗拔他力,四也。备此四者,而欲希冀产量之丰富,是诚缘木求鱼,安可得哉。

为今之计,急宜应用欧美各国常用之选育种子方法,励行纯系选种之手续(pure line selection),使各系纯粹不杂,产量不丰、生育不良之族系完全淘汰,然后再行选择优良之族系而繁殖之。将见数年之后,比之来原杂种之产力,当有霄壤之别矣。

栽培方法,最足以资议者,为夹种、植科太密、施肥失当、摘头四项。夹种者,即以棉与大豆、绿豆夹杂种植之谓。在北方固不多见,在南方则行此习惯者颇不为少。豆类生育较速,往往有超越棉科、拥挤掩覆之虞,结果则为阳光不足、生育失常、病虫易染、产额减少。印度棉田,每亩平均之收量甚微,夹种为其原因之一,不可不慎也。

普通农人习惯,往往将棉种撒播,即行两熟制,以棉播于麦行之间者,距离相去亦密,既使工作上发生困难,亦授棉科以徒长不生分枝之机会。中棉是否必须密种,方可得满意之收获? 设经多年之疏植、严厉之选择,能否恢复其多枝之性能? 均为吾人应当考察研究之问题也。

以施肥论,则淡肥*太多,燐肥**太少,应行改良者一;习惯趋重于追肥,不注意于基肥,时间往往失之过晚,应行改良者二。

摘头乃一种非常方法,举行之宗旨,在乎挫折枝干过旺之势,移其生长原力于果实,促进旁枝之发生,以增加多结果实之机会。但是否有此功效,尚未经人证明,颇觉疑问耳。

中棉之病虫害,似较美棉为少。其实病虫害之观察,不应注意于种类之多少,而当注意为为害程度之轻重。中棉之病害,最普通而最烈者,为绉缩病、卒倒病。美棉则为炭疽病、果腐病。若花部脱落病、红色棉子虫,为害于中棉、美棉之程度,正复相等,而尺蠖之为害似只限于中棉,蛀果虫、卷叶虫,则美棉受害较巨也。

中棉罹绉缩病者,枝叶丛生,呈徒长之现象,绝少开花结实者,似与收获量有直接之关系。致病之原由,尚未明了。有谓由于气候不适所致者,有谓由于叶跳虫之传染者,有谓由于施肥之失当者。但各个体对于是病抵抗之能力,确有强弱之分。是病之蔓延,显然有遗传之性质,或可据此育成抵抗力强之种子,为根本救治之解决,亦未可知也。如卒倒病、炭疽病、果腐病、花部脱落病等,防除之方法,散见于各书者已不少。作者观察未久,不能有所赘述也。

病虫害于未经发现之前,惟有注意预防侵入之一法。若既经侵入蔓延以后,除之一法,诚不易言,除以冬耕为遏制蔓延之方法,选种为避免之策略,勤捕灭除为临时之补救外,无良策也。

（原载《科学》1921 年第 6 卷第 4 期,411—416 页）

---

    * 淡,通"氮","淡肥"今指"氮肥"。

  ** 燐,通"磷","燐肥"今指"磷肥"。

吾国之棉产问题(二)

(1921 年)

过探先

其二 改良品质问题

中棉质量恶劣,久已尽人皆知。虽与印度棉同列于世界棉产等级之最下等,然以市价而言,吾国最上等之棉往往不及印棉之佳良者。况吾国所产上等之棉,为数甚微,大宗均属粗短不适于纺绩之下等货乎?在手工纺织时代,或尚可用,当此应用机械、竞争极烈之时,决非此种棉质所能奏胜也。中棉之品质,诚有不得不急促改良者矣。

吾国所产之棉,最良者为陕西棉,其价比沪棉,常高数两。然陕棉实非中棉,乃美棉也。近因忽于选种之故,亦有日趋下流之势。其他若唐山之棉,以及各处所产,号称毛子长绒者,亦多属美国退化之种类。若纯属中棉以优良著名,并占市上之重要位置者,其惟南通之鸡脚棉、江阴之常阴沙棉乎?

九年秋,在华商纱厂联合会南京植棉总场常阴沙棉田中,选择形态之佳者百科。在江浦分场,得鸡脚棉百科。按其纤维之长度,分类得下表。

表 1-5-1 常阴沙棉与鸡脚棉纤维长度之比较

常阴沙棉		鸡脚棉	
纤维长	个体数	纤维长	个体数
0.625 英寸	10	0.625 英寸	14
0.687 英寸	22	0.687 英寸	15

续　表

常阴沙棉		鸡脚棉	
纤维长	个体数	纤维长	个体数
0.75 英寸	45	0.75 英寸	30
0.812 英寸	13	0.812 英寸	21
0.875 英寸	10	0.875 英寸	15
		0.937 英寸	4
		1 英寸	1

上表足以代表常阴沙棉及鸡脚棉纤维长度之现象。大多数在英寸四分之三以下,虽有长至八分之七及一英寸者,然为数甚少。短至八分之五者,约有十分之一。可见纤维不但不长,亦且参差不一,是皆多年未经选择任其自然退化之结果。著名之种类尚如此,自桧*以下,更不足道矣。

中棉种类既已复杂不堪,优良个体,亦复如是之少。改良一事,洵非短时间所能期成。即使改良有进步矣,品质固不难与中下等美棉相比较,然决不能如美国上等棉之优美也。故改良品质,非仅改良中棉即可达吾人之目的,应与输入优良美棉品种同时进行。

黄河流域,最合于美棉之栽培。设于推广种植面积之际,同时注意于新种之输入,加以严厉之选择,前途希望,正未可量。若江浙之滨,农夫惯种两熟者,似与美棉之栽培不甚相宜,推广自难。急应就中棉之优良者行改良之手续,故输入美棉与改良中棉,有相济相辅之功效,宜并行不悖,不可偏废者也。

美棉之品质,优胜于中棉之处,举其要约有数端:(一)美棉细而柔;(二)韧力大;(三)纤维长。关于第一、二项,根据于一般之观察,尚无可资比较之记录,兹姑就第三项论之。

华商纱厂联合会植棉场,九年所种者,计美棉三种:爱字棉、郎字棉、脱字棉。中棉二种:常阴沙棉、鸡脚棉。秋间收获时,在各处选得数十科至百科不等,带至研究室内,精细度量其纤维之长度。所得之结果,汇集列平均表如下。

＊ 应为"郐"之误。

表 1-5-2 中棉美棉纤维平均长度比较表(算数平均数)

种名	产地	纤维长(英寸)
常阴沙棉	南京	0.74 ±0.004
	宝应	0.795
鸡脚棉	江浦	0.765 ±0.01
	宝应	0.836
爱字棉	总场	1.033±0.00
	溧水	0.99
	金坛	0.932
	萧县	0.939
	铜山	0.784
郎字棉	灌云	1.019
	唐坊	0.981
	武昌	0.956
脱字棉	江浦	0.866 ±0.00
	宝山	0.883
	杭县	0.831

观上表,可知中棉与美国高原棉纤维长度比较之大概,除铜山爱字棉、杭县脱字棉外,美棉均较优胜焉。铜山爱字棉纤维之短,大都成熟期苦旱所致。杭县脱字棉之不及格,地质多咸,屡次水淹使然,非美棉之本性也。

虽然,余不得不于此时补充数语,藉免他人之误会焉。中棉虽已恶劣不堪,内中亦不乏可造之材(观下表自明)。苟能加以慎重之选择,进步亦有希望。现在吾人所应注意者,在乎去年选得优良之个体遗传若何耳。

表 1-5-3 中棉优良个体之纤维长度

常阴沙棉	纤维长	鸡脚棉	纤维长
A14	0.875	金 AA7	0.875
宝2	0.875	浦 AA1	0.875
7	0.937		
11	1		
12	1		

设上列各个体之长度，能遗传而不退化，经数世以后，长度之平均，不难增进至八分之七以上。设仅知输种美棉而不为适当之选育，则数年之后，亦与中棉等耳。

美棉不惟质量较佳，即产量亦较大。据南京植棉总场九年度之试验，爱字棉每亩平均收量计一百十一斤，郎字棉计一百六十斤，脱字棉计一百五十九斤，而常阴沙棉每亩平均不过五十七斤。美棉收量最多者，计一百八十四斤，而中棉收量最多者，不过一百十二斤。江浦鸡脚棉收获，每亩平均计四十七斤，而脱字棉计一百零一斤。宝山中棉之成绩最佳，平均亦不过八十四斤耳。

九年秋，调查各地植棉状况，历经直、皖、豫、晋等省，所见退化之美棉果实虽已变小，因其数目之多，发育之旺，产额均较中棉为丰。如在唐山、唐坊、郑州等处，美棉产量多在百斤以上，而中棉之收获，多数不过数十斤耳。能得百斤者，洵如凤毛麟角矣。

美棉质量既佳，产量亦大，是否应行输入，当然不成问题。吾人所欲讨论者，在于输入之方法耳。

美国高原棉品种，不下数百。吾人所应输入者为何种乎？不得不于输入之先，慎重考虑，选择最适宜之品种而输入之也。昔年金陵大学华商纱厂联合会曾向美国农部索得标准种八种，分给各处，为种类之试验。是八种者，美国农部用以分给各省，试验适宜气候土地之不同者也。

八种之中，成绩最优者，为 Acala、King、Lone Star 及 Trice 四种。King 与 Trice，成熟最早，功用相同。就棉质而论，则 Trice 为佳，故美国农林部植棉专家古克君来华考察之后，即认定 Acala（余省称之为爱字棉）、Lone Star（郎字棉）及 Trice（脱字棉）三种，输入吾国最为相宜。

关于上列三种，形性之不同、优点之分别，叶君元鼎曾汇编一详细比较表（载华商纱厂联合会季刊第一卷第四期），无待赘述。论纤维之长度，爱字棉最长，郎字棉次之，脱字棉最短；论棉分，则郎字最多，爱字棉次之，脱字棉最少。论扯力、颜色及整齐，则郎字最佳，爱字棉、脱字棉为次，脱字棉之优点，惟生长期短，成熟极早，产量丰盛而已。

郎字棉，最适宜于吾国棉区之中部，爱字棉则于北方，成绩亦极良好。若棉区之极北，以及江海之滨雨多气润之处，则脱字棉尚焉。特脱字棉之品质、长度极属平庸，虽现时国内纺细纱织精布者尚觉寥寥，对于柔长之纤维要求不大,以脱字棉之品质,供给市场之需要绰乎有余。然为日后之吾国棉业前途计,决非脱字棉之品质已可厌消费人之期望也。

除美国高原棉外,尚有海岛棉、埃及棉,均以品质之超越著闻于世界。吾国亦可输入是项之棉种而栽植之乎?依国内试验之成绩而论,则失败者多,成功者少。然以美国输种埃及棉之历史观之,固非绝无希望者,在乎人为耳。海岛棉、埃及棉之生长期极长,甚易受天时地土之影响,起杂交劣变之退化。欲行驯化之手续,决非三数年所能成功也。吾人方尽心于高原棉之输入、中棉之改良,是否尚有余力兼顾及此?国人每喜速效,能否有多年之耐心?问题实在此耳。

品种既经选定矣,吾人应行注意之问题,尚有二端,即种子之出产地及购买机关是也。

为便利驯化及育种起见,种子出产地之气温升降、雨量分布、土壤性质,均须与输种地无大出入,否则相差过远,服土需时,驯化较难焉。

种子公司虽多,可靠者极少;种子之需要极多,能供给纯良之种子者极少。盖出售种子虽为营业性质,而育种乃科学之事业。营业者绝少存科学之观念,斯诚大不幸之事也。购种不慎,常得驳杂不洁之种子,难收美满之结果,或更发芽力弱,损失更多,噬脐之悔,又何及焉?

近来国内热心提倡美棉之各机关,对于购种一事,异常忽略。输入之种类,既不尽适当,纯洁之程度,亦复不能满意。且有购买大批美棉种子于高丽,发给农民者。收量不丰,品质平常,不惟难起农人之信仰,且足以损害美棉之名誉,不惟无补于棉质之改良,且足以使改良之计划反感复杂及困难也。愿国人其猛醒!

输入种子之时,并应注意实行杀虫之手续。到达之后,即应用青酸(HCN)或炭硫二(CS_2)燻过,以防墨西哥蛀果虫以及其他藉种子传播害虫之侵入。

输入后之问题,吾人应当注意者:一栽培;二选种。关于栽培方法,有《裁*培美棉浅说》一书(孙恩麟著,南京高等师范农科印行)论之颇详尽适当,可资参考。关于选种方法,有拙著《棉种选择论》一篇,载本志第一卷第八期,已将各种方法略言之矣。如能实行科学的选择,则于输种之成绩,方有把握。

---

* 应为"栽"之误。

普通方法,只能应用于育成之后,繁殖之时。若欲藉以解决避免劣变之问题,则进步迟缓,收效不易。兹姑再就选种应行之手续,为简单之说明,借以补充前论之不逮,觉醒同人之注意,谅亦为读者之所愿也。

选择之手续,简单言之凡三:一曰,于生长时间,则当视植科之形态,为初次之选择,而定植科去留之标准,所谓去劣选择是也。二曰,于收获之后,则当研究各植科所结种子与纤维之真相,而定取舍之方针,所谓种子及纤维之选择是也。三曰,于次年种植之后除继续去劣选择,种子及纤维之选择而外,尚应注意各个体本性之变迁,及其变迁之程度,所谓遗传能力之选择是也。

上述三种之手续,均甚重要。苟缺一焉,则不得谓尽选种之能事,而收美满之结果也。厉行去劣选择之方法,所以淘汰劣本于开花之前,绝其遗传,而保佳本之纯粹。但此种选择,只及于形态方面,形态佳者,品质未必尽良。如纤维之长度齐整、衣分之多寡等等,决不能于生长之时期用目力之判断以定其优劣。九年秋,在华商纱厂联合会武昌植棉分场之棉田中,选得郎字棉之合于形态标准、生育最良者数十科。后复量得其纤维之长度,分类列表,一观即可知其大有出入矣。

表 1-5-4　郎字棉纤维之长度

纤维长	个体
0.625 英寸	1
0.75 英寸	1
0.875 英寸	28
0.937 英寸	1
1 英寸	35
1.125 英寸	8

郎字棉之纤维,以一寸长为标准。不及格者,竟有十分之四。况其余十分之六,长度虽已及格,而其衣分、衣指、子指等项,未必均能及格乎。种子及纤维选择手续之重要,不言可知矣。

选择种子与纤维时,除注意纤维之粗细、柔硬、颜色、光泽,种子之光毛而外,应行研究之事有四端,即纤维之长、衣分(又名缫棉百分率)、衣指(百粒种子上纤维之总重量)、子指(百粒种子之重量)是也(详细研究之手续,请参考华商纱厂植棉场报告第一期)。

选种之功效，根据于遗传之能力。形态良矣，质量优矣，衣分充矣，设不能将各优性遗传于下代，则优良之存在，亦不过一世而已。故吾人极应注意各个体遗传之能力，以为最后选择之标准也。

凡百个性（如果之大小、尖圆，纤维之多寡、长短等等，均谓个性，亦谓之原性），有常相交杂之倾向，有常相分离之趋势。交杂乃分离之起原，分离乃遗传之结果。去劣选择之手续，所以避免不相宜之交杂，减少后日之分离。种子及纤维选择之手续，所以验目前分离之趋势、系统之纯粹与否。遗传能力选择之手续，所以保持优良个性之递传，淘汰不相宜之分离，以达改良之目的者也。

论解决中棉改良问题之方法，亦惟实行纯系选种子手续。凡品种之退化，由于变异。变异之趋势，常向两方面进行。有进步之变异，有退化之变异，纯系选种之效用，足以使各品种内所包含之种族，隔离分开。换言之，即使进步之变异演进递传，而使退化之变异逐渐淘汰也，至于花粉交配，固亦改良品种之一法，但交配之前，必先得优良之纯粹品种，交配之后，亦必继以纯系选择之手续，方有成效之可期。常有以交配方法及其功效质问者，故特表而出之。改良品种之方法，最有把握而见效最速者，惟有纯系选种之一法，诚不必另求良法也。

（原载《科学》1921 年第 6 卷第 5 期，508—517 页）

吾国之棉产问题（三）

（1922 年）

过探先

吾国之棉产，数额急宜增加，品质急应改良，前已言之矣（《科学》六卷一期）。增加产额之问题，为如何推广植棉之区域、如何增多每亩之产量。改良品质之问题，为如何输入高原棉种，保其纯良；如何改良中棉，递优汰劣。亦已略言之矣（《科学》六卷四期五期）。今更进而讨论解决是项问题之方法。

无论何项问题，为谋解决之方法，必先有相当之研究，为谋方法之实施，必先有相当之组织。吾国之提倡植棉，亦已有年矣；机关不为少，而稽其成效，犹未卓著者，固由于人才经济之缺乏，研究之手续未合于科学之原理使然，亦无相当之组织，各机关各自为谋，毫无互助精神所致也。今欲谋研究方法之改善、组织之完备，藉以根本解决吾国棉产之问题，不可不一述吾国提倡植棉之经过，以及现在之状况。

吾国提倡植棉，始自民国初元，张公季直，实倡棉铁主义，风动一时。农部特设棉业处，并聘专家乔氏（Jobson）为顾问，规划一切。试验场先后成立者凡四，一在正定，二在南通，三在武昌，四在京师之西郊。规模均极宏大，主持人员亦多专材。惜时局多故，乔氏约满即去，未克展其长才，各场经济困难，均不能照原定之计划积极进行耳。

各省输美棉、研究中棉之改良者，尚有农事试验场、各学校等。特设棉业试验场者，亦有数省焉。省立试验场，以山东省立棉业试验场为最著。该场在临清县城之东，面积百余亩。设立虽不久，观其试验计划及报告，均能有条不紊，扼要不烦。其成绩之优良，洵可计日而待也。

农业学校之中，最注意于棉作之研究者，莫如南通。南通农校之研究植棉，已八九年于兹矣。虽于驯化美棉，无所成就，而于鸡脚棉之改良，确有进步可睹。且能每年举行展览演讲等会,力谋与农夫联络,其一种专一之精神,实足令人钦佩。惜历年主持棉作人员,因事实上之关系,不能始终其事,成绩不免遭受莫大之影响耳。

民国三年,申江纱业商家,鉴于棉作改良之急不容缓,复有中华植棉改良社之组织。各地闻风兴起相从者,不下千人。印送《植棉改良浅说》,至数万本之多。然该社之事业,大都注意于推广,以言改良,则限于经济及人材,未遑顾及,为可憾耳。

各省之中,提倡植棉最力者,以广西、山西为最。广西有棉业促进会、棉业讲习所。山西历年购置外种,散给农民,定有逐年进行计划,拟于十年之内将棉田面积扩充至九万顷云。

政府之提倡植棉机关,除试验场外,复有整理棉业筹备处。对于培养植棉人才,独加注意。试验场由处设立者,亦有多处。每年更行订购多量棉种,分布各省,藉资提倡焉。

外人纱厂联合会,及棉花搀水检查局,补助南京金陵大学,聘请美国植棉专家郭风仁君,来华研究植棉之改良,已历二年。输入美国高原棉,行驯化之手续,搜集常阴沙之佳种,为严厉之选择。时日虽短,成效已睹。他日研究告成,必能裨益于吾国棉之前途,则可断言也。

与外人纱厂联合会竞起争雄,共谋棉农之福利者,尚有华商纱厂联合会创办之各植棉场。自民国十年春,归并东南大学农科管理后,范围益广,进行愈力。其经过情形,以及本年之计划,邹君秉文已经详述之矣,兹姑不赘(参观十一年元月二十二日申报星期增刊)。

试将各省所有研究及提倡植棉之机关,列表如下(遗漏在所不免)。

表 1-6-1 各省所有研究及提倡植棉之机关

省份(地区)	研究及提倡植棉之机关
京兆	中央农事试验场(北京西直门外)
	部立第四棉业试验场(北京西直门外蓝靛厂)
	整理棉业筹备处委托试验场十处,在宛平、武清、安次、固安、永清、霸县、大兴、通县、昌平、宝坻等县
直隶	省立农事试验场(天津总车站东)
	省立第一农事试验分场(徐水县漕河镇)
	模范植棉试验总场(天津欢坨)

续 表

省份(地区)	研究及提倡植棉之机关
直隶	部立第一棉业试验场(正定)
	棉作试验分场(东南大学代办,保定)
	直隶省棉业讲习所(天津)
	棉会(在宁津、遵化、满城、平山、武强、大名、巨鹿、永年、磁县、威县等处)
	整理棉业筹备处委托试验场十处(在延庆、景县、完县、宁河、丰润、滦县、沧县、定兴、故城、遵化等县)
河南	整理棉业筹备处模范试验分场(浚县邢家庄)
	东南大学华商纱厂联合会合办棉作试验分场(郑县)
	部立第一棉业试验场分场(彰德)
	整理棉业筹备处委托试验场十处(在新乡、安阳、汲县、辉县、睢县、陕县、太康、许昌、汤阴、通许等县)
山东	省立棉业试验场(临清)
	百七县劝学所均有附设县立棉业试验场
	整理棉业筹备处委托场四处(在高密、安邱、滕县、清平等县)
安徽	省立第一农事试验场(济南)*
	省立第二农事试验场(凤阳)
	省立植棉试验场(东流)
	第一森林分局(滁县)
	整理棉业筹备处委托场十处(在石埭、巢县、婺源、东流、贵池等县)
江苏	部立第二棉业试验场(南通狼山)
	东南大学华商纱厂联合会合办棉作试验分场(在江宁、江浦、砀山、上海、宝山等县)
	金陵大学外人纱厂联合会合办棉场(在江宁、上海、江阴等县)
	南通大学农科棉场(南通)
	南菁学校棉场(江阴)
	整理棉业筹备处模范植棉试验分场(灌云城南)
	省立第一农事试验场(清江浦)
	省立第二农事试验场(徐州)

---

* 据考证,安徽省立第一农事试验场实际位于安庆,此处"济南"应为"安庆"之误。

省份(地区)	研究及提倡植棉之机关
江苏	整理棉业筹备处委托场十处(在东台、泰县、砀山、太仓、嘉定、靖江、灌云、江浦、崇明等县)
	川沙县立棉场(川沙)
	通泰盐垦五公司农事试验场(南通)
浙江	省立农业学校(杭州笕桥)
	省立农事试验场(杭州笕桥)
	省立棉业试验场(余姚)
	公立植棉试验场(黄岩)
	公立植棉试验场(开化)
	定海县棉业公会
	整理棉业筹备处委托场三处(在建德、丽水、寿昌等县)
江西	省立农事试验场(南昌)
	整理棉业筹备处委托场三处(在南昌、永修、吉安等县)
	公立植棉场(在南康、黎川、铅山、新余、赣县、上饶、丰城等县)
湖北	部立第三棉业试验场(武昌)
	东南大学华商纱厂联合会合办棉作试验分场(武昌)
	省立第一棉业试验场(江陵县)
	省立第二棉业试验场(钟祥县)
	整理棉业筹备处委托场三处(在黄冈、崇阳、云梦等县)
	棉业团(公安县)
山西	省立农事试验场(太原)
	省立棉业试验场(临汾县)
	省立经济植棉试验场,在太谷、汾阳、忻县、高平等县
	整理棉业筹备处委托场十处,在阳曲、榆次、清源、崞县、离石、晋城、洪洞、新绛、长治、文水等县
陕西	省立农事试验场(西安)
	整理棉业筹备处委托场六处(在长安、咸阳、大荔、华阴、周至、鄠县等县)
四川	棉蔗试验分场(简阳县)
	棉业劝业会(在重庆、富顺、广元、高县等县)
湖南	整理棉业筹备处委托场二处(在衡山、南县等县)
广西	棉业促进会(南宁)

添设植棉总场

统计国内现有之提倡植棉机关，不下二百余处，而私人所经营者不余焉。每年经常所费，约在二十万元左右，而教育之费用未计焉。以许多之机关，偌大之经费，主持者复能戮力同心、实事求是，解决吾国之棉产问题，亦易事耳。

抑机关虽多，不能实事求是，则有名而无实。经费虽大，开支不能适当，则近于虚糜。照现在之情形而论，吾国提倡植棉之事业，非惟不可以乐观，且足以起无限之感慨。非惟不能解决棉产之问题，且或足以阻碍其进行之速度，何则？其故有三。

（一）主义上之错误。国内各机关大都注意于推广，绝少尽力于改良，实为一大误点。吾国棉质之粗短，决不合于现时之需求；设专求产额之增加，而不谋品质之改良，则虽日言提倡，必难收圆满之效果。盖棉之质量不良，则价格低廉。生产人不能得相当之利益，消费人亦决不能以粗劣之制品战胜于商场也。

（二）计划之无系统。国内各机关，往往各自为谋，绝少联络之机会，毫无提纲挈领之计划，多倚赖而鲜促进，常相忌而不相助，诚前途之一大障碍也。

（三）输入大宗棉种之非计。吾国提倡植棉机关，往往不能自行育种，常向国外订购大宗种子，散给棉农。现在美国年须良种五十万吨左右，而市上之供给，不过三万吨，而此数又非尽属纯良者也，安得纯种可以供给国外之需求耶？种既不纯，成绩自然不能如意；未经驯化，劣变当然迅速。劣种之分布，常足败人植棉之兴趣，丧失提倡者之信用，不可不慎也。至于病虫害之输入，犹其余事耳。

然欲谋吾国棉产问题根本解决之方法，研究之机关，宜若何改善？曰：宜先有完备之组织，然后可共谋研究改善之方法、事业之进行。组织维何？曰：宜组织全国植棉研究委员会，以宜棉各省之代表，提倡植棉机关之代表，特派委员若干人，为会员。先行调查各处情形，拟具全体分年进行计划大纲，及设施之程序，并监督及指导各机关履行委员会嘱托之事业。每年春秋二季，轮流于各地开会各一次。春季商酌进行之方法，秋季兼可参观成绩之有无。政府地方公共团体，实行互助主义，履行分工责任。委员会总全国之成，设常驻委员三人至五人。另聘专门技师三人，主持计划及督促全国技务事宜。分全

国为四大部,每部分为若干区。如:

    (1) 中部   (a) 苏、浙、皖   (b) 鄂、赣、湘   (c) 川、贵

    (2) 北部   (a) 京、直、晋   (b) 陕、甘   (c) 鲁、汴

    (3) 南部   (a) 闽   (b) 粤   (c) 桂   (d) 滇

    (4) 西部   (a) 青海   (b) 川边   (c) 西藏   (d) 新疆

中北两部,为棉产已盛,区域宜注意于改良及推广。南及西边两部,定为试栽区域,暂不履行推广事宜。每区设立总场一处或数处,试验及研究种类育种、肥料、栽培法、驱除预防病虫害等事项,并担任技术员养成之义务。分场若干所,专事育种事宜,以期逐渐将旧种淘汰,藉达地方纯种之目的。其试验事项,只须将总场业经试验,认为佳良之品种、肥料、方法就地试用,以验其适合与否,无须为科学的研求也。各场经济及用人主权,或归政府,或归省地方,或归私人团体,尽可不相统属。惟其事业之进行,必遵照委员会之议决及指导耳。

社会上有志提倡棉业诸人,并应组织植棉协会,主持舆论,鼓吹一切。设法提倡各组合,经营轧花厂、棉种场诸事业。将见吾国棉产日渐推广,棉质日益改良,直接则福利被于棉农,间接则裨益及于工业前途,其关系诚非浅鲜也。

(原载《科学》1922 年第 7 卷第 4 期,364—372 页)

近世进种学之发明与农业之关系

（1922 年）

过探先先生讲演　王希成、黄绍绪记

　　进种学之为科学，乃实用的而非理想的。农业之所由来，即出自进种，故有农业即有进种，亦唯有进种而后始能促农业之改良也。进种学之最先发明者，为达尔文（Darwin）氏，氏于一八六八年创"物竞天择"之说，为进种学之胚始，然非纯粹之进种学也。进种学之起原，实出于一八八六年之德佛雷（De Vries）氏。氏为园艺专家，对于达氏之说，颇致不满。盖氏主张 Sport 特出，而创为特变（Mutation）之说。其与达氏立论不同之点，即达氏谓种性之变异，须经极长时间之递变，然后最远之子裔，乃与最始之祖宗，绝然不同；而德氏则谓递变而外，且可突出新种，是德氏之说，已进一层矣。氏曾用同种之樱草（Primrose）种植于不同之处，结果造出多种不同之形态，遂证其说为不谬。不数年而有门德耳（Mendel）者，发明交配定律，即今人所盛称之门德耳律（Mendel law）。此律自康南耳大学农科主任蓓蕾（Dean Bailey）发表后，进种学乃益备。其说不特关乎交配，且系乎遗传。世人多以变异属天然，不可以人力为。虽有德佛雷之说，未若门德耳律之轰动一时也。一九○六年，瑞典人纳耳逊（Nelson）出，进种学遂更进一步。纳氏尝育种无花果，用达尔文遗传说为单位，意植物既有遗传之本能，则优种必传于优子，遂行混合选择试验，卒竟发明一种新法，即今日进种上最有效能之单本选择是也。以前育种学者，多注意一品种之良否，而不知同一良品种中，个体亦大有优劣。换言之，即植物一株有一株之本能，一株有一株之良性状，未可泛举其品种而即概括一切也。氏用单本选择方法，连试二三年，即见大效。自此而后，及于今日，进种学上，无甚进步，惟以种种事实与试验，作以前学说之证明而已。虽然，诚能根据前人之已发明者，善为利用之，已足应用而有余，是在吾人之好自为之也。

以上既述进种学发明之历史,兹更述其与各种学术之关系如下。

一、与哲学之关系

自进种学发明,哲学界思想,顿起一大变化。昔之倚赖天功者,至达尔文学说出,乃趋于发展本能。门德耳定律出,遗传学上之误会,亦为之解释。此不过举一、二事实,以为之证明耳。其关系之大,岂仅如所言耶。

二、与社会之关系

社会者,一协作团体也。自达尔文创"为生存竞争"(Struggle for Existance)之说,互助观念乃愈甚,门德耳辈先后问世,社会上新运动,遂日进不已。此无他,人人知改良个体之重要,而向之依赖社会之心,咸移于教育之普及与夫职业之改良也。近来优生学(Eugenice)日益发达,亦即进种学影响之结果。西洋之主张优生学者,盖以造成良种,为现今世界之大问题。其意欲使优良分子,充分培养;劣弱分子,遏制其生殖。美国尤注意此事,故迩来有人口入口律之公布,其白浊花柳以及宿疾之在例禁者,固无论矣。即寻常体格之不健适者,于其入口,亦必加以限制。此盖改良人种之初步,亦优生学之消极手段也。

三、与农业之关系

进种学与农业关系之密切,固无待言。其影响最大者,厥有数事。(1)破除境界。昔之农家,多取神秘主义。故有某物为某地特有者,历百世而不履异域。自进种学出,输种之事,遂无此疆彼界之分。埃及棉输入美国后,埃人即不能专利;日本李输入美国后,日本反购李种于美国;他如亚洲米输至西方、果子输入俄罗、美洲棉正源源输入于吾国,皆进种学使然也。(2)推广范围。沙漠、斥卤、干旱、寒冷之地,在昔视为荒废不可用者,今则以进种功用,沙漠地可种植无刺仙人掌,而为极佳之饲料。斥*卤、干旱、寒冷之地,养成耐

---

* 据前文,应为"斥"之误。

碱、耐旱、耐寒之作物。农作范围之推广,于是多多矣。(3)变更制度。往昔农家,多行一作制,栽培方法,多用粗放。自进种学进步,遂变一作为多作,易粗放为力耕矣。(4)防除病虫害。病虫害为灾,农人多束手呼命,应用进种学,则病虫害不敢肆其虐。如小麦之抗抵黄锈病、梨橘之不受病害、柳果可避虫害等,皆其功也。(5)提早成熟期。凡农作产品,能先人登市,乃可获利倍蓰,进种则有提早成熟之功用。

四、与农产之关系

(1)与产额之关系。据美利苏达试验场之报告:小麦育种后,加增产量六分之一;胡麻育种后,麻子增加产量百分之四十九,麻杆增加百分之四十六云。(2)与产品之关系。甜菜含糖成分百分四至六者,进种后,加至百分之十二至二十云。

五、与农社之关系

农业会社之组织,为谋研究及改良农业之便易。进种学既盛行,农社之增设必不少。兹举其著者而言之。瑞典种子改良会(Swedish Seeds Association)聘请纳耳逊研究改良种子,以分布于农人,增益农界甚多。加拿大种子改良会(Canada Seeds Association)全国种子归其检察,其功效可想见。维斯康新种子改良会(Wisconsin Seeds Improvement Association)则有会员二千人,皆学生、教员、职员,其所注意研究之种子为大麦,经育种后,乡间大麦种子,百分之七十五,皆为同一品种云。

六、与各实业之关系

工业上之原料,泰半出自农业。农产品质之优劣,与产量之多寡,关系工业成败至巨。美国某精糖公司(Glucose Refine Co.)以玉蜀黍制淀粉,其种子因育种而改良,所出副产品之油,较昔每斗增油一磅,年增收入 2,000,000 金圆,其影响之巨,可想知矣。近华商纱厂联合会、上海面粉公会、中国合众蚕丝改良会,竭力与吾校联络,助吾校巨款,无非欲吾校同人,用进种方法,改良棉、麦、蚕之品质及产量而已。

　　总之，今日世界经济上竞争，日益剧烈。进种学苟能应用而推广之，则中国农业前途与经济前途，当有一线曙光也。

　　　　　　　　　　　　　（原载《农业丛刊》1922年第1卷第1期，247—251页）

棉之重要

（1923 年）

过探先

近年来，世界各国，提倡植棉均极注意研究改良，不遗余力，良以棉为最主要农产品之一，与社会及国家均有极大关系故也。

一、棉于人生之重要

衣食住，为人生三要素。衣料之中，棉为最要。据美国农部人言，世界上衣服不全者，尚有七万五千万人；不得衣服者，尚有二万五千万人。此等人一旦开化，均必需用棉制衣服，则棉之消费，又必倍蓰于今日。

世界文化日进，棉之用途，亦因之而愈广，如篷帐，如帘毡、汽车之轮、飞艇之帆，都以棉成；棉之子，可以为食品、为燃料、为油类工业之主品、为农田肥料之大宗。棉于人生之重要，固不仅限于衣之一端也。

二、棉于实业上之地位

据民国十年，华商纱厂联合会棉产调查报告：国内棉田面积，总计二千八百万亩，则植棉之农户，约有三百万人；以植棉为生活者，总计不下千万人。棉产总值在二万五千万元以上，棉于农业上之地位，其重要可知矣。

棉为工艺作物，诚以由生棉去子而得棉衣棉子，以衣成纱，以纱成布，以子为油，以油为各种工业制造品而供消费者之需要，其间均必须经过许多工商之手续也。即以纺织一业而论，民国六年世界纺纱锭子一万五千万枚，在厂作工者至少有九百万人，投资总数，当在一万万元以上；若染织买卖转运之工人、商人及资本，尚未计及焉。棉业已成为吾国实业中之巨擘，信然。

三、棉与国民经济之关系

提倡棉业，为救济中国国民经济枯竭之唯一方法，已成为中外有识者之公论。日本驹井德三之言曰："中国对外贸易，自光绪三年至民国七年为止，四十一年之间，年年进口超过，曾无一年能出口超过进口者。积算进口超过数目，合计已达三十五万万元之巨额，财政经济，安得而不困穷……中国苟欲脱此窘乡，凡若币制及税制之改革，关税之改正，种种应行整理之事项，不胜枚举。其根本方法，在竭力开发国内之富源，力图生产力之增进，以挽回贸易之逆势；务期出口超过，即以其额抵偿从前之对外债务，是为第一要义……中国今日宜注全力于米、麦、棉、羊毛等物之改良增值。就中棉之一项，于国民经济上极有重要之关系，故其改良事业，为目前刻不容缓之图，盖中国最近一年间，所需棉纱、棉制品之总额，约达六万万两，而其三分之二，总须仰给海外之进口，本国生产品，仅能充其三分之一。而今后随国民生活程度之增高，其需要额数，势必增加，虽中国国内之纺织事业，近来非常发达，然异日之发展，仍在改良原棉之品质，与出产额之增加。此时期望中国棉之改良增值，俾资本国纺织业之发达，以防止棉制品之进口。设以本国所余之棉运往邻近各国，此乃最切要之事。"语云：旁观者清，国人其猛省！

四、棉与国力之关系

论国力之富强，莫不推英美。英之富，恃商业之发达，商之贸迁，以棉货为大宗。英之人口，虽不及五百万，而其纺纱钉子，几及世界总数十分之四。出品棉货之价值，居输出总额三分之一。美之富，恃农产之发达，每年输出之货物，以农产为大宗，而出口生棉及棉子产品之价值，每居输出农产总额十万万余元十分之六七焉。

印度为棉之发祥地，乃为以棉货贸易为大宗之东印度公司所亡。英之有棉业，始自十七世纪之中叶，不出百年，而实业之革新以起，增加国力数十倍，执欧洲商业之牛耳。美国之棉业，始自殖民时代，盛于轧棉机发明以后，而南北之战争，省与中央之争议，在在均为棉业而起。议者谓棉之一物，将成为国际经济竞争之中心，非虚语也。

（节选自过探先著：《棉》，上海：商务印书馆，1923 年，1—5 页）

棉之栽培方法

（1923 年）

过探先

一、适宜之气候及土质

吾国北纬四十度以内之农作地，大都均能种棉。棉本为热带植物，虽移植于温带，当然最宜于高温之区。发芽时须有华氏六十五度以上之温度，以后须逐渐增高，开花结蒴时，尤宜极热。忌阴凉，昼夜温度，相差过远，亦足以阻碍生长之速率。成熟时，温度无须太高，须有渐降之倾向。昼夜之差宜大，方足以阻止枝叶之生长，移其全力于果蒴之中也。

发育时期，雨量固须充实；但春雨过多，能稽延播种时期。夏潦足以阻碍耕作，滋生蔓草，徒长枝叶，繁殖病虫，脱落花蒴。秋霖则损害棉质，腐烂果蒴，均非所宜。时下沛然之雨，不降昼夜之潦，阳光常照，飓风不起，棉之最适宜气候也。

若气候适当，棉于寻常各种之土壤，均能生长。惟其成绩之优劣，视地势之高低，土壤之肥瘠而定。地势以高爽，排水利便，无水患者为宜。中棉于肥沃之地，易生徒长现象，陆地棉则吸肥之力较大；然绝对不宜于瘠薄之地。砂土产量恒小，粘土得适当之气候，产量可大；然雨水太多，则枝叶徒长而结实反少。高瘠地之棉科，形体较小，成熟早而纤维恒劣；低肥地之棉科，形体较大，成熟迟而纤维较佳。最安全之植棉土质，厥惟砂质壤土，排水佳良，储湿力大，耕作易而收获丰。

二、整地

棉地于播种之前,宜为精细之耕耙。耕地有秋耕、春耕之别。秋耕足以改良土质,增加有效养分,吸收雨水,减少病虫。时期宜早最佳,迟则有天冰地冻,耕作不及之虞。雨水充足之区,耕后可不耙,若雨少之处,耕后即应耙细,以免水分之蒸发。

细砂土质而在多雨区之田地,不宜秋耕,因有漏失肥分之害。多风高地之细砂土,亦不宜秋耕,因有表土飞散之虞。极肥之土,亦不宜秋耕,因有养分过多之虑。春耕不宜太迟,播种一月前,即应着手。随行耙平,每逢透雨,即耙一次。因地土充实,方可下种;若耕后即行播种,则地土太松,棉科不易发育也。

已经秋耕之地,于播种前,亦应行春耕之手续。惟在北方冬雪稀少,春雨又鲜,则宜耙而不宜耕耳。

耕之深度,愈深愈妙,至少必须在六寸以上,因棉为深根植物,其傍根只能在松土中发达也。春耕宜稍浅。粘土可深,砂土宜稍浅。

秋间深耕后,如能播种豆科植物,掩护土面,最为妥善。苟时促不能深耕,于拔茇之前,亦可下种,次年早春犁入,作为草肥。

畦之广狭,视之高低,土质之松紧而定。低湿之地,畦广二尺或二尺五寸,脊上植陆地棉一行;若种中棉,可为三尺之畦,每畦植棉三行。地高土松之区,畦宽宜四尺或五尺,每畦植陆地棉二行,或中棉五行,或竟为一丈之宽畦亦可。筑畦常以犁,第一犁翻土于犁之一面,第二犁在第一犁之旁,所耕之土与第一犁相合,第三犁则覆于第一犁,第四犁则覆于第二犁,依畦之阔狭而定犁之多寡焉。宜顺地势之倾斜,于田边开一深沟,以减畦沟之水;惟旱地须行平作,不须筑畦。

植棉宜取一熟制,若不得不行两熟制者,宜于秋间种春熟时,即行计划。若豫计划种植陆地棉,则春作播种之距离,每行宜隔二尺五寸,中间可于未收获之前,即行下种一行之棉。若种中棉,每行宜隔二尺,中间可下种二行。若俟收春熟后再行下种,每嫌太迟,难得美满之效果。

三、施肥

陆地棉中棉,所需营养之要素,以燐酸、氮素、钾为主。燐酸之功效,普通在于结实。虽全部分原形质中均含有之,而存于种子之中者,约占三分之一。故施用燐酸肥料,可使多结果蓢而促其成熟也。棉科各部,需用氮素均甚多,如氮素缺乏,即现瘦小萎靡不振之象;然用量过多,或施用过迟,反足以减少收量,稽延成熟之期。钾在黏土中颇富,砂土则较少;缺乏时则棉科现衰弱之象,过多则开蓢甚迟,秋叶必俟重霜方凋。惟钾肥足以减少锈病,是其特殊之功用。

燐酸之肥料,可取诸骨粉、骨灰、麸糠,燐矿石灰为最佳之磷肥,惜国人尚少经营也。豆菽、草肥、厩肥、人粪尿、油粕等,均为氮素肥料。钾肥则以草木灰或草粪为最便。

肥料之配合,当视土壤对于肥料要素需求之情形而定,故不能执一而谈。以普通而论,每亩棉田,宜用堆肥(即以畜粪及垃圾堆积而成)七八担,另加草灰二三担,骨粉二三十斤。于春间整地时,随播种行施下。如不用堆肥,代以三四十斤之油粕,或二三担之干粪亦可。

陆地棉切勿施用追肥(即于发芽后所施之肥)。若行二熟制,种中棉于麦豆之间,不得不用追肥时,亦以于发蕾前施用速效肥料为要。

四、播种

播种之前,能将种子拣选,屏去虫伤,以及状态不正之种子,最为妥善。播种之时期,须视当地之天时为定。若春寒未绝,地土未暖,断不宜早日下种。棉为好热植物,天寒不能生长,早行下种,种子甚易霉烂,失去萌芽力量;过迟则生长之期间短促,难免严霜之侵害;若天气已经还暖,每日之气温,在五十五度以上,土中温度,已在六十度左右,则为适当时期。以节气论,吾国极南诸省,大都在清明左右,余则约在谷雨之后,立夏之前;若在小满以后,则嫌太迟矣。陆地棉生长期长,故须早种,中棉生长期短,稍晚无妨也。

播种方法,有撒播、点播、条播之别。撒播不相宜,苗多密生,徒长枝叶,一也;中耕不便,二也;多费种子,三也。点播往往失之过深,常有缺穴或不均之虞。条播则深度较易节度,最为相宜,如能应用条播器(如第十图*),更为便利,节省时间不少;惟须将种子浸润,拌以草木灰,便分散也。

图1-9-1 植棉用之重要新式农具一(播种器)

播种之深度,视时期及土质而定。早种则宜浅,晚种则可深;土紧则宜浅,松则可深,总以种子与湿土接触为标准。吾国播种往往失之过深,种子难以出土,职是之故。

行间及株间之距离,须视土质天时及品种而定。土肥则宜稀,秋霜早则宜密,密则早熟。品种高者则距离宜较矮者为大。陆地棉之行距,大都以二尺至二尺五寸为度;中棉则以一尺为度。陆地棉之株间距离,约自一尺至一尺五寸;中棉则在一尺以内。

陆地棉每亩需用种子约自四斤至六斤;中棉则需四斤以外。

发芽齐一与否,与收获大有关系。播种后七日,即可发芽,至迟亦不过十二日。设因播种过深,或种后遇大雨,地上坚凝,不易透出,则宜以耙耙之;耙与棉行宜成直角,以助幼苗之出土。

五、灌溉

北方旱区种棉,每须灌溉,发芽时尤应注意。发芽后较花前之灌溉,不可太多,虽遇大旱,亦只可半月一次,多则徒长枝叶之虞。开花后灌溉可稍勤,因结果水少,每有落蕾之弊也。

---

* 即图1-9-1。

六、中耕及间苗

棉种发芽齐整后一星期或十日,当行第一次中耕。苗长至三四寸时,即行第一次间苗。行间中耕,能用五齿中耕器(如第十一图*),最为迅速;惟株间之中耕或间苗,必须用锄耳。第一次间苗之时,每隔相当距离之内,留强健苗二三株,余悉锄去。随后即行第二次中耕,略将幼苗附近之土,向根际拨聚堆壅。苗高至七八寸时,再行第二次株间中耕及间苗,于相当距离内,留强健苗一株。以后之中耕,须视天时及田内之情形而定,大约八九日一次,五六次而停。草盛即须耕铺;否则有碍生育。每逢大雨后,必要中耕一次。中耕之深度,以时期及地方而定,初次中耕,不妨稍深,以后宜浅;少雨之区宜深,多雨之区宜浅。浅耕足以促生育之速率,深则有伤及旁根脱落花果之虞也。

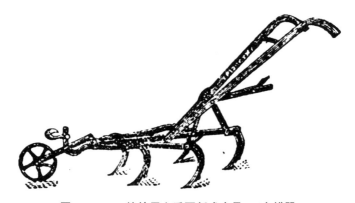

图1-9-2 植棉用之重要新式农具二(中耕器)

七、摘头

于棉科结果如豆大时,择晴天摘去顶心,以抑止生长,而促果蒴之开放,是谓摘头。施行不当,利少而害多。摘头愈早者,受损愈大,故以不行为佳。设选种得宜,播种依时,施肥适当,栽培如法,则果蒴自能成熟,似无摘头之必要。

---

* 即图1-9-2。

八、收获

果莳成熟不齐,自九月至十一月中旬,见有开足之果莳,宜随时采取,晒干收藏,勿令受雨,致伤棉质。果未开足勿采,潮湿时无采,工作固须敏捷,但宜注意勿将苞叶带下,勿将病棉混入为要。

收获完毕,应即将棉株拔除,清洁田畦,以免病菌害虫之蛰伏。

九、轧花

农人出卖子棉,最不经济,应自轧棉衣出售,而留其种子为榨油或堆肥之用。轧棉用机有二种:(一)辊轴式(如第十二图*),(二)锯齿式。前者轧中棉最宜;后者轧陆地棉最为适用。

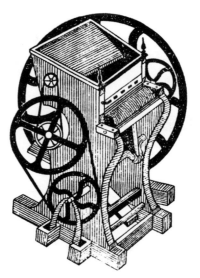

图 1 - 9 - 3　我国普用之辊轴轧花机

---

* 即图 1 - 9 - 3。

十、轮作

　　同一田地内,年年植棉,绝不相宜,应与他种作物轮流耕种。轮作之利益有二:(一)可以调剂营养要素之消耗;(二)可以减少病虫害之猖獗。至于如何轮作方法,应根据各地方耕作之制度,作物之种类,市场之情形而定,不能一律也。

　　(节选自过探先著:《棉》,上海:商务印书馆出版,1923 年,42—53 页)

爱字棉常阴沙棉生育状况之比较

（1926 年）

过探先、周凤鸣

（是篇曾在民国十四年中国科学社年会宣读）

一、绪言

改良中国之棉产，必以改良中棉与输种美棉相辅而行，不能偏废。中棉与美棉各有其特长，亦各有其所短，因地制宜，爰能各得其所，取长去短，斯有利用之望。然中棉、美棉特长之点安在？所短之处为何？决不能专凭理想，臆度妄断。非有切实之研究，决不能得知其真相；非有确当之比较，绝不能判明其异同。此所以作者于驯化爱字棉、改良常阴沙棉之际，同时为生育状况之研究也。

生物之变异，每为环境所支配，而环境于棉作影响极大。美国顾克、甘内诸氏，论之详矣。棉作移植于新境遇下，变异极多，中棉品种，混杂不堪，尤为不可掩之事实。然欲研究变异之趋向及其变率，以定取舍之标准，非先明了各品种之生育状况不为功。

生物个性之显现及遗传，人力不能直接左右之。惟外状与内性，往往有联带之关系。如各系之进退，不但其棉铃、其种子、其纤维，与母本显有不同，即其株体之生育状况，亦与母本有别。故能熟悉棉株生育状况，即可于未开花时，除去其劣变者，以防传布而使种类退化，或利用其突进者，使之自孕，以期育成优良之新种。故研究棉作生育状况，亦为棉作育种者，所不可忽略之事。

改良棉作栽培之事项极多。若播种时期、方法、距离，若施肥种类、时期、用量,若中耕用具、方法,若轮栽制度等,在吾国今日均有改良之必要。惟改良栽培,亦当以棉株生育状况及环境情形而异。若中棉植科小,播种距离宜狭;美棉生长期长,播种时期宜早。北方霜降甚早,棉株不能充分发育,或宜密植。棉之生在南方者,收获后,天气尚暖,可种冬作,行二熟之制。凡此皆其最著者也,故棉作生育状况之研究,亦为改良栽培之先导。

病虫害之猖獗,实为提倡植棉之障碍。药剂毒毙、人工捕杀、耕锄预防,未尝无效,然或经济太费,或效力微小,终非治本之策。若于棉作自身选育抵抗力强或早熟能避免之棉种,使病虫害不能发生,或发生而不能为害,则费省而收效宏矣。美国发生墨西哥象鼻虫,海岛棉成熟较迟,受害特甚。长绒棉之命运,复岌岌可危,卒有早熟高原长绒棉之育成以代之。枯萎病在美国为棉病中最剧者,每年损失不知凡几,而自土耳及狭伦等抵抗力强之棉种育成,斯病亦不足为患矣。畸形病为中国特有之棉病,其为害之烈,足以减少棉产百分之二三十至七八十。据观察结果,广西象县棉及广东香山棉,枝叶蔽密厚之毛,叶之组成不同,富有抵抗叶跳虫之能力,间接足以免此病之发生。又赤实虫在中国减少棉产,损害棉质,为害殊烈。惟其发生时期,每在秋末,将来育成早熟棉种以避免之,亦意中事耳。总之,防御病害虫之根本办法,在于棉作自身育成抵抗棉种,而欲从事于抵抗棉种之育成,又不可不先从事研究生育状况也。

棉作生育状况研究之重要,既如前述。此类研究,在美棉不乏例证可据。包尔对于埃及棉之研究,尤为精深透澈。然中棉生育状况研究之报告,尚无见闻。作者爱于民国十一年为始,在洪武区棉场,观察中棉、美棉之生育状况,凡历三载,惜第一年之记载,藏在东南大学农科办公室,与口字房同毁于火。兹将十二、十三两年之观察记录,整理统计,编为报告,简陋之处,自知不免,尚祈指政为幸。

二、观察之品种

美棉用爱字棉,中棉用常阴沙棉,均曾经过三年之栽培育种手续(参观《爱字棉之驯化报告》,《科学》第十卷第三期;及《常阴沙棉之改良报告》,《科学》第十卷第四期),而适应于当地气候风土者,其来源、特点、性状,列为一表,以示其大概。

表 1-10-1　爱字棉常阴沙棉之来源、特点及性状表

品种	项别		
	特点	来源	性状
爱字棉	植科形状良好，铃大，纤维细长，拉力、韧力均佳，衣分、衣指、籽指均大，成熟期早	本品种发始于南墨西哥，先由科克氏发见此种，继由美国农部哥林、陶以耳二氏在阿克拉地方取其原种，在搭克斯南部试植，并用育种方法使之驯化，后又经爽特斯氏行纯系育种法，改良之成现在通行之阿克拉种	棉株高矮适中，正干直立强壮，叶枝少，果枝下长上短，全体成半球形，叶中大，色深绿，裂片狭长，果大小适中，圆形或长圆形，尖部甚钝，苞叶短小，缺刻甚深，颇似镰刀，果壳中厚，纤维普通，长一英寸又八分之一，棉量三十二至三十五
常阴沙棉	植科形状良好，成熟期早，结果多而大，籽指、衣指均大，故为丰产之品种，纤维长，拉力、韧力均佳	本品种产于江阴、常熟间之常阴沙洲上，故名。作者主办华商纱厂联合会植棉场时因此种有改良之价值，于民国七年，派员赴该处农民田内，选择良本携归，举行育种手续，迄今其优良性质益进步矣	植科高低不一，节间长，茎紫色，有毛，叶大，五裂至七裂，裂片短阔，苞叶甚大，几与长成之棉铃相齐，尖端有浅裂花瓣，长大深黄色，基部有深紫斑，铃大，卵圆形，种子大，有白色之短绒，纤维长一英寸左右，棉量三十五至四十二

三、栽培方法

棉作生育状况，与所用栽培之方法，有密切之关系。故报告生育状况，不可不先述栽培之经过。兹因历年手续相同，两品种所用方法亦同，故并述之于次。棉田于隔年冬季，用犁深耕一次，耕后不耙。当年春季，仍用犁深耕一次，耕后即用齿耙耙碎土块，乃筑畦平土施肥。畦阔一丈二尺，长一丈五尺，每畦种五行，每行种十株，行间距离特宽。因欲使之充分发育，且便于观察记录故也。肥料均作基肥施用，每亩用堆肥十担，骨粉三十斤，拌和匀施各畦。播种在谷雨后二三日，点播，每穴播籽三粒。间苗一次，苗高尺许，时行之。中耕人工用锄，共六次，始深后浅，末数次兼行培土。病虫害不甚剧烈，以冬耕为根本预防之方法。人工捕杀或药剂毒毙，为遏止蔓延之策略。因防除得力，于棉作生育上无甚影响也。

四、气候

棉作之生育状况，无论中棉美棉，常为气候所左右，故于研究之时，不可

不注意气候之状况。民国十二、十三两年在棉作生长期间各月之气候概况，显见不同。兹根据金陵大学农林科气象观察所之报告，摘录如下，藉备参考。

表 1－10－2　民国十二、十三两年在棉作生长期间各月之气候概况

项别	年份	月份						
		四	五	六	七	八	九	十
最高温度	十二年	61.2	76.6	82.58	86.85	89.81	79.77	71.22
	十三年	74.1	75.8	88.3	93	94.5	83.6	76.2
最低温度	十二年	51.04	62.66	69.6	75.39	78.11	66.65	52.82
	十三年	52.6	59.9	68.3	76.6	74.7	67.2	55
平均温度	十二年	56.12	69.36	75.93	81.12	83.96	73.21	62.02
	十三年	63.3	67.8	78.3	84.8	84.6	75.4	65.6
雨量（以 mm 计）	十二年	171.2	115.6	180.7	274.1	93.7	41.1	18
	十三年	76.6	173	98.4	95.7	85	21	18.8
湿度	十二年		93.7	93.3	94.6	94.6	94.7	
	十三年	68.5	80.4	73.3	80.5	76.9	78.9	68.7

观上表，可知民国十二年在棉作生长期间之温度，除五月外，其余各月均较十三年为低。十二年为多雨年份，除五月、十月外，其余各月均较十三年为多。十二年之湿度，亦较十三年为高。

五、观察及记录方法

为简易起见，生育状况之观察记录，仅限于含苞、结果、吐絮等项，其余如茎枝之发育等，均未顾及。因时间之关系，观察记录，每间五日，举行一次，未能逐日观察，不无遗憾。

观察生育状况，应以平均发育者为标准。棉株一受特别情形，如为人碰伤或为虫啮断，则发育异常。故观察之棉株，用纯系中最整齐者，未经任意指定，一见特别情形，即弃而不录。虽于机遇之律，不尽适合，然生长完全、形状整齐。参差之误，或因此得以减少焉。

棉株选定之后，标以号数。每隔五日，查视一周。

记录每系用英文练习簿一本，每株一图，图后附单，单用选种记录单，其式如下。

品種名　愛字棉　選擇地　年　月　日　號數　A13－6－2－1
種子之來源　　播種期　四月二十一日　標本號數

植科	葉	衣
高 108 cm. 低 形狀 半球形 成熟期 早 晚	色澤 暗綠 色點 紅 形狀 分裂數 三裂或五裂 裂片闊狹 中等 厚薄 厚 光毛 少 短 柄之光毛 　　長短	色澤 乳白 長度29.6 mm. 整齊 細 強弱 扯力 纖棉率 34.8 衣 指 7.40 g.
莖 色澤 綠 暗紅 光毛 少 短 粗細4.2 cm. 節距5.0 cm. 節數23		
	花 梗之長短 2.0 cm. 苞之形狀 缺裂 深尖 苞之色澤 淡綠 蕚之形狀 波形 深 冠之顏色 淡黃 瓣上斑點 無黃 葯之色澤 蕊柱之長 開花最早之7月15日	子 大 毛 全被 色澤 白 子指13.85 g.
葉枝 位置 第五節距地 14. cm. 第六節距地 16. cm. 姿勢 旁出 色澤 綠紅 .枝數2 長短①67 cm. ②62 cm.		
果枝 位置 第七節距地 19 cm. 姿勢 平 色澤 綠 暗紅 枝數17 長短20 cm.	果 大小 形式 房數四室或五室 面 平光 凹點 皮之厚薄中等 最早之吐絮日期 8月 　25日 重量 1.63 錢	
選擇之目的	選擇地之大概	
	栽培之大要	
	病蟲害	

图 1 - 10 - 1　选种记录单

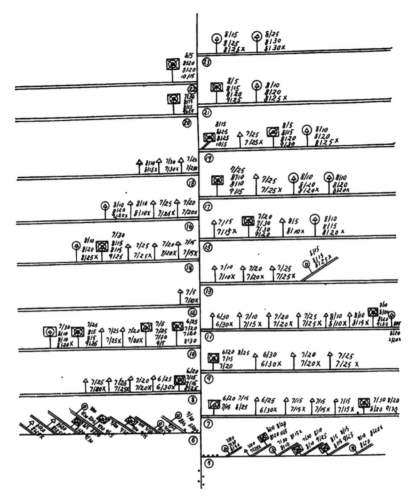

图 1-10-2　爱字棉单本 A13-6-2-1 之生育状况观察记录图

　　图上所用记号如下：叶枝 ||；果枝 |||；苞△；花◯；果▱；已开果⊠。记号之旁，记以日期。如有脱落者，以╳表之，并记以日期，兹再举例以明之。

六、观察结果

　　前节所述之观察记录，专注重于苞铃之生育状况。因植棉之目的，在于结果吐絮，亦先其所急之意耳。至于枝干之生育状况、增长速度，及苞铃之生长速度，以及与枝干之关系等，尚待继续研究。兹将民国十二、十三两年之观察结果汇列于后。

表 1-10-3　爱字棉生育日期观察表

		民国十二年	民国十三年
观察棉株		三十五本	三十五本
播种日期		四月二十一日	四月二十八日
发芽日期		五月三日	五月九日

日期	生育状况									
	含苞		落苞		结果		落果		吐絮	
	十二年	十三年	十二年	十三年	十二年	十三年	十二年	十三年	十二年	十三年
六月二十日	95		2							
六月二十五日	65	69	19	10						
六月三十日	54	107	64	40						
七月五日	107	267	126	93		1				
七月十日	138	397	116	106	9	28	1	1		
七月十五日	120	283	73	84	25	65	4	8		
七月二十日	298	394	192	118	26	75	9	41		
七月二十五日	419	477	225	133	13	173	7	25		
七月三十日	260	521	83	260	86	479	10	82		
八月五日	373	75	91	163	167	85	17	50		
八月十日	273	71	69	263	196	259	30	208		
八月十五日	188	38	102	66	213	153	79	120		2
八月二十日	156	17	68	32	317	24	163	60	7	41
八月二十五日	24	4	106	5	97	5	183		27	15
八月三十日	10		26		48		60		8	49
九月五日			3		10		17		22	88
九月十日	1		1		5		2		55	107
九月十五日	5				5		5		90	156
九月二十日	5				6		5		97	194
九月二十五日	7		1		8		9		169	64
九月三十日									57	24
十月五日									24	10

日期	生育状况									
	含苞		落苞		结果		落果		吐絮	
	十二年	十三年	十二年	十三年	十二年	十三年	十二年	十三年	十二年	十三年
十月十日									25	2
十月十五日									33	
十月二十日									9	
十月二十五日									5	
总计	2,598	2,720	1,367	1,373	1,231	1,347	603	595	628	752
平均	74.23	77.73	39.05	39.23	35.17	38.49	17.22	17.00	17.94	21.49

附注：发芽以子叶出土为标准，结果以花落为标准。

表1-10-4　常阴沙棉生育日期观察表

	民国十二年	民国十三年
观察棉株	二十二本	三十本
播种日期	四月二十二日	五月一日
发芽日期	五月三日	五月十二日

日期	生育状况									
	含苞		落苞		结果		落果		吐絮	
	十二年	十三年	十二年	十三年	十二年	十三年	十二年	十三年	十二年	十三年
六月二十日	77		3							
六月二十五日	42	61	3	77						
六月三十日	109	111	91	10						
七月五日	90	209	94	32						
七月十日	59	205	50	57	16	26	1			
七月十五日	49	242	19	82	18	94	2			
七月二十日	33	161	23	90	37	80	11	10		
七月二十五日	40	234	9	130	14	154	3	16		
七月三十日	31	133	3	106	34	188	2	44		
八月五日	31	119	5	97	48	122	2	68		
八月十日	29	70	3	45	45	52	7	54	4	
八月十五日	15	45	5	31	27	61	4	37	11	20

日期	生育状况									
	含苞		落苞		结果		落果		吐絮	
	十二年	十三年	十二年	十三年	十二年	十三年	十二年	十三年	十二年	十三年
八月二十日	28	23	2	19	39	64	1	32	23	24
八月二十五日	28	6	1	11	18	40	5	20	21	59
八月三十日	23	2	3	2	35	16	10	15	25	124
九月五日	79		14		25	5	7	4	33	102
九月十日	22		11		14		16		19	105
九月十五日	12		8		46		35		29	55
九月二十日					9		4		63	41
九月二十五日	31				56		33		42	43
九月三十日									17	23
十月五日									11	4
十月十日									18	2
十月十五日									3	
十月二十日									6	
十月二十五日									13	
总计	828	1621	347	719	481	902	143	300	338	602
平均	37.63	54.03	15.80	23.97	21.86	30.06	6.50	10.00	15.36	20.06

附注：发芽以子叶出土为标准，结果以花落为标准。

　　观上两表，下列之事实，颇为明显。无论爱字棉、常阴沙棉，在民国十二年之生育，如含苞、结果、吐絮等，均较十三年延长二三十日不等，盖十三年八、九两月之雨水，不及十二年同时间之充足，而十三年七、八、九三个月间之最高与最低温度之差，较十二年为大，有以致之也。

　　七月为含苞最盛之期。七月下旬至八月下旬，为结果最盛之期。九月为吐絮最盛之期。此类最盛之期之早晚，与气候有密切之关系，与播种期早晚之关系，似较浅薄，如十三年播种较迟，而最盛期反较前年为早也。

　　生育盛期已过以后，爱字棉含苞结果，均即趋少，如十二年八月下旬以后发生之苞，仅及总数百分之八。九月上旬以后所结之果，不及总数百分之三，常阴沙棉则异乎是。十二年八月下旬以后发生之苞,居总数百分之二十七。九月上旬以后所结之果,居总数百分之三十一。十三年虽以气候关系,生育终止较早,然爱字棉与常阴沙棉之分别,固仍显著。此项分别,于经济上最关重要,于美棉、中棉之异宜,亦颇有明显之指示。

植棉者,每谓中棉早熟,美棉晚熟,其真相颇有研究之价值。试考爱字棉自播种至出土日期,在民国十二年为十二日,在民国十三年为十一日。自出土至含苞开始,十二年为四十七日,十三年为四十六日,而常阴沙棉自播种至出土日期,两年均为十一日。出土至含苞开始,十二年为四十七日,十三年为四十四。换言之,自播种至含苞开始,爱字棉与常阴沙棉,在十二年仅相差一日,在十三年相差亦仅二日。如果常阴沙棉与爱字棉,有早熟晚熟之分,则必在含苞与吐絮之期间也明矣。故进而观含苞至结果、结果至吐絮两期间之异同,以觇其究竟。

特是项研究,困难颇多。各部分果铃之成熟,所需之时期,未必相同,一也;各部分果铃之发生,均有一定程序,所感气候之不同,足以影响其成熟之迟速,二也;观察期间,每隔五日一次,未能逐日举行,先后之参差难免,三也;姑为便利统计起见,分含苞至吐絮为两期,即自含苞至结果为一期,自结果至吐絮又为一期,每期均以各个为单位。先计各株之平均,再汇集为每株之平均,并按照生物统计方法,计算其标准偏差及或差,得数如下表。所用方法,或未尽当。以初步之观察视之可也。更精细之研究,留以待诸同志焉。

表 1 - 10 - 5　常阴沙棉与爱字棉成熟期之比较

年份	棉种	成熟过程不同阶段日数	
		含苞至结果日数	结果至吐絮日数
十二年	常阴沙棉	15.38±1.28	31.97±1.70
	爱字棉	12.33±0.14	41.56±0.26
十三年	常阴沙棉	15.82±0.25	37.64±0.37
	爱字棉	14.97±0.09	41.10±0.21

根据上表,再计算较数之或差,以便决定其差异之程度,是否显著。计算较数之或差方法,系根据下列之原理:甲乙两数较之或差,等于甲乙本身或差自乘和之平方根。据较数及其或差之比,在潘马两氏(Pearl and Miner)之表,检得机遇之会数。

表 1－10－6　常阴沙棉与爱字棉机遇之会数

年份	含苞至结果日期		机遇	结果至吐絮日期		机遇
十二年	常阴沙棉比爱字棉多	3.05±1.28	7.28：1	常阴沙棉比爱字棉少	9.59±1.7	19,230：1
十三年	常阴沙棉比爱字棉多	0.85±0.26	31.36：1	常阴沙棉比爱字棉少	3.46±0.42	1,470,588,234：1

就上述之结果言之,含苞至结果日数之相差,不足为显著,而自结果至吐絮所需日数,常阴沙棉较诸爱字棉为少,其差且甚显著。再取各株之含苞至吐絮日数,分别统计而比较之,则得爱字棉十二年平均为五四点五八日,十三年平均为五六点一日。常阴沙棉十二年为四八点二九日,十三年为五三点六日,则十二年之差为六点二九日,十三年之差为二点五日,两年平均之差为四点四日。

七、讨论

综合观察所得,爱字棉与常阴沙棉颇多明显之异同。兹特提出数端,论之如下。

含苞始期,爱字棉及常阴沙棉,十二年均为六月二十日,十三年均为六月二十五。两种含苞终期,十二年同为九月二十五日,十三年爱字棉为八月二十五日,常阴沙棉为八月三十日。

结果始期,十二、十三两年均为七月十日。终期十二年同为九月二十五日,十三年爱字棉为八月二十五日,常阴沙棉为九月五日。

吐絮始期,十二年爱字棉为八月二十日,常阴沙棉为八月十日,终期同为十月二十五日。十三年吐絮始期,同为八月十五日,终期同为十月十日。

自播种出土,以至含苞之日数,常阴沙棉与爱字棉相差甚微。含苞至结果日数,爱字棉较常阴沙棉为少,然其差亦甚微。

爱字棉与常阴沙棉早晚熟之分别,在于结果至吐絮之日数,常阴沙棉所需日数,较爱字棉为少,其差自三日至十日不等。

入秋以后,爱字棉结果甚少,且多数脱落。常阴沙棉如气候适当,秋后结果尚多,且能大半成熟吐絮。如民国十二年,爱字棉九月五日以后,三十五株所结果数为三十四枚,每株平均不及一枚,且此三十四枚脱落者,有二十一枚之多,及乎成熟者,仅及十分之七。常阴沙棉二十二株,九月五日以后,结果有一百五十枚之多,虽脱落者有八十八枚,成熟者尚有六十二枚之多。民国十三年,其分别虽无如是之显著,然因秋间天气亢旱、水分不足所致。作者以为秋季结果之多少,为爱字棉与常阴沙棉最大之分别,亦为于经济上最重要之分别,设于含苞或结果盛期之际,相遇不良之天时,则爱字棉受损失较大。因一过盛期,结果骤少,不如常阴沙棉之尚能恢复其结果能力也。秋季飓风,

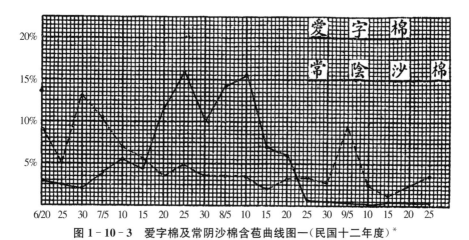

图 1-10-3　爱字棉及常阴沙棉含苞曲线图一(民国十二年度)*

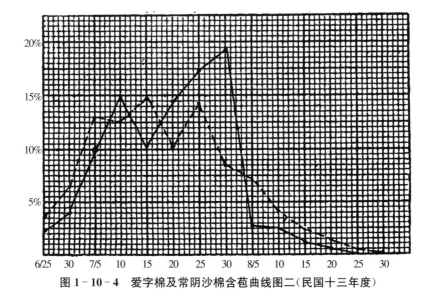

图 1-10-4　爱字棉及常阴沙棉含苞曲线图二(民国十三年度)

---

* 根据文意,图 1-10-3 至图 1-10-6 中,实线代表爱字棉,虚线代表常阴沙棉。

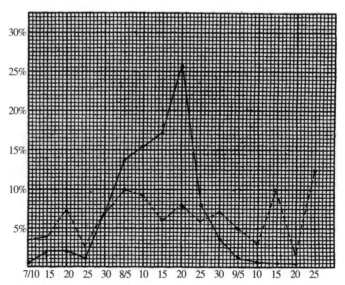

图 1 - 10 - 5　爱字棉及常阴沙棉结果曲线图一（民国十二年度）

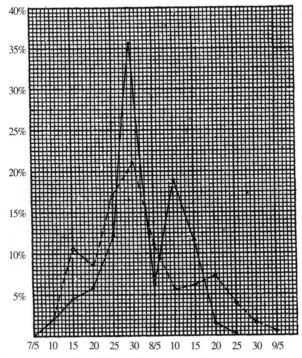

图 1 - 10 - 6　爱字棉及常阴沙棉结果曲线图二（民国十三年度）

常阴沙棉所受影响,常较爱字棉为巨,不仅因爱字棉铃,有抵拒风雨之能力,亦因飓风发生,爱字棉之结果盛期已过,而常阴沙棉一受飓风之影响,则秋季所结之果,必被摧残也。

爱字棉在含苞始期及终期所生之苞,在结果始期及终期所结之果,均甚少,中期特多,吐絮亦然,故其所成曲线,高低相差甚巨,常阴沙棉则自始至终,忽多忽少,故其所成曲线亦较平坦。

再观前生育日期观察表,爱字棉民国十二年每株含苞数,平均为七四点二三枚,落苞数为三九点〇五枚,结果数三五点一七枚,落果数一七点二二枚,吐絮数一七点九四枚;十三年含苞数平均为七七点七二枚,落苞数三九点二三枚,结果数三八点四九枚,落果数一七枚,吐絮数二一点四九枚。常阴沙棉每株含苞数,十二年为三七点六三枚,落苞数一五点八枚,结果数二一点八六枚,落果数六点五〇枚,吐絮数一五点三六枚;十三年含苞数平均为五四点〇三枚,落苞数二三点九七枚,结果数三〇点〇六枚,落果数一〇枚,吐絮数二〇点〇六枚。可知爱字棉含苞、落苞、结果、落果、吐絮之数目,均较常阴沙棉为多,落苞对含苞,落果对结果之比例,亦均较常阴沙棉为大。

又查民国十二年六月下旬及七月上中旬,阴雨连绵,湿度甚高,含苞之数极少,所含之苞,且多脱落,如爱字棉自六月二十日至七月二十日一月间,三十五株所含之苞为八百七十七枚,而内中脱落者,竟有六百三十九枚之多。常阴沙棉此一月间二十二株含苞总数四百五十九枚,而脱落者亦有二百九十二枚。十三年七月下旬八月上中旬,天气亢旱异常,湿度甚低,棉株生长停止,因而含苞甚少,落苞反多。在八月以后,爱字棉三十五株含苞数只有二百零五枚,而在此期内脱落者,有一百九十二枚,常阴沙棉三十株,含苞数二百六十五枚,脱落者一百二十六枚,十二年爱字棉含苞在七月二十日至八月十日,十三年在七月十日至三十日间为最多,常阴沙棉十二、十三年含苞最多时期在七月之间,均为温度最高时期,可知棉株含苞数目之多寡与温度之高低成正比例。而对于湿度,则过高过低,均非所宜。故天气炎热,晴明日多,时下沛然之雨,不降昼夜之潦,乃棉作之最适气候也。

(原载《农学》1926 年第 3 卷第 5 期,17—39 页)

农业问题考

江苏农林政策刍议

（1917 年）

过探先

民国五年，省议会复活，本省农林实业，稍稍发展，先后筹办之机关凡四。成立最先者，为第一造林场。继之筹办者，为蚕桑模范场。第一二农事试验场，至六年秋，始行筹备。盖经济之困，有以致之。偶检书箧，得刍议二篇，系昔日建议当道之稿。适校友会杂志三期付刊，撮而实之，作为商榷之一夕谈可也。尚有苏省省立农林事业进行表一纸，遍觅不得，本其记忆所及述之如下。

表 2 - 1 - 1　江苏省省立农林事业进行表

	民国五年设立	民国六年设立
金陵道	第一造林场	添设分场　第三农事试验场
淮扬道	蚕桑模范场	添设分场　第四农事试验场
徐海道	第二造林场	添设分场　第一农事设验场
苏常道	育蚕试验所	第五农事试验场
沪海道	护塘森林局	推广分局　第二农事试验场

至六年，共有总机关十处，每年需经常临时费，每处平均二万元，共计二十万元，七年推广分场之费，可以收入抵补。

计划

（a）第一造林场设总场于江宁，设分场于江以南之各处。

（b）蚕桑模范场，设总场于扬州，设分场于金陵、淮扬、徐海三道属之各处。

（c）第一农事试验场，设于徐州或海州，注重畜牧及杂粮等。

（d）第二造林场，设总场于徐州，分场于江以北之各处。

（e）育蚕试验所，设立于无锡，注重桑种、蚕种之选择及栽培，以及佳种之分布。

（f）护塘森林局，设总局于宝山，沿海各地，得设分段。

（g）第二农事试验场，设于昆山以东，注重棉、稻、果树等。

（h）第三农事试验场，设于江宁，注重棉、豆、麦等。

（i）第四农事试验场，设于清江，注重豆、麦及畜牧等。

（j）第五农事试验场，设于常州或苏州，注重果树、稻、蔬菜等。

筹办苏省林垦事物刍议

森林事业，非一人一家所能举办。近来世界趋向，大都以造林及保护为国家的事业，或为公共团体的事业，盖所以谋推广持久远也。吾国于林政，素不讲求。数年来，政府尽力提倡，对于造林事业，不啻三令五申，都人士之观念，因此为之一变。近复设立林务处，各省得设林务专员，以督办森林事业。吾苏急宜振刷精神，竭力筹办，为各省先。上慰政府之望，下裕斯民生计。吾苏省虽为膏腴之区，童山濯濯者，亦复触目皆是。既有奔陷之险，又无蓄水能力。急宜造林其上，以尽地利，以减水患。愚生长于无锡，意为苏省无甚童山荒地。待来长农校，以课余之暇，涉历省城内外，又嘱森林教员，四出调查，为造林之计划。方知江苏之童山荒地，到处多有，既而觉得江浦老山一带，荒山荒地，有数百方里之大。今虽经省教育团设局造林，省中官荒，类此者正复不少。实业科提倡实业，均为应尽之责。林垦一事，岂能让他团体独擅其美。今闻将有造林垦荒之计划，实为急不容缓。谨献刍荛之议如左。

（一）办理林垦事务，宜从实地调查入手。于举办之先，宜聘有农林知识及经验者一二人，游行各县，实地调查童山荒地，给其简单图说，详述其土质及附近农林状况。调查宜先自徐海道入手，然后及于淮扬，及于金陵。若夫苏常沪海，可缓图也。调查员须能耐劳且熟悉本省情形者，能请农校或他学校之教员襄助之，更妙。因各处均有学生家属接待，种种障碍可免也。觅得相当地点后，即行报告实业科，共谋造林或开垦进行之方法。

（二）急宜筹设苗圃。设立苗圃宜于造林区域之附近，庶几可以省转运之费。然于未定林区之先，可就省城内外官荒而为之，以备后日需用之不足。即他日以之售诸私家造林者亦多便易。最好于省城内外，指拨荒地三百亩，为林业模范场。以一半辟作苗圃，以一半规划植树园，为逐年官长举行植树典礼之所。他年成林，即为省立公园。庶几甘棠之思，永远不忘焉。

（三）垦务之规划。移民实边也，恢复屯田之制也，士大夫道之行之，已历有年。所以私人之资，经营垦牧公司于东三省及内蒙等处者，亦移。规模虽大，收效尚寡。盖言之非艰，行之维艰。种种之失败，非由于管理之疏忽，即由于组织之未善，以铺张扬厉之手腕，办垦务之事宜。未有不失败者也。故于规划垦务之时，最宜审慎，方能有成效之可望。

垦荒之办法盖有三。

1. 雇工而垦。由团体承领官荒，或购置私荒地若干亩，雇人耕种，给以工食，收获所得，均为该团所有，惟得分结若干成于耕种之农夫，此制甚不相宜，其理由盖有数端。

（1）管理不易。工人作工，集于工场，管理易周。若农夫工作，散处田间，面积既大，时有鞭长莫及之虞。人心不同，难免无怠惰者混杂其间。即收获所得，因稽查之不易，亦难冀其涓滴归公。

（2）农工无家室之观念。农夫受给工食，即生主佣之观念，收获既为团体所有，农夫无置田之望。设有不测，则子女难免流离之惨，既无切身之关系，则作工难期尽力而为。

（3）地肥难期永远保持。雇工耕种倘管理不周，则一切耕种栽培诸法，未必能合法度。地肥因此日减，收获亦必随之而少也。

2. 仿井田之制。将荒地分为井田式，每区二十亩，招户垦耕，每户授田一区或二区（视每户人口之多寡而定）。每私田八区，有公田一区，视各户承垦私田之多寡，督令其耕公田若干亩，如此则省时时督率之劳，而租户只耗劳力，而得免出租费，似较第一法为胜。设垦户于承垦之先，资力不足，则宜行借贷之法。

3. 租田贷资，实行拓植。此制前南京义农会组织时行之，颇著成效，举其大概如下（今日义农会之成绩，不甚明晰，在乡人民颇有怨言，则任事者之咎，非法之弊也）：

由公共团体，招选贫民，酌给费用，开垦荒地，并教以改良农事及树艺

之法;

按照荒地生产力之强弱,距城市之远近,以及转运之便利与否,分配各户承种,务使垦户生计满足,庶几耕种勤恳,日臻发达;

凡国家税由公共团体直接完纳;

各租户应纳租税及地租于公共团体;

租户应将垦地原价,分期归还,其时期视情形而定。该租户于租地之时,倘然贫乏,亦可借矣,令其种植该地,使有成效。而租户亦应定于某时,将借款分期还清。如租户因病或遇他项灾祸,不能作工,尽可酌量情形,借款补助;

租户无转租垦田或出卖之权,只能退租;

租地作为该户永远耕种,倘有怠惰,不能尽力耕作者,勒令其退租;

得分租税若干成,为耕地所在地之教育费。

总之,为事在人,人存则政举。种种之条件,不过纸上谈兵。但林垦事务,洵与国计民生,大有关系。愿当道尽心而为之,造福斯民不浅也。

(原载《江苏省立第一农业学校校友会杂志》1917 年第 3 期,1—7 页)

论农田之收获

（1918 年）

过探先

江苏省立第一农校过君来函，谓本志第三号谈屑载《中国农田收获量与德国之比较》一篇，误解甚多，兹将过君投稿揭布如下。

工商发达国之农业，多为广耕制（Extensive Farming）。吾国以农立国，素采力耕制（Intensive Farming）。行广耕之制，则废田地；行力耕之制，则废人工。以每一亩计，则力耕之所得较多；苟以每一工计，则广耕制胜于力耕远甚（参观拙著《中美农业异同论》，科学社发行之《科学》第一卷第一期）。苟以农业经济之眼光，比较农产之丰薄、农业之增进与否，不当仅问每亩所得几何，当更问每夫每年能种若干亩也。农业上最要之问题，宜注重于增进每夫之岁入。岁入增，则生计裕；生计裕，而国民程度亦因之以日进矣。吾国人于此点，最不明瞭。故所论恒入肤廓，所为每不适用。设立农场农校，亦已有年矣，而于农事上尚少影响者，未始不由根本观念之误，有以致之也。余闻人言矣，日本某师范学校学生经营之一砰[*]农业，其出产与普通农夫所收获者，恒超出数倍，以此而断定其优劣。又有谓某校学生自营农业，每亩得盈余一二十元。不知师范学生所经营者，不过一砰，故其收获能丰。若使之耕种与普通农夫同一之面积，其结果真难逆料。每亩虽能盈余二十元，每人能种几亩，不可不先行计及。设每人只能耕种一亩，则尚不能生活；设一人种十亩，每亩能仍盈余二十元乎？每亩所产与每夫所获，不能成正比例，诚为不幸之事。吾国农民囿于一隅，无世界之智识，无拓植之思想，人口日繁，耕地日狭。亩

---

[*] 砰，"坪"之别字，为计量单位。下同。

收虽丰,糊口更艰。盖报酬渐减(Law of Diminishing Return),为经济学上不易之理。观德国施用肥料所得收获之比例而益显也(以中德权度比较换算,即中国一亩约收小麦二千〇六十二斤),云云。恐有差误,查美国农林部报告所载德国历年每英亩麦田平均收获量如下表。

表2-2-1　美国农林部报告所载德国历年每英亩麦田平均收获量

年度(年)	收获量
1890—1899(每年平均)	24.5
1990*—1909(每年平均)	28.9
1905	28.5
1906	30.3
1907	29.6
1908	29.7
1909	30.5
1910	29.6
1911	30.6
1912	33.6
1913	35.1
1914	29.6
1905—1914(每年平均)	30.7

附注:以上数量以美斗为单位。

每英亩合中亩六亩,每美斗小麦为六十磅。则德国一九〇五年至一九一四年十年间总平均之麦田收获量,每一中亩得三百〇七磅。吾国以江苏论,小麦丰收,平均为一石四五斗,合重二百三十磅左右。普通一般之收获量,都在一石以内。据个人所闻,北方麦量之收获,与南方大都不相上下。特小麦之收量,视各种种类及其耕种栽培之方法而异。考中央农事试验场报告所载,就小麦之收量,有在三石以上者,过二石者有多种。江苏省立第一农校第二年(民国五年至六年)麦作试验,收量在三石左右者计四种,其次亦在二石

---

* 原文为"一九九〇",应为"一九〇〇"之误。

四斗以上。设平均以二石五斗计算，其重在三百五十磅以上。南方以麦为副作，所用种子不尽佳，良种法未当，施肥又少，耕锄不勤，病虫充斥，此其收量之所以少也。

原文又云："以江苏上等稻田收获量计之，田主岁收米三石，田户留其十之四为二石。……故此千斤之收额，实际上仅为四分之一亩所产。故必增加四分之一，方为实际之收获量。"尤为谬误。鄙人生长于无锡之北乡，请以本乡之情形言之。本乡之稻田，又可为上等之代表者也。田主所收于田户者，每年每亩计麦租二斗、米租一石。米租因年岁丰歉之不同，田主让一二折不等。他乡亦有不收麦租、只收米租一石者。亦有以谷作租者。因各处之风俗而不同。稻田收获之量，在吾乡最丰者，每亩约得米三石左右。亩之面积，各处不同，盖清丈时不均有致之，亦有一亩不及六千平方尺者，未可以一概论也（原文与算理亦不合，认为计算之误，姑不论）。

以德国小麦之收量，与吾国稻之收获，两相比较，不甚适当。各种作物，均有特性，未可以驴比马也。

"出产增加，价值或反因而低落。"本于供给增加、价格跌落之原理，似为不易之论。然货财价格之决定，一方为供给，一方为需要货财交换之现象。在自由竞争市场中，莫不相剂而趋于平准也。人口日繁，则需要日增；文明日进，则分工愈密。太古之农民，只顾自己之衣食而已足。今日之农民，必须兼顾数家之衣食。而后此数家者，庶能致力于制造商业教育物质之文明及他公益之事，以应社会之需要，谋国民之幸福、世界之进步。稽诸统计，农产日增，而其价格未必低廉。美国一千九百〇九年，小麦之出产，共计六八三，三六六，〇〇〇美斗。每斗农夫所得之价，为美金九角八分六厘。一千九百十年，产额为六三五，一二一，〇〇〇美斗。售价为美金八角八分三厘。吾国尚无真确之统计，然而农产价之腾贵（如作者幼时，白米每石售三四元，今则六七元；小麦售二三元，今则四五元矣），非因于产额之减少，实因于需要之增加，则可断言也。

吾国以农立国，讲求农学，刻不容缓，所持之理由有二：（一）农民户口增多，所占之地面渐狭，非改良农业，不足以增农民之收入，而使其免困穷之苦。（二）吾国工商，果形发达，非改良农业，不足以裕原料之来源，而使其受本轻之便宜。施用肥料，固为改良农产之一端，特施肥须有一定之限度。过此则成本太重，利益反少。观英国罗绥司帝（Rothamstead）麦作施肥之结果，当可瞭然矣。其试验法如下：取同一土质之地五区，每区所用之肥料相同，于第一区不再加肥，第二区加用淡素四十三磅，第三区加用八十六磅，第四区加一百二十九磅，第五区加用一百七十二磅。记其收获之数如下表。

表 2-2-2　英国 Rothamstead 第一至第五区麦作施肥后农田之收获量

区别	八年平均之收获	每淡素四十三磅增收之数
一	19 斗	
二	$27\frac{7}{8}$ 斗	$8\frac{7}{8}$ 斗
三	$35\frac{1}{2}$ 斗	$7\frac{5}{8}$ 斗
四	$36\frac{7}{8}$ 斗	$1\frac{3}{8}$ 斗
五	$37\frac{1}{2}$ 斗	$\frac{5}{8}$ 斗

第五区增收之数，比较甚微，故未经接续试验。其余四区，接续至四十八年，其记载如下。

表 2-2-3　英国 Rothamstead 第一至第四区连续施肥后农田之收获量

区别	平均之收获	价值	淡素之价值	利益
一	15 斗	15		
二	24 斗	24	6.5	2.5
三	33 斗	33	13	5
四	$36\frac{3}{4}$ 斗	$36\frac{3}{4}$	19.5	2.25

第四区所须资本，既较第二区增加二倍，而其所得之利益反少，报酬渐减之理使然也。

今日中国改良农业最要之事项有三：（一）选种；（二）防除病虫害；（三）改良农具。选种有广狭二义，选择品种，广义之选种也；选择种粒，狭义之选种也。各种种类，其收获之数量，其所适之地土，往往不同。即一种之中，亦有虚实、大小、色泽、品质之异，语云："种瓜得瓜，种豆得豆。"推而言之，种良瓜者，得良瓜；种佳豆者，得佳豆也。中国每年受病虫害之损失，不可以数计。即以江苏一省而论,民国元年高淳等五县,稻作被虫损失在五百万元以上。去年松江等十县,重被螟害,损失在千万元以上。安徽省之麦价损失,亦不下千万。推而至于全省全国,推而至于各种作物,每年损失,总数当在数万万元,除害所以兴利,事半而功倍也。吾国农具沿用旧制,粗笨不合,因工作之不便,而一人作工之效率少,一人能种之面积小。广大耕种之面积,亦为增进每夫所获之一端,亦当今之要图也。

(原载《东方杂志》1918年第15卷第6期,8—12页)

北方旱灾实地观察感言

（1920 年）

过探先

今年北方大旱，被灾者，有五省之广。余适于是秋，调查北省植棉成绩，途过晋豫直鲁四省，得有实地观察之机会。为时虽暂，感触颇多。谨述之以与当世关心民瘼诸君子一商榷焉。特鄙人之观察，或太偏于农业经济方面，所言或多农学家之理想。如有不合时宜，以及拂逆普通人心理之处，统希见谅。

视察北方旱灾应行注意之点，凡四：（一）北方被灾各地之状况及范围；（二）成灾之原因；（三）赈济上之问题；（四）根本补救之方法。

第一点，各地日报，日有记载。各机关调查员报告，亦复详细，无待余之赘述。但以鄙人观察所及，各地被灾状况，不惟"赤地千里之中"轻重大有出入，即同在一丘之田，栽培不同之作物，收获亦复不等。山芋收获，比较的好，惜栽植之区域太小。高粱之收获次之，棉花黄豆又次之。收获之低，以玉蜀黍为最。植科不过二尺，佩实只一二寸耳。以时期言，则早种者为佳，晚种者不良。以地域言，则可灌溉者良，不能灌溉者劣。以田论，则一年种一熟者佳，种二熟者不良也。黄豆玉蜀黍，大都于收割夏麦后种之，故发育较次。玉蜀黍不惟晚种，且根浅不能耐旱，故收获最次也。农商部观测所记载：今年一月降水日数，计二日，总量为十分之八公厘，比去年同月少十分之八公厘强。二月降水日数，计六日，量为十一又十分之八公厘，比去年多十一又十分之八公厘。三月计三日，量为七公厘，比去年多一又十分之四公厘。四月计四日，量为二又十分之六公厘，比去年多十分之六公厘。五月计四日，为二十二公厘，比去年多二又十分之七公厘。六月计八日，为二十九又十分之八公厘，比去年少六十四又十分之七公厘。六个月之中，雨之总量，仅得七十四公厘。

去年秋收歉薄，农人为预备春食起见，种植小麦者甚多，以致今夏播种，又复愆期，又不知勤于耕耘，以保土中之水分，遂致酿成大荒。今年被灾之五省，除可资灌溉区域外，据去今两年雨量而论，宜采用旱地耕种法（Dry tarming[*] methode）。旱地耕种，固甚困难。以美国之情形而论，虽用极适宜之种子、极适当之方法，荒歉亦时有所闻。故农民居于是域者，不得不为耕三余一之计划焉。吾国北方之农民，既不知耕种耐旱之作物，选择习旱之种子，应用保水之方法，平时又绝无积蓄，宜其累年失败，颠沛流离而无告也。各地旱地耕种制度，亦复不同，大都以雨量之多寡、降水之时期、生长期之长短、空气之润燥、阴晴之多寡、温度之高低、风之方向、地之高下、土质之情形而定。有一年中种一熟者，有间年种一熟者，亦有三年种两熟者，五年种三熟者。若一年种两熟，欲其收获丰盛，固甚难得也。作物之耐旱性亦应注意。种子亦应向旱地采取，决勿将多雨地之种子移种。根愈深，叶愈小者，耐旱之性亦愈强。如高粱，虽遭久旱不致萎枯，一遇时雨，即能复原，因其有休眠御旱之性质也。保守水分，以勤耕锄力避蒸发为最要。今闻山西阎省长极力提倡区田之制度。区田之作用，无非使充足水分，积蓄于土壤之中，不致流失蒸发而已。收成歉薄之田，以碱土为最。盖雨泽稀少之处，地中碱分，因毛细管之作用，逐年被吸上升，遂成不毛。此种碱土，在江苏陇海路一带，亦复不少。据老农所述，三十年前，均为肥沃之土壤。今已碱质日渐增加，若再不知注意土壤之改良，恐以后收成日益歉薄矣。北方虽大旱，浙则患水；江皖之间，沿大江一带，田地庐舍，浸没水中者，不下数万户。皖虽不旱，而蝗却独甚。曾于津浦路三界附近，亲见飞蝗蔽天，历半里而不绝。故农民被灾者，实则到处皆有，不独大旱之北方为然。人谓今年所受之旱灾，四十年来所未有。余则敢谓设国人不注意农事上之改良、农民生计之充裕，恐大灾日后必常有，其范围或更广，亦未可知也。

论第二点，人皆以久旱为成灾之原因，实则久旱不过为成灾之导线，农民经济之困穷，乃为成灾之根本原因也。苟力田之人，终岁劬劳之所获，不足以赡其身家，则成荒年。固不必秋收歉薄，始谓之荒年也。以此而论，吾国之年岁，固无一年不荒；吾国之农民，固无一日不在被灾之中。有荒年熟年之分者，惟懋迁农产品之商人、以收租放债为生之田主耳。十年前，美国土壤专家

---

[*] 应为"farming"之误。

金氏,调查所得日本农民经济之状况(参观 King:*Farmers of Fourty Centuries*),颇足代表吾国农家现时经济上之情形,特摘译之以警国人焉。

表 2-3-1　自农(即自己有田耕种之农民)经济之状况

	收入	支出(赋税)	支出(雇工及栽培费)	支出总计	利益
水田(每英亩)	55 元美金*	7.34	36.20	43.54	11.46
旱地(每英亩)	30.72 元	1.98	24.00	25.98	4.74

每家种水田旱地各 2.5 英亩(共计中亩约三十亩),则一年中之收入为 11.46×2.5+4.74×2.5=40.5 元。有自田三十亩,已为中等之农家,而每年纯收入,不过四十元,养老抚幼、婚丧喜庆之费,莫不取给于是焉。故一般农民之生计,虽在大有之年,已呈局促难以维持之现象,况于收成歉薄之年乎?今再退而观佃农之状况。

表 2-3-2　佃农(即租田而种之农民)经济之状况

	收入	支出(租金)	支出(人工)	支出(肥料)	支出(种子)	支出(其他)	支出总计
水田(每英亩)	78.62 元	31.58	25.79	17.30	1.40	2.82	78.89
旱地(每英亩)	41.36 元	13.52	14.69	10.26	1.57	1.66	41.70

观上表,可知租田而种,不惟无利益可冀,且有亏耗之虞。佃农所恃以为生活之资者,惟工金之一部耳。然佃农虽无利益之可获,而田主之所得则甚大,观下表便知矣。

表 2-3-3　田主经济之状况

	收入(田租)	支出(赋税)	支出(费用)	支出总计	利益
水田(每英亩)	27.98 元	7.34	1.72	9.06	18.93
旱地(每英亩)	13.53 元	1.98	2.48	4.46	6.07

中国现时农家之情形,正复类此,"寅年吃卯年粮"比比皆是。收割未竣,田主债主,早已业集,坐分所获而无余矣。安得为耕三余一之谋,以备凶年之所需乎。年岁而丰,田主债主常能以其索得之债钱,再行贷诸农民。虽感重利剥削之苦,然衣食之资,非此不能有也。年岁而歉,田主债主之经济窘迫,而农民亦必借贷无门,惟有坐以待毙,或转而至四方耳。今年虽大旱,耕种得

---

* "美金"二字疑为衍文。

法之农民,尚有一部分之收获。稍有积蓄者,决无断食之虞。设有适当之借贷机关,农民虽无积蓄,亦必忍痛借债以度活。不幸田租债款,既无着落,而田主债主亦无余资可以周农民之所急,遂酿成今日惨不忍睹之现象。余故曰:"久旱不过为成灾之导线,农民经济之困穷,乃为成灾之根本原因也。"(未完)

(原载《中华农学会报》1920 年第 2 卷第 2 期,1—7 页)

北方旱灾实地观察感言(续)

(1920 年)

过探先

  第三点,论赈济上之问题,感触尤多。研究现时赈济上之情形,颇足显中国人共有之弱点。语云:有备无患。国人事前既一无预备,事后便不知措手。最异者,雨泽不足,半年于兹,司观测之任者,未尝警告于邦人。有地方之责者,亦未图万一之补救。七月初,虽有京畿农民救济会之创设,卒以注意者少,补助者寡,所做事业之范围,不能如预期之广大。苟不有教士之报告、西报之揭载、欧人之诽讥,北方之旱灾,恐至今尚不为一般官绅所明了也。设在欧美之邦,遇此旱患,早已预备补救矣。灾成之后,自应以调查实况为最要,孰轻孰重,了如指掌,赈灾方有把握,方能见效。乃自名为慈善赈灾之机关,如春笋之怒发,日夕从事于章程之讨论,大款之募集,绝不注意先行着手于各地之视察调查。其后所派之调查员,又都无农业上之智识及经验,观察难免有肤廓之病。各地均以多得赈款为幸,轻重尤有失实之虞。盖灾况之调查不可据耳闻之所及、一隅之所见,以零零碎碎之事实,而概其余也。余尝与同志三四人,步于灾区之野矣。见乡妇二三、童子四五,方就食于茅舍之旁。一童之碗,盛极薄之汤饭,爰询其大米之价值,少妇以每升百八十文对,老妇绝然否认,斥年幼之无知,谓现时之米价,虽二百八十文,亦不能购一升也。盖老者误余等为查荒放赈之辈,冀动余等之观听,以得赈款耳,亦大可怜矣。

  赈济为纯粹之慈善事业,决无权利荣誉之可言。而各机关各自为政,纷若乱絮,其实极应联合进行,有钱者出钱,任劳者任劳,较诸一无联络,效率当可数倍。赈济乃人类互助之天职,人人应尽之义务,而必欲藉官僚之势力以行,救灾机关之一切重要职员,均非官僚不可,尤非吾所能赞同。赈济乃灾民之性命,孰意竟有藉此而图中饱者。政府亦为防微杜渐之计,订立奖惩条例,吞没若干者刑，是亦我中华法令上之特色也。若夫赈款，一经外人之手，则可涓滴入惠，吾亦未斯之能尽信。

灾区既如此之广，需款孔多，固也。绅商既踊跃输将，政府亦筹款惟亟。近更有倡大借外债以为赈灾之用者，嘻奇矣。吾国人岂一穷至斯，区区此数千万元而不能负担乎？试问吾国人，每年消耗于洋酒洋烟者几何？设吾国人果能体察北方人民之穷困，发其慈悲之心，只须绝烟酒一年，则四千万元，咄嗟可集。李纯于易箦之候，以五十万元助赈，为忏悔之费。现时国中之官僚，富如纯者，当不下数十人。有二十人如纯之慷慨，则千万元又可立集。京师首善之区，商场繁华之所，每日夜晏饮嫖赌之所需，亦必可观。省以此为赈灾之用，不无小补。全国田租收入，为不事生产之田主所得者，不可胜计。捐其十之一以赈我困穷之农民，亦不为苛。舍此不图，而必欲借外债之是务，真不知是何居心。说者谓上述各端能言而不能行，余则谓苟是而不能行者，则国人人心已死，绝无民胞物与之观念，国将不国，救灾奚为耶？

放赈又有急赈、工赈之分别，实则非工赈之赈不宜有，急赈亦可使受赈者作相当之工也。语云：得人钱财，与人消灾。嗟来之食，志者不取。泰西有资财者，乐善好施，反为社会学家所诟病，因其足以养成倚赖之性质、怠惰之风尚也。就工赈言之，则所作之工，必须于农业上无直接之利益，方称美满。若修路筑道之工，与农业上无直接之关系，较诸开河、疏渠、凿井等工程，足以防日后之旱潦者，相去不可以道里计。惜乎以工代赈者，目光浅近，不足以语此也。施以物与钱，固不如与粮，若粮必输自远方之大米面粉，则亦极为余所反对。赈用之粮，不能顾其精粗，只求养料充足，于经济上合算；物品清洁，于卫生上适宜而已。合此条件者，如高粱、如玉蜀黍、如黄豆、如麸皮，均为最经济之物品。若面粉大米，时价已觉腾贵，平时充饥，尤嫌太奢，况以之赈济灾民乎？彼以运米赈济灾民为请者，必别有作用也。而中央政府固一再咨商出米之省弛禁矣，宜乎奸商乘此机会，偷运图利者，比比皆是也。

灾常有而赈不能常有，赈虽为一时救急之计，不足以弥灾也。故救荒之后，尤应注意防荒之道。试进而讨论根本补救之方法。北方农民之流离，仍经济困穷之现象。余所谓根本补救之方法者，亦不外宽裕农家经济之计划。大旱之年必常见农民能否免遭饥馑之苦，须视能否厉行下列之各端为断。

（一）疏浚河渠，开掘水井。直隶患水才三年而又患旱，皆河渠壅塞之故。天时虽旱，有水可资灌溉之处，收获尚不恶。山西实行开河通渠之外，复行提倡开井以补其不逮,实为防旱之惟一办法。以工代赈,从事于斯,尤为一举两得。

(二)急速造林。北方之雨水不调,河渠易受刷壅之原因,缺乏森林,亦其一端。造林防水,识者论之详矣。补救亢旱,亦非提倡造林不可。近年来朝野对于造林事业,稍稍注意。惜其进行,非常延缓。此次大旱与吾人醒觉之机会。关于各大河之源地及流域,尤非急速从事,增其含蓄力不可。

(三)提倡工业。以农立国,古昔皆然。当此经济竞争之候,重农无工商以为后盾,则不足以自存也。北方工业幼稚,农家除耕种以外,一无副业之收入。农有余力而无余粟。相聚而居,时见人多地少。在南膏腴之区,集约之农,或能生存。在北方瘠薄之地,则非有较广之田,不能生活,似应提倡工业,容纳闲工。一面增加农民生产之能力,使其从事耕种较大之面积。实行一年一熟或二年三熟之制度,减少干旱之影响。工业之宜于北方者,无过于开矿、炼铁、纺纱、织布四种。北方矿产极富,除开滦龙烟已著成绩不计外,其余能开之矿,不在少数。若山西之煤矿,早为外人所涎视,惜因运费成本过重,不能远运。余以为政府减轻米粮之运费,尤应减轻矿产之运费,直接辅助矿业之发展,即所以间接充裕人民之生计也。以山西之煤,供给世界之需,亦非理想,在人为耳。北方棉产丰富,直鲁豫晋,最适宜于美棉之栽培。现时产棉区域,日益扩广,而纱布之供给,尚不足应一般之需求。纺织事业,极有投资之机会。苟能于北方被灾区域之内,择其交通便利之处,创设纺织厂数所,胜于千万之赈款也。以赈款为设厂之用,而以其日后之收入,为发展地方事业之需,要并为备荒之用,亦计之善者也。

(四)普及旱地耕种方法,并研究碱土之改良。北方不能灌溉之地方,应行旱地耕种方法,收获方有把握。今虽地少人多,或不能尽取休闲制度,如能以三分之一田地,轮流休息,最为稳安。一面更耕价值较高之作物,如种大麦者,可换种小麦;种高粱玉蜀黍者,可换称*美棉花生山芋等作物。则每人所得之收获,未必较种二熟为减。至于碱土之改良,除注意灌溉及施肥而外,极应多种耐碱性之作物。如制糖之萝葡**,虽碱性极重之土,可以生长;如草类中之碱谷一种,亦系备荒作物之一。各处均有栽培,惜不广耳。

---

* 应为"种"之误。
** 萝葡,即甜菜的别称。

（五）研究农事之改良。农事应行研究改良之处，不独北方为然。而北方累年患灾，民穷财尽，其农事之改良，实较他处为尤急。被灾各省农事试验场，虽均已设立有年，因人才经济之关系，成效尤未大睹，无可讳言。以鄙意所及，北方农事之急应改良，为如下之数端。（甲）注重畜牧。畜牧于土壤之肥瘠，极有关系，而于碱土尤甚，因厩肥足以矫正土中之碱性，而未经成熟之植物，均可刈以为刍也。（乙）提倡工艺作物。北方农业，现极粗放，而直隶唐坊附近各村，多栽蓝靛美棉花生白菜之类。每亩收入，虽在今岁大旱之年，均在二十元以上，间有至四十元者。该处之农民，亦独富裕。他处未必不可仿行，惜无人提倡耳。除美棉花生到处皆可提倡外，烟草于肥沃之土，亦极有希望。（丙）注意病害。北方之病虫，较南方为少，然现有数种之病害，非凡猖獗难治。如黑穗，到处常见，又有所谓黄疸病者，实为种小麦者之大敌。不知是否为锈病折根虫所致也。（丁）推广果树。果品为北方著名出产之大宗，若梨、桃、柿、枣、葡萄、苹果等，到处多有，到处皆宜，品质亦不劣。如能实行改良品种，尽力推广，另行经营装罐焙烘等事业，以为之辅，则北方果品，未必不可进而竞胜海外，退而输入南方，抵制外国果品之漏卮也。果树根深，耐旱力强，今年田作物虽均歉收，果品则大熟也。往者不谏，来者宜追。吾人今日对于北方之旱灾，除设法尽力赈济外，应注意根本补救之方法。散放赈款时，应设法实行以工代赈，疏浚河渠，开掘水井，劝导造林。并另筹款或指拨赈款之一部，为提倡工业之用。另一部为经营提倡改良农业之事业。再由华洋慈善家，或红十字会，联合有农业智识者若干人，组织备荒委员监督一切。委托各地之公正士绅教员教士等，时常调查报告各地农业之状况。一有旱潦之现象，即由委员会预筹救济之方法，则今日种种之惨象，庶可不复再见于后日乎。（完）

（原载《中华农学会报》1920 年第 2 卷第 3 期，121—127 页）

吴江县农业调查报告书（上）

（1923年）

省委农业指导员　过探先、邹秉文、董国华

　　该县地滨太湖，河道四通八达，地形平坦而较低。西南沿太湖各区，每逢霪雨，便遭水淹。全县田亩约一百二十万亩，土质均为冲积土，宜栽稻；田岸及隙地，均植桑。农村气象，尚称清秀，内容极枯，十之九负债。土地生产，收量日减。一方接近苏沪，交通发达，生活程度益高。烟赌之风，所在皆有。农民近年时有往上海等地为佣工。全县十分之八务农，盈实之家，迁居城市，以避盗贼之袭击，均弃农而坐收其租金。今之都市中居家者，大抵如斯。企业思想甚幼稚，全县无规模较大之工厂，职是故耳。该县交通极便，运河直贯浙江，北抵镇江，距苏埠仅三十六里，每日苏杭返之小轮甚多，运输至便。

　　全县农产以米为大宗，飞来凤稻、长芒稻，粒大而佳，上海米市，颇负盛名。全县民食有余，每年由各市镇米铺运往上海推销之米，不下十余万石，此外如芸苔、蚕豆、小麦，产量亦多。芸苔种除榨油供食用外，输出日本。全县蚕桑尚称发达，十年前无今日之盛，震泽附近，为农家主要副业，且善缫丝。县之东北，则蚕桑尚未普及，城区附近，农民除种稻外，养鱼饲鸭，颇有经验。一人可管理二亩之鱼池，或喂蛋鸭六百头，获利甚溥。水生植物，如茭、藕、莼菜、茨实甚多，渔业颇盛，畜牧虽无专业经营，然农家饲养羊豚，纯以肥料为目的，牛则耕田车水，极有条理。实业行政，隶属于县公署第四科。近年因应得之实业经费均为地方移作别用，因之无所发展。县农会及市乡农会，虽均成立，但无的款，亦无力为农民谋生产上之幸福。全县教育重心，尚注力于市镇。而乡村小学，可称寥寥，农民十之九不能识字明理。省立第一师范农村分校，设吴江东门外，主任唐昌言，共有学生七十余人，校风诚朴，办事井然有条。农场桑园甚宽大，兼办附属小学，县立农场尚缺如，惟唐昌治所创办之稻

作试验场,已三年于兹,延一农毕业生周圣绩为助理。场址虽狭,颇得社会士
绅之同情。闻今年已由县议会通过,收归县立矣。震泽所产之丝,行销欧美,
苏经则销售于苏州。该地蚕业极盛,农民育桑缲丝,不遗余力。惟缲丝非常
陈旧,蚕种不良,难得国外市场之欢迎,远不能抵抗日本。其原因在丝质恶
劣,此急待改良者也。全县农业金融绝少,各市乡不过有典铺,及重利借贷而
已。略具资产者,向恃盘剥。近年邑绅施省之、费仲深、周心梅、倪次玩发起
江丰银行,资本二十万,规模宏大,行员热心服务。经理施君,深知农民疾苦,
近年以田单抵押行款约十万元,丝经抵押每月约五万元出入,并委周心梅经
理押米约二万余元,取利仅分半,较普通低一倍,农民受惠实多。今夏由邑绅
周心梅发起"农业改进会"于双杨,为有益之组织,农民甚信仰,农村可望逐渐
改进,殊属难得。以上均为吴江现在之农业状况也。

（原载《吴江》1923 年 12 月 16 日第 4 版）

吴江县农业调查报告书(下)

(1923 年)

省委农业指导员　　过探先、邹秉文、董国华

意见

　　概括该县农业情形,积极方面之改进,应注全力改进者,不外有下列之数端。(一)提倡农村教育。此事应通盘筹划。教育局每年宜定推广计划,逐渐进行,一方培养农村教育之良好师资,促地方自动改进。俾农民获得相当之智识,通俗演讲、物产展览,尤为必要之设施。(二)改良稻作。全县均为宜稻之区,土地肥瘠高下,虽随地不同,考察现状,生产力甚薄,选种肥培,均欠周详。螟虫为害,沿运河两岸之田,几触目皆是。以后培养佳种,应责成县立农场,悉心试验,俟有成效,分布良种于农民。防除螟虫,又宜提出经费,联络全县农业机关,共同讨论实施方法。一方应于县费及各市乡经费项下提拨防螟费,委任专员,联络各省昆虫局规划进行,方获实效。此患如灭,于地方元气,颇有休戚相关。(三)改良及推广蚕丝业。该县蚕丝发达之区,应设立蚕丝试验场,以改良之。一方应推广蚕丝业于未普及各市乡,发给桑秧,附设育蚕分场,为农民学习之所。(四)实业经费,不准移作他用。该县按照地方附税,实业经费每年应得四五千元,此后不可移作他用,以重地方实业,实为至要。兹规划县立农场经费于下。

　　一、县立农场

　　经常费　　　　　　　一五〇〇元

　　(一)俸给

场长　　薪水	三六〇元	
助理一人	二四〇元	
长工四人	二八八元	
（二）肥料		
肥料费	一〇〇元	租田五十亩,肥料每亩以二元计,故需如上数
（三）试验		
关于试验材料器具	一〇〇元	如选种器具木框、化学肥料、花粉交配器等
（四）药品		
防除害虫药品	五〇元	如诱蛾灯、掘稻根器等
（五）短工		
短工	六〇元	
（六）杂支		
印刷费	一〇二元	
推广费	二〇〇元	赴乡开演讲会、展览会所需如上数

二、蚕桑试验场

经常费	一五〇〇元	
（一）俸给		
场长　　薪水	三六〇元	男女皆可,应有中等农校蚕桑学校毕业合格
助理一人	二四〇元	
长工四人	二八八元	每人每月以六元计
短工	一〇〇元	因蚕忙时及考种浴种均需工人帮助
（二）桑园肥料		
肥料	五〇元	
（三）试验费		
育蚕试验	五〇元	
蚕丝试验	一〇〇元	
（四）推广费		
推广费	二〇〇元	

（五）杂支

杂支　　　　　　　一一二元

（附注）该县本年度闻已将原有私立稻作试验场收归县立，经费仅定六百元，为数过少，明年亟应扩充如上列之预算，方能达改进之实也。

（原载《吴江》1923 年 12 月 23 日第 4 版）

调查江苏教育公有林之报告

（1928 年）

过探先、李寅恭、陈雪尘

探先等于一月十一日偕技师邵维坤等赴老山视察，由一区而五区二区三区四区，再经江浦县城返宁。在途凡五日，每至一林区，除详细调查访问外，对于办事人及林夫，必剀切劝喻：从前种种姑置勿论，以后必须格外奋勉，实事求是。收入则涓滴归公，支出则樽节俭约。林场与普通机关，性质上本不相同，幸勿犯公共机关之恶习。并提下列诸条为切磋之标准：（一）对于森林有兴趣；（二）有志愿；（三）能耐劳；（四）能负责；（五）能永久；（六）能廉节。如自问与条件不合，尽可事先声明，免致公私两误。结果各区人员，对于以上六款，均极表同情。嗣又劝各职员林工，携眷入山，以林场为家庭，藉示永久服务之决心。兹将各区概况，略述如左。

各区职员及林工

第一林场第一区，技务员一人，常工十七人。第一林场第二区，技务员一人，常工十三人（拟酌增二人）。第一林场第三区，技务员一人，常工十四人（拟酌增三人）。第一林场第四区，技务员二人，常工十五人（拟调技务员一人至三区办事，因三区或于日后添办一分区也）。第一林场第五区，技务员一人，分区助理一人，常工十五人。第二林场第一区，技务员一人，分区助理二人，常工二十人（助理应自二月起，裁去一人，林工应于春季种植完竣后裁去五人）。第二林场第二区，技务员一人、助理一人，常工二十人（助理一人自二月起应裁去，常工应于春季种植完竣后，裁去五人）。

各区灾况

第一林场第一区,于十六年十二月之中,发生火灾四次。一在石婆婆山,一在小堰,一在黑石山,一在王家洼,直烧至龙爪洼、樱桃洼。焚林千余亩,林木十余万株。每株之价值,以培养保护等费,平均计算,何止一角。姑以一角计之,损失约一万元。至于竹木被砍之遗迹,到处可见,此尚不在计算之列。

第一林场第二区,向无火灾,亦未发现砍树情事。近以邻区被灾,无适当之办法,致引起尝试砍树之动机。一月初旬,某董指使,砍去成材行道树五十余株。每株以最低之价值二元计算,当值银一百余元。此事最当注意者,砍树之时期,在江浦县长担保不再发生砍树烧山之事以后。

第一林场第三区,天然林颇多,保育成绩最好。十一十二两月之间,屡被砍烧,尤以十二月二十五日至二十七日为甚。暴民四五百人,各持利器,将成材之大树,砍伐一空,十数处一齐放火,延烧数日夜,全林精华,付之一炬。当时暴民放枪,禁止施救,故成此巨灾。西北诸山坡,赖某董事等出力维持,侥幸得免。惟以面积而论,仅及被烧部分十分之一耳。兹将被砍者及被焚者分别述之。

（甲）被砍伐者

① 洋槐。一洼两千株,二洼二百株,三洼二千株,四洼六千株,桃子洼口三百株,共计一万零五百株。每株估价一元计,损失一万零五百元。② 白杨。狮古庵一百株,九龙桥四十六株,蒋家坝五千一百七十九株,共计五千三百二十五株。每株估价一元计,损失五千三百二十五元。③ 栎树。佛子洼一千株,老鹰洼五百株,共计一千五百株。每株估价一元计,损失一千五百元。④ 篾竹。事务所左近砍去八千竿之多,约损失八百元。⑤ 檀树。李家洼四百株,贾家顺五百株,二洼六百株,四洼二百株,陆家洼一千株,秦家洼一千株,共计三千七百株。每株平均以至低之价三角论,计损失一千二百余元。⑥ 杂树。共计约四万株,每株估价五分,计损失二千元。⑦ 古树。独峰寺左右被砍去古树,如白果、椿、黄檀、板栗、梧桐等,共计约二百株。每株估价五元,计损失一千元。

（乙）被焚毁者

① 马尾松及黑松。被焚者一万五千余亩,约一百五十万株,每株估价一

角,计损失十五万元,如春季能不全数枯死,损失或可略减。② 竹林。成林之竹焚去七百余亩,每亩估价五十元,计损失三千五百元。

第三区总计被灾面积约二万余亩,损失十七万五千八百二十五元。

第一林场第四区今冬屡受火灾,间有盗伐者,初尚容人救火,后来暴民开枪,禁止施救。自分区蛟窝烧至狮子林,十余里之长,尽成枯木,延烧一万余亩之多。计焚去马尾松、黑松约一百万株,每株估价一角计,损失十万元,灾情之重,与第三区相若。

第一林场第五区自十二月起共计起火八次,幸无暴民放枪,工人协力施救,只烧一千余亩。计烧去松及杂木约十万株,每株估价一角计,损失一万元。

最近江浦县立林场侵占第五区林地,打去树枝数百亩,宜即饬江浦县长负责制止,以免人民效尤。

统计以上五区,共计损失二十九万五千九百二十五元。第二林场第一区及第二区,据云未发现火灾与盗伐等事,以该区地处江南,拟开春再行前往视察。

与浦县长之谈话

在途既见烧山砍树之形迹,尚未尽绝,一月七日在二区尚发生董事指使砍树情事,在五区又有县立林场越界伐枝之行为,认为有报告江浦县长之必要。爰于返宁经过县城之时,特行走晤葛县长。县长似尚未悉各处发生此项情形,允予严办,以维保障条件之信用。出署后又见五区专人报告,谓县立林场复敢使人越界伐枝,经林工捕获一人,请示处置办法。探先等以为如此胡闹,显属有意尝试,不为根本解决,不足以维持。爰嘱五区职员速将捕获之人解县讯办,一面暂请陈邵两技师留县交涉。

善后意见

(一)审察第一林场三四两区,受灾区域甚广,砍树烧山,决非数日间事。如于发见之后即行设法保护,究办损失,或不致如是之巨,所以酿此巨灾者,固由地方行政方面不负责任,林场状况之隔阂,亦为其主要原因之一。隔阂之症结,在于场长技师远居宁垣,对于山场情形,亦未尝透切明了,以致各区发生事件,不能为迅速之处置,坐误时机,一也。林场每区大都仅有技员一人,多事之秋,易受暴徒之包围,二也。地方人士深知场长技师远居宁垣,往往肆无忌惮,出愚弄之手段,三也。书面之报告,往往起人误会,四也。故为整顿林场计,应以场长及技师常川住山为先决问题。

(二)场长及技师如能驻山,实无另设办事处之必要。另设办事处不仅徒耗费用,即管理监督亦觉分心,公事往返又多回折,实有害而无利也。

(三)林场开办虽十余年,尚未详细测量,定有施业计划,应根据委员会议决案,由场长督同技师将此二事从速办竣。

(四)林场各区经费,应照规定预算加以相当之保障,以便在山员役,安心任事,各区经费直接由委员会拨放,并切实厉行公开办法。

(五)据视察所及,各区间伐及打枝,往往过度,盖由于经常费用不能如期拨发,各区不得不各自为谋之故,应即设法取缔。各区收入,每年由场长督同技师订定详细计划及预算,俾各区技务员得以按照通行,不致以贪图近利之故,漫无限制。收入之款应另行报解,专款存储,非经主管机关核准,不得挪用。

(六)应于五年内做到自养(即林场生产所入足以敷一切之开支),各区每年收入,如有溢出预算或超过各该区经常费用时,应酌提奖励。

(七)各区职员应订服务规程,每年并预订休假时期。在五月至九月之间,轮流休息。不在规定之休假期内擅离职务者,作为旷职论。场长及技师既经驻山,技务无时常进城之必要,每月以一次为限,如有服务勤劳功绩卓著者,应予年功加俸。

(八)各区于附近绅民应与联络。每年应分春秋两期,请附近绅民来山参观,并开同乐大会。夏间施药,应广续多送,割草放牛,素取开放主义,惟须受场员之指定及监督,应照旧维持。

(九)但联络决非放任各区职员,均应认辨清楚,如有砍树烧山或其他不规则举动,应分别轻重报告行政方面,严厉取缔。此次酿成巨灾者,实由于三区林夫无辜被杀,行政方面毫无办法;棉场农夫无辜被害,行政方面亦未究办之故。

(十)各区所用工役,一律均须取当地保证,以免藉口藏匿。

(十一)教育林不惟在江浦为最大之实业场,在民国亦为唯一之人造林。应请省政府以森林保护为江浦县长考成之重要事项。每年春秋二季,须由县长亲赴各区视察,并面谕林场附邻各村居民切实保护。

(十二)每年应由县长于秋末冬初传谕各乡董保,切实负责保护林场,无论官私各山,一律不准放火,违者重罚。有不轻意而遗火者,附近居民有扑灭之义务,扑灭不力致酿巨灾者酌量处罚。

(十三)林场附近民众教育应格外注意。数年前曾有茅亭讲学之设置,由林场与省立通俗教育馆合作办理。惜未能永久维持,有始无终,颇觉可惜。场长技师等驻山以后,复有办理山林学校之议,切望早日成立。江浦县教育局许局长等亦有在五区林场各设民众学校一所之建议。每年经常预算合计仅二千元,费少效宏,尤应于最短期间促其实现。若地方人士对烧山砍树果能负相当保障责任,则藏诸山者,何止十百倍于斯耶。林场经费固感不足,如果可以保障不再烧山砍树,则各区林警似可裁减,以其所费移作民众学校之补助,亦无不可也。

(十四)各乡人士对于林场深加爱护维持者,亦不乏其人。即以三区而论,赖某董事之出力,虽于极纷乱之际,得以保障一方。应由地方官随时查明维护得力人员呈请校长,给以名誉之奖励。

(十五)凡我教育界同志,应常至林场考察,藉明真相。教育行政院人员。以及教育林委员会,尤有定期轮流到山视察之必要。

(原载《江苏大学教育行政周刊》1928 年第 33 期,12—16 页)

中国农业之发展及其变迁

（1928 年）

过探先先生讲　孙虎臣记

农业之产生，自人类增多；天然食物，不足以供其需求，于是农业始焉。世界如是，中国亦然。若以最短时间，将中国农业之发展及其变迁，发表于一篇幅，详述尽净，实难为之。因为我国以农立国，有五千年余之历史，又兼中国习惯，向来修史，专注国事，对于科学史料，很少记载，农业为科学之一，亦因受其影响。况农业一层，其内容非常扩大，可分三方面说：第一农业，即以经济和良善方法，施行农事；第二农学，即以科学发明，改良农业；第三农民，于农村社会中，应增进农民智识也。历史农业之发展与变迁，头绪繁多，只得从简单说，划其纵横，前者为国史，后者为农业农学与农民之根据，如是方可知中国农业之大概也。

中国数千年来，农业变迁之迹，亦有可从间接考察者，约可分为四期：其第一期为上世期，自神农至战国，农业可称为胚胎时期；至第二期为中世期，自秦至唐，能为农业维持时期；及第三期为近世期，自五季至清，显其为农业中落时期之状况；逮第四期为现世期，即最近之民国，农业当为整理时期。总此四期，即为中国农业发展之程序也。兹将各期，分述如左。

一、第一期

上古之时，大地茫茫，人类寥寥，穴居野处，茹毛饮血，无所谓农。迨神农氏出，作耒耜，教民稼穑，始有粒食；嫘祖氏兴，育蚕桑，始制衣服，可谓农业之开端。至春秋战国间，有管仲子产，相继而起，提倡务农，即发明军农政策，以军为农，以农为军，有事则从事征伐，无事则相共务农。卫文公时，始有训农，伊尹作区田制,以御灾患,即今之所谓轮作制之先导也。我国农具最初发明者,有耒耜、箕臼、机杼、笯篱、桔槔等件,虽不全备,亦敷应用,可谓农学发展之初步。当此期间,人民生活,非常简单,除务农外,别无他途;至于工商各业,尚未萌芽,所谓自耕而食,自织而衣,熙熙攘攘,大有鼓腹而歌之风。迄周纪,始设农官,以摄农事。至战国时,有许行者,实施平民化于农业,土地归为公有。其初为井田制,即为方里而井,井九百亩,其中为公田,八家皆私田百亩,同养公田。在乡田之中,守望相助,疾病相扶持,表现互助之精神,实行平均地权之旨,可谓真正农民之解放。斯其为中国农业胚胎及发展之状况也。

二、第二期

政局由列国至秦一大变,农业亦随之而变。自商鞅为相,废井田,行阡陌,开以后田主佃户之制度,农民永受其影响,以致富者有田园之乐,贫者无立锥之地,自是造成阶级斗争之伊始,农业无由而发展。又兼秦始皇二十有六年,所有书籍,为之一炬,农学亦随之而消灭。迨至汉时,商业发展,始有互市,既有与外通商,如张骞奉使西域,携来胡麻、大蒜、胡桃、苜蓿、棉等,亦少增农场之附产品;要之人民之注意,渐有由乡民移至城市之势矣。由三国至隋,四百余年,国政纷乱,几无宁日,时用干戈,军粮全倚于农,尚保护之,而谓其为农业维持时期宜也。

三、第三期

农业之破坏,不但不能维持原状,而且日渐衰落,因由五代至清,乱时更多,平时较少。五代惨杀恒生,君主常易,民难安居乐业,岂有暇顾及农事哉?至宋仁宗时,以限田法,公卿以下,田三十顷,南宋贾似道变限田法,以官品归为公田,又有余千万亩。至金人来华,定屯田制,主张通国皆兵,定三百亩为移昆,十移昆为贝勒,以种人来耕屯田,要之金人为游牧民族,当然实行游牧生活,养畜牲使乏森林,水旱凶灾频仍,农业大受其害。又农税其重,如租庸调地税茶棉油税等,种种酷税,农民不堪其苦。但农学方面,稍有著作,如陈旉之《农书》、元王桢之《农业节要》、清代之《授时通考》及《治蝗虫书》等篇,不能为农学最光明时期,因其著作,全无科学方法。大半学者,由宋至清,多为理学及八股文之束缚,又安能向科学发展。加之,农民受商业之影响、地主之压迫、农民自身之迷信赌博鸦片等因,焉能不使我国农业沦落,田园有荒芜之景象哉?

四、第四期

近考今日我国农业沦落之原因,不仅上述诸端,固然农民受经济之压迫、贪官污吏之剥削、土豪劣绅之欺侮、兵灾之叠至、水旱之频仍,农民缺少研究,人心趋重于都市,乡村日益衰落。而我国政府,只知赋税,以供战争,对于农业之改良、农学之研究、农民之增进,毫不关心。上之视农,由秦人之视越也,由此以往,伊胡底耶?况值世界经济战争之时,为吾国农业中落之际,于革命进展期内,一切恶势力革除,百政待兴,不可不先求农业之整顿。至整理之方法,大略有三。

(一)关于农业者。欲改进农业,必先组织有统系之农事机关,以增高生产力;欲生产力增高,必从移垦实边,以扩张田产之面积,促耕各省之余地。其次整顿交通,以便输送农产物,贸易自然便利,绝无城乡之别。

(二)关于农学者。促进农业之发展,取应用科学方法,以改良农具、选择种子、发展畜产、多植森林,以期增加农民之收入为目的。

(三)关于农民者。于农村社会中,注重农村小学,施以相当农村教育之知识,便可革除迷信。设立公共游园及普通园。

(原载《金陵周刊》1928年第6期,70—73页)

中国之农业问题

（1929 年）

过探先

十七年十月十九至十一月十七在中央大学民众教育院演讲大纲

一、绪言

农业问题。以广义论,包括农民农业农村三项。农业农民农村之问题,有相互联带之关系。虽不妨分别讨论,执其一端,则不可也。

农业农村农民之相互关系,以下图示之。

图 2 - 9 - 1　农业农村农民之相互关系图

业之意义。农有广狭二义。广义——系指森林、畜牧、蚕桑、水产、园艺、农艺而言。举凡栽培植物、驯养动物,皆得谓之农。狭义——专指农艺园艺而言,与畜牧水产蚕桑森林并称。本文用广义,以讨论整个的农业问题。

业之义亦有二。可作职业解——以农业工作为主体,而论及工作之方法、工作之技能,与夫工作之报酬。可作事业解——以人工、土地为起点,可用植物之力而产生食粮与原料。以下图示之。

图 2 - 9 - 2　农之义解图

问题之意义。宇宙间一切现象,苟循常轨进行则无所谓问题。问题之发生,或由内部之变化,或由环境之更改。故越乎常轨之外,而需相当之纠正也。

农业问题。农业问题之发生,即农业之因子或其环境失去平均之调和,故发为非常之现象,需吾人为之纠正也。

故欲明农业问题,必先了解农业因子与农业环境。农业因子,最重要者有三,即人工、地土、生物是也。农业环境凡四,最重要者为天然环境,能支配农业之歉收,而为人力所不能制。其次为生物环境,一病一虫之微,可使一国农业损失数千万元之巨。又次为经济环境,各种经济制度、经济组织皆属之。最后为社会环境,社会习俗制度等属之。农业因子与农业环境,关系至为密切。其间常存一种均称之局势。一有变动,则农业全体为之动摇,农业生产为之减降,而发生种种问题。

图 2-9-3　农业因子与农业环境之关系图

农民问题。农业以农为主,农民则为操作农业之人。农业上之工作,虽为农民之主要工作,然不过其生活之一部,而非生活之全体。农民生活以右图表示之。

图 2-9-4　农民生活图

农民生活,为整个的生活,非局部的生活。生活之各部,皆有相当之位置。有时虽可互相替代,互相消长,然不可偏重,不可偏度*。日事工作,宛如牛马。日事娱乐,无异玩物。故农民生活之各部,苟有畸形之发达,或局部之退化,即发生重大问题,非设法为之纠正不可。

农村问题。村之意义既不一致,村之范围亦无一定。有以自治区域而以人口之多寡为划村之标准者;有以学区为准则,而别为学校村或私塾村者;亦

---

　　*　应为"偏废"。

有根据族居之异同,而分为单姓及复姓村者;更有以村民职业之现状,而分为单业村及复业村者。本文之所谓农民*,系指村落而言,与大小无关。

农民生活。除食衣住行休息工作言动各项以外,均为社会之生活。必须有相当之组织,研究农民问题者。所以谋如何得使农民得优良之生活,如何能使农人达生活有趣之目的也。

农村组织与城市社会不同。城市为教育实业艺术之中心,各种事业,甚为复杂,呈繁华之现象。农村之各项事业,均极寡少,有寂寞之状况。城市人民之群众观念颇深。农村人民与天然界接触机会虽多,而与人事接触之机会殊寡,故较为散漫,群众心理不甚发达。城市交通便利,乡村则否。

既生问题,必求解决之方法。欲求解决之方法,必先明瞭发生问题之背景,分析问题之现状。犹诸医者,必先明瞭病症之来源、病症之现状,乃能对症下药也。

二、历史方面之背景

我国以农立国,有五千余年之历史,背景复杂异常。概其发展及变迁之大略,约可分为四期。

第一期为上世期。自神农至战国可称胚胎时期。上古之时,大地茫茫,人数寥寥,穴居野处,茹毛饮血,无所谓农。迨神农氏出,作末耜,教民稼穑,始有粒食。螺祖氏兴育蚕桑,始制衣服,可谓农业之开展。至春秋战国时,有管仲子产相继而起,提倡务农,发明军农政策,有事则从军,无事则务农。当此时期,人民生活,非常简单。土地本为公有,行井田之制,方里为井,井九百亩。其中为公田,八家皆种田百亩。守望相助,疾病相扶,特表现互助之精神,实行平均地权之旨。斯为中国农业胚胎及发展之状况也。

第二期为中世期。自秦至唐可谓之维持时期。政局由列国至秦一大变,农业亦随之而变。商鞅为相,废井田,行阡陌,开以后田主佃户之制度。农民永受其影响,以致富者连阡累陌,贫者无立锥之地,遂造成阶级争斗之风。又兼始皇焚书,农学亦随之而淹没。迨至汉时,始有互市,张骞奉使西域,携来胡麻、大蒜、胡桃、苜蓿、棉等。由三国至隋四百余年,国政纷乱,几无宁日。

---

* 根据上下文语境,作者实表意应为"农村"。

时用干戈,军粮全赖于农,尚知保护。故谓之维持时期也。

第三期为近世期。自五季至清为中落时期。五代至清,乱时更多,平时较少,民难安居乐业。至宋仁宗时,行限田法。公卿以下,田不得过三十顷,足见吞并之风极盛。金人治华,定屯田制,主张通国皆兵。金人为游牧民族,实行游牧生活,森林大受影响,水旱频仍,兼之课税日重,农民不堪其苦。农民受商业之影响、地主之压迫、农民自身之迷信,赌博鸦片亦日发加甚,焉能不使农业之沦陷而田园呈荒芜之象耶?

第四期为现时期。即最近之国民※为整理时期。民国成立以后,农业衰退,未见减少。加以贪官污吏之剥削、土豪劣绅之欺侮、兵灾之日亟、水旱之频仍,都市虽日益兴盛,乡村则日现衰落。而我国政府,只知加课赋税,以供战争。对于农业之改良,农民生活之改善,毫不关心。吾国农业中落之际,适值世界经济战争之时,危险更甚。顷者革命告成,百政待兴,农业农民农村或有整理之希望。故名之为整理时期。

总之吾国之农业,在上世期为极盛时代。农政有官,农学有人,井田之制大备,农民有自食其力之乐。中世期商鞅变法,秦皇焚书坑儒,农制农学,两受打击。汉朝虽屡经提倡力田务农,而国家多难,闾阎不安。宋儒空谈性理之学,金元不知与民休养,一任农民之自生自灭,农学之日就衰弱有由来矣。

三、农业问题

(一)农业问题之重要

1. 与民生之关系

建国大纲云:"建设之要,首在民生。故对于全国人民之衣食住行四大需要,政府当与人民协力共谋农业之发展,以足民食;共谋织造之发展,以裕民衣。建筑大计建之屋舍,以乐民居。修治道路运河,以利民行。民食之原料,为米麦果蔬畜产;衣之原料,为棉丝毛,均出于农。造屋之木,舟车道路材料,则赖于林。"故谋衣食住行四者之健全发展,必先求农林事业之发达。

2. 为大多数人民之职业

吾国之人口,业农者占百分之八十以上。故农业问题,实中国问题百分

※　根据上下文语境,作者原表意应为"民国"。

之八十之问题。按平等原则，吾人应与以百分之八十之注意。断不能因工商业势力之雄厚，而遂置农业问题于不问，将大多数人民之幸福，断送而不顾也。

3. 与工商业之关系

农业不特为立国根本，且工商业之根本。工业之原料，大半来自田间。商业之货物，间接或直接依赖农产品者甚多。故一旦农业失调，不惟民食堪虞，原料亦将有不敷之患。

4. 为国家财源之所出

国家财源之所出，以地税关税为大宗。地税出于农，关税所自出之输出输入之货物，亦以农产为大宗也。

（二）中国农业之现状

回顾中国农业之现状，水旱频仍，饥馑洊至。贫农终岁耕耘，不得一饱。北部有旷土，而无人耕种。南部有剩民，而乏人相寻。至生活所需之原料，皆须仰给于外货之输入。

长江流域，每年产米二亿三千二百五十余万担。全国产米总数在三亿万担以上，居世界第一位。但近年来大有减少之势，以致米粮的供给，日趋不足。民国八年输入之米，共一百八十余万担，价约八百余万两。九年增至一千余万担，价值四千一百余万两。民国十二年米之输入，价值一万万两。

小麦和面粉的输入，亦有增无已。民国元年进口小麦，估二千五百六十四担。民国十年为八万一千三百四十六担。民国十三年增至五百万担以上。于十年之中，增加几二千倍，可骇孰甚！

更以茶叶而论，光绪十二年华茶出口数达三万万磅。光绪十四年起，茶之销路渐被印度及锡兰所夺。民国五年印度出口茶为三百二十七兆磅。锡兰出口茶达二百十五兆磅。日本茶出口亦日多，中国茶之市场日渐衰落。

五十年前中国丝产，尚占世界的一半。近五十年则销路日减。

表 2-9-1　宣统三年和民国五年中国及部分国家地区的丝产量*

	中国	日本	西欧	地中海及中央亚细亚
宣统三年	31.2%	38.1%	17.6%	12%
民国五年	27.7%	51.9%	15.8%	4%

---

* 表中数据为占世界丝产总量之百分比。

民国十五年,日本丝为三千万零零二万五千公斤。中国出口为八百七十四万两五千公斤。

又查民国十年,棉花输入约三千五百余万两。每年棉布输入约三万万元。其他罐诘毛织烟叶农产制造品之输入,亦年有增加。

输出则减少,输入则增加。漏卮日增,而不思挽救。国安得而不贫,民安得而不困耶?

(三)中国农业问题之造因

1. 耕种地积太小
东南之人民,无地可耕。西北之地广,乏人开拓。小农制度,遂为中国最盛行之制度。每家所占田地,不过十余亩。一家数口之力,每年所得不过数十百元。维持生活,已觉困难,当然无享受教育之机会、服务社会之能力。

2. 方法陈旧
墨守数千年之旧法,而不敢稍变。

3. 种类不良
农民对于选种,素不注意。迫于经济,往往临时忍购劣种充数,以致收获及品质大受影响。

4. 器具简陋
吾国农民所用之农具,简陋异常,既费人工,又不合用。

5. 水旱病虫
水灾之来源,旱灾之酿成,病虫害之充斥。

6. 交通隔阻
运费大而消息不灵,不能以盈剂虚,常致缓急不调。剩余之处,腐于太仓。不足之处,啼饥号寒。

7. 政局不定
土匪横行,农民不能安居乐。业之方面大受影响。且有时苛敛重征,强迫种植,为害更大。

至于农民之无组织,教育之不普及,亦为造成农业衰落之重要原因。容后再行讨论。

（四）农业问题及其解决方法

就中国农业问题之最重要而待解决者，概括为三项。

1. 生产问题

（1）增加产量。吾国各项作物，大都产量低下。与集约制之日本比较，固相去远甚。即与粗放之各国，亦觉不如。日本试验场改良之米，每亩收获，有至三石或五石者。而吾国之收获至二石，已觉难能可贵。加拿大之小麦，每亩产量常在二石左右，而国国[*]小麦产量往往不足一石。试以民国九年之统计，与美国一千九百十四至一千九百二十年之平均，及日本之统计比较之，则得中国米之产量，每亩平均一〇三石，而日本则为二石以上。

中国小麦，每亩产量平均为七斗，而美国为一石以上。

中国玉蜀黍，每亩产量平均为一石一斗，而美国在三石以上。

（2）改良品质。吾国棉之品质，不如美。米之品质，不及日本。小麦之品质，不如加拿大。其他农产之品质，亦大都窳劣，急须改良。

生产问题应以下列之方法解决之。

（1）改良品种。农产品之良劣，收获量之多寡，与品种极有关系。前东南大学农场改良之稻种，增收一成左右。东大金大改良之小麦，增收亦在一成半以上。

中国棉作品质，经改良以后，有与美高原棉不相上下者。其他如畜产蚕种改良之效，更大且易。

（2）改良生产之方法。如肥料之施用、耕种方法，或饲养捕捉方法之改良，新式农具之施用，均极重要。老式锄，一人一天不过除草一亩。如用新式之中耕器，一人一兽作工十小时，可除草十五亩以上。种黄豆一人每天不过二亩，如用播种器，一人一兽可播二十亩。机器车水，轧棉脱粒，效率更大。应用新式农具，不惟可以增加农人之效率，且可不失农时，无形中增加产量也。

（3）推广栽培面积。吾国可耕种之荒地尚多。据美国专家 O.E.Baker 之估计，中国……可耕之地七万万英亩，已垦之地仅一万万八千万英亩，可耕而未垦者，尚有五万万英亩。即以江苏而论，沿海之未垦地，尚有一千万亩以上，零星荒地及坟地，尚不在内。导淮以后，可涸出六万万亩之地。太湖以及

---

* 根据上下文语境，作者实表意应为"吾国"。

109

各江尾流之淤滩,可耕者亦不少。

(4)开发水利。在中国仅有水害而乏水利,实人事有以致之。如西北之开渠开井,中南部之治河治江。海塘之堤防,湖水之疏蓄,均为极重要之问题,而必须解决者。否则稍雨则遍地皆水,稍旱则赤地千里。水旱之灾害,必将年甚一年矣。

(5)提倡森林。与水旱问题极有关系,而必须同时解决者,为森林问题。孙总理训政时期,地方行政计划所开栽培森林项中云:"森林缺乏的影响:① 不能调节气候;② 不能防御水患;③ 减少土地肥料;④ 缺乏林木来源;⑤ 减少天然美观。"

森林缺乏之原因,滥伐实为最大原因。故解决森林问题,必须注意于烧山。垦坡固须严禁,即原有之森林疏伐,亦必遵照学说,规定相当之法律。现有之童山,宜测勘明白,确定官有者,由国家规定造林程序;私有者强迫造林,已经垦种之山坡,如确与水利有关者,由国家设法收回,恢复其山林原状。

(6)防除病虫害。产量之低下,病虫害之充斥,亦为最大原因之一。据专家之统计,美国人防治病虫害之费用,每年每人平均之担负,在五元以上。吾国农民智识幼稚,一遇歉收,委诸天意。非病虫害之轻,实未加注意耳。如水稻之螟,仅江浙两省每年之损失,不下一万万元。蝗之为害更烈,损失更大。桑蚕松毛虫棉铃虫之为害,蔓延亦广。此外如稻热病、麦及高粱之黑穗病、棉之疽病,所在皆是。每年所受之损失,难以数计。专防除病虫,非不可能之事,惟必须行切实研究之功夫。始能得相当之方法,必须经宣传教育之步骤,乃能普及采用耳。

为害于牲畜之病虫,亦宜注意防除。最普通而为吾人所常闻者,为猪瘟、牛瘟、鸡瘟。牲畜死于传染者,十之七八。防除之法,惟隔离及注射血清,最有效果。兽医人材之栽培、血清之制造、兽疫防除之法律,尚乏相当设施,急应特别提倡。

2. 经济问题

举其最重要之数端如下。

(1)增加耕种效率。中国农民耕种效率,远不如人。其原因有二。一曰农场太小。据民国八年农商统计表所载:"十亩以下之农户,占全体农户百分之四十。十亩以上二十九亩以下之农户,占百分之二十七。三十亩以上三十九亩以下之农户,占百分之十八。百亩以上者,占百分之五。"

又据金大之调查得比较表如下。

表 2 - 9 - 2　江苏部分地区个体农户田亩数占全体农户田亩数的百分比

调查地点	昆山			南通			宿县		
调查年度	光绪卅年	民三年	民十三年	光绪卅年	民三年	民十三年	光绪卅年	民卅年	民十三年
田主	23.1	14.5	9.4	16.6	12.8	10.0	53.4	37.7	33.9
半田主	23.1	20.5	16.9	18.8	14.2	11.0	62.6	47.8	47.9
佃户	24.6	24.3	23.2	19.0	15.0	11.8	29.2	106.7	90.3

详阅上表。可知除宿县有特别情形外,农户耕种之面积甚小,且逐年有减少之倾向。据各处农人普通所答,谓人口增加,土地有限。且田产多归少数地主所有。谋生之农民,舍耘田而无他途可归。此佃户之所以日多,而田场之所以渐少也。美国经济家有言曰:"人口增加无限,土地有限。以有限之土地,供无限之人口,决非可能。"其暂时解决之方,惟多设工厂而已。二曰器具不精。吾国农民耕种效率之所以小者,实由于不善用机械之故。改良农具,不惟可以增加农产收入,且可以减少工作之苦痛,增进农人之福乐。

(2)流通金融。从事农业,必须有资金。资金不足,则不能不借贷。但农人借贷,甚为困难,往往受高利贷之压迫。

考农人贷款,所以不能如商人之易者。有下列数因:① 农业贷款,周转过缓。普通商业银行喜放周转灵便之短期借款,而不喜周转甚滞之长期借款。② 因地产非流通财产。③ 贷款之调查办理,稽时废日,故不能应农民之需要。

(3)便利运输。农产品之运输,每受商人之剥削、厘卡之留难,加以道路恶劣,运输不便,运费既增,时日更长,农人之损失极大。

(4)改良税则及贩卖方法。对于农产应实行保护关税制度。如美国之对于吾国之丝织品,均课以重税。而吾国对于米、麦、棉、面粉、烟草输入,不惟不抽收重税,且较国内产品为少。不平孰甚!

吾国农产之贩卖,类多经过小本经纪之仲介人。仲介人愈多,则品类愈复杂,检定分等又无制定之标准。农人所得之价格,亦因此受极大之损失。

解决农业方面之经济问题,至少须有下列之设施。

(1) 提倡移民,开辟荒地,以扩大每户农场之面积。如南通。

(2) 提倡乡村实业,以容纳过剩之人口。如无锡、川沙。

(3) 广制改良农具,廉价出售。

(4) 广设农民银行,低利借贷。

(5) 开发交通,订定优待农产运输方法。

(6) 实行关税自主,订定保护税则。

3. 分配问题

我国人民于土地之分配、贸易之经营,向最自由,爰生漫无限制之弊。其结果乃至富者盈阡累陌,贫者几无立锥之地,商人垄断居奇,专图私利,不顾国计民生。故谋国是者,应乘此革新之机会,注意于农田及农产之分配,规定法律,防患未然。俾耕者有其田,而其耕种之所产,足供一家优裕之生活。农产之供给有所限制,无过剩或不足之虞。出品之价格,有所规定,不至有病农困商之忧。

(1) 土地之分配。在井田时代,土地分配最为均匀。惟经几千年之分合转移,欲将土地重行分配,势有所不能。然为补偏救弊起见,每一农户至少须耕地若干亩,可供给安乐之生活。

耕种面积究有几亩,方足敷安乐之生活?其标准当视土地生产之能力,及各地生活之程度而定。应由地方政府调查而规定之。

既经规定以后,更不得不藉政府农业政策以维持之。维持之道,其最重要者,为:① 实行移民。② 耕田整理,并禁分割。土地私有,则买卖毫无限制。尤以吾国为甚,往往视个人财资之需要,转辗授受,支离分割。其结果广大之农田,都成零星之小块。农作之经营,大感不便。此所以有整理农田之举也,政府并应规定最小限度之田亩不能分割。③ 规定承继之制度。田地之分离分割,无限制之承继,亦为其最大原因之一。似应采用限止一子继承之制,庶几最小限度之农田,不至再行分割。④ 实施农田农有政策。大地主之顾全佃户之利益者极少,佃户能为田主改良土地者亦鲜。土地如归国有,农民不致以血汗之所得,供诸他人,且管理亦不易。故不如实行"耕者有其田"较为亲切持久。详细办法,参观《训政时期地方行政计划》第四章第十四项。

(2) 农产之调剂。我国粮食之供求,尚称匀平。然以交通不便,运输困难,一遇饥馑,供给不及。每致冻饿,商人私运出口,或居奇囤积,致粮价昂贵,民不聊生。故为调剂粮食起见,应有下列之设施。① 规定粮食最低最高价格。谷贱则伤农,然粮贵亦足以影响大众人民之生计。今各国之经济政策,为保护农民之生产利益计,规定农产品之最低价格。又为保障大众人民生计安全计,有农产品最高价格之限制,均以生产费用为标准者也。② 指导增减农作种类面积。生产太多,价值低廉,有害民生。生产太少,仰给外资,则损国计。政府宜调节盈虚,统计各种农产品所种之面积,并根据气候状况,预估收入之多寡,公布报告,指导下期作物应取之方针。③ 限制消费。欧战之时,参战各国,多限制粮食之消耗,以防供给之不继。对于粮食之充分利用,宜有法律酿造,尤应禁止。④ 提倡积谷。晁错论贵粟疏曰:"尧有九年之水,汤有七年之旱。而国无损瘠者,以蓄积多而备先具也。"各地本有常平仓、积谷仓之设置,迄及民国,废弃殆尽,急宜恢复。今日本、加拿大诸国,均有最新式之积谷仓,可使米粮藏窖数年,而性质不坏。⑤ 便利运输。运输便利,平时可以平均粮价,遇灾可以运济粮食。据华洋义赈会报告,光绪初年,直鲁豫晋陕五省旱灾,人民饿死之数,自九百万至一千三百万。其时天津粮食,堆积极多。铁路未筑,河流运输极缓,不能直达灾区,以致死亡枕藉。民国九年,此北五省复遭同样之剧烈旱灾,而死亡之数,减少至五十万人。盖其时平汉、平津、陇海、津浦、正太诸铁路,均已告成。运输便利,粮食得以朝发夕至。人民亦易迁居就食他方也。

4. 农民问题

一国政治基础之巩固,非仅二三领袖人才发号施令所能成功,民[*]赖民众群力协作,共负国民之义务。今中国有四万万人民,其中农夫为三万万。则此农众明了民主政治之真,参与民主政治之工作,非从开发民智生活入手不可。

农民为实行农业之人,亦为农村唯一之重要份子。故欲改良农业、改良农村,尤以解决农民问题为枢纽焉。

(1)中国农民之现状。中国农民,衣则大布,食则粗粝,住则茅舍,行则泥路。与城市之生活程度比较,已觉相去霄壤。况加天灾时至,人祸横生,衣食常有不足之虞,住行常有盗贼之惊乎。农民之困苦,一言难尽。解除之方法,亦非一端。对症发药,先其所急。则有开发智识、增进生活之两端。

吾国提倡教育,已三十年。设施偏重于高中两等,而又注意于城市,忽略

---

[*] 根据上下文语境,作者实表意应为"必"。

于乡村。故智识之闭塞,以乡村为尤甚。近年来虽有扩充教育之呼声,识字之运动,去普通之程度尚远。观下表便可知其大概矣。

表 2-9-3　江苏部分地区乡村儿童升学率概况

		儿童入初级小学之百分率	升入中学之百分比	入大学之百分比
南通	田主	64.6	19.8	0.4
	佃户	29.0	4.8	0.1
昆山	田主	38.6	1.3	0.2
	佃户	7.7	0.1	
宿县	田主	28.2	0.4	
	佃户	7.5		

生活程度之低下,可以全家之收入证之。据金大之调查,二千八百六十六农家之平均人口,为五点六五。而其全年之总收入,为二百九十一元。每人仅得五十一元。且据河北省盐山县之调查,每家全年之收入最少者,仅为一百十四元而已。

生活程度之低下,又可以全家之支出各项百分比证之。生活程度低者,衣食住各项之支出,常占极大之部份,高者反是。二千八百六十六家之平均,每家全年收入为二百九十一元。费于食料者为 58.9%,住者 5.3%,衣者 7.5%,燃料为 12.3%,其他为 16.2%。喜庆、丧葬、教育、医药、迷信以及一切之消耗费均取给于是焉。

(2) 解决农民本身之问题,至少须有下列各项之设施。

① 普及教育。农民大都不识字,民智之贯输、农作之改良、政治之设施,往往发生障碍。近顷研究教育者,移其视线于乡村,实为最可欣幸之事。窃以为乡村教育,应负三种重要之使命:(a) 开通农民之风气及智识;(b) 培养农家子弟为健全之公民;(c) 为改良农业、增进生活、改良农村之中心。

② 改善风纪。农民敦厚俭朴,绝少险诈之风、淫靡之习。惟近年染受欧风美雨之浸润、环境生计之压迫,风俗颓败,无可讳言。据金大七省十七处之调查,农家之有香烟癖者,有 83.2%;酒癖者 70.9%;茶癖者 38.9%;鸦片瘾者 0.9%。收入虽少,生活虽低,而无益之消耗则颇不少。染鸦片者,每人每年平均耗费五十二元。赌者每人每年平均耗费十二元。香烟之耗费,每人每年为

三元七角。酒之耗费,每人每年为二元六角。茶之耗费,每人每年为二元七角。

故除提倡生产工作、提倡农村教育以外,并应注意提倡民德,提倡勤俭,提倡健全之娱乐,力戒烟酒嫖赌等之败行。庶几民风日厚,得以各安其业矣。

(3)祛除迷信。民智未开,真理不明。事之大小,决于筮卜。婚姻嫁娶,一凭盲者。遇疾病则不信医生,而信仙巫筮。遇丧葬则必问堪舆。不惟耗费金钱,乡村间事业之设施,亦受绝大之损失,不可不喻以利害,从速革除之也。

(4)提倡卫生。衣食住三项,已不讲求。智识低下,更不知利害。故饮生水,食腐肉。生奇异之症,广大之疫。医药不精,疾病缠绵。即幸不死,而工作失时。经济方面已受绝大之影响,非短时间之所能恢复也。

5. 农村问题

农村问题,是社会方面之问题。农村社会之意义,是指一处之居民,居住在同一农业之区域内,都聚集到一个中心点上去合作,共同生活,并经营各种事业。故农村社会,为:① 经营事业之中心;② 教育事业之中心;③ 政治之中心;④ 宗教事业之中心;⑤ 交际事业之中心。

中国农村之现状,可以衰败两字概括之。推其衰败之原因,虽由于都市之发展,资本之集中,经济制度之变更,然亦由于赋税之加增、内乱之频仍、兵匪之骚乱、劣绅土豪之压迫、灾患之流行所致也。

现行急须注意之农村问题有三:① 如何改善农村之环境,俾农民得以安居乐业,充分发展其本能。② 如何提倡合作,俾农村上各种公共利益,有充分发展之可能。③ 如何团结组织,俾生真实之力量,以辅助国家之发达。

农村之环境不改善,则农村之人民不能安居,遑论事业之进行。若乌江之兵灾、镇江之械斗、江宁之匪祸,皆为前车之鉴。必须于短时期内,有妥慎善后之方法,以免覆辙之再踏。善后之方法维何? 曰准人民自卫,由政府监督训练而已。其他若人口之稠密,如何调剂? 乡村之经济,如何发展? 乡村教育,如何振兴? 固有道德,如何维持? 不良风俗,如何取缔? 正当娱乐,如何提倡? 均为改良农村环境必要之设施。

设施之方法维何? 曰完成训政工作,促进人民自治而已。

至于提倡合作、团结组织,非自农村环境改善以后,恐不能得相当效果。若今日之合作运动,用力虽多,成功尚少。昔日之农民运动,实益未见,流弊已生。农民运动之未见效果,固另有原因。合作运动之不能急切成功,则完全由于智识程度不足之故。

使农民组织化、政治化，发展自己之力量，争生存，争自由，为解决农村问题最终之目的，亦即昔日农民运动之本旨也，乃为激进者所利用，遂致缺憾滋多。约举数端，以为前车之鉴。一曰指导运动，缺乏农业之学识及经验也。二曰农民本身缺乏训练，常居于被动盲从之地位也。三曰目标太复杂，希望太奢也。四曰未于生产上、经济上树立基础也。

（原载《农林汇刊》1929 年第 2 期，22—40 页）

农业问题之分工合作

（1929 年）

过探先讲　江国仁记

今日讲题，所谓分工合作的提倡，诸君当于三两月来常在报章见过，惟此四字之由来远矣。吾国数千年前，已有之。当战国时代，有许行闻滕文公力行仁政，特率其徒自楚之滕，求一廛而为氓，皆衣褐捆屦织席以为食，陈相桐景慕许之所为，亦携眷之滕为氓而学之，后陈相见孟子道许之言曰："滕君虽贤，但拥仓廪府库以厉民，未能与民并耕而食，饔飧而治。"孟子白："彼既知自耕而食，易布而衣，易械而用，纷纷然与百工交易，是百工之事，固不可耕且为。然则治天下，独可耕且为欤？一人之身，而百工之所为备。如必自为而后自用之，是率天下而路。故曰劳心者治人，劳力者治于人，治于人者食人，治人者食于人。"可见在昔已有生产与消耗分工合作之现象。试观动物界蚁蜂之社会组织，工者自工，食者自食，各尽其长以司事，是即分工合作之雏形。植物界豆之因根瘤菌为其分解养分，以供生长之营养，根瘤菌则因豆之生长而存在。又热带之兰花，价高而栽培难，移植温寒带地方，虽置之温室中，能结子不发芽，因无分解性细菌，助其生长。近经研究结果，不特培养此种菌类使之行合作分工之协助，且可直接应用菌之分解所生之糖类以为热带菌之营养品，现此花可生长自如矣，是亦分工合作之实况。无机界地球上气候有寒热之异，海洋中潮之消长，亦含有分工合作之定理。人类之身体，由各器官组织而成，各器官由各种细胞结合而来。又如以手辛苦作成之物，供彼不劳而食之口，表面虽无关系，然无口则手无以生活，无手则口无所用。实际上，亦有分工合作之结合。于斯可见无论有机物质，由分子组织而成者，分子愈复杂，则分工合作之事实亦愈密切而彰著。至分工合作之条件有三。

1. 分工合作之原则。各尽所能、各取所需，即为分工合作之原则。如前述蜂蚁组织例。

2. 分工合作之目的。分工合作以互助自存为目的。如前述豆与根瘤菌互助以自存例。

3. 分工合作之办法。欲实行分工合作，须具交相为利与分配均匀之精神。譬如甲乙两人，同举一事，设甲以乙或乙以甲为牺牲品，是仅分工，并未合作，更无所谓交相为利。又曾有学生以牛之食草，属共同生活，抑寄生生活，质诸教授有谓牛因食草而生，草得牛粪而长，可谓共同生活。有谓牛非吃草不活，草可不因牛粪而生，可属寄生性质。余意草被牛食即不能生长，实有损人利己现象，可断为寄生生活，此即不得谓为交相为利，更不得谓为分工合作。又若蜜蜂之社会组织，苟有二王并立即起争斗；气候之寒暖不均，即起风潮，是即分配不均之现象，亦即不能分工合作之表示。

今进而论吾农界实行者与学理者自应具分工合作之精神。因研究之成绩必藉实行而益显，实行之事业等，必因研究而改进。现以两不了解分工合作之意义，致实行者以为吾世业农，有何不知？在研究者，以为有善法良种而不知用。于是成风马牛之势，有分工不合作之现象矣。在昔日农业学校，均属官僚式者，所有课程教材，不过抄一二篇古农书而已。近民国成立后，虽知改进，使研究与实行相提并重，然彼此同性质之学校，进行之情形如何，需要之供给如何，均无联络不相闻问，是亦仅有分工之表示，而无合作之实现。余深望此后研究者与实行者互相沟通，此校及彼校相与联络，庶有达分工合作之可能。今以此种问题，意义过广，一时难尽其辞，特作此简略之谈以塞责，诸希原谅是幸。

（原载《国立中央大学农学院旬刊》1929 年第 17 期，5—7 页）

论农业教育

农业补习学校办法草议

（1918 年）

过探先

七年春教育厅长符九铭先生拟提倡补习学校，嘱拟办法，爰草是议。

补习学校之宗旨有二。一为已有职业者而设，一为有志从事职业者而设。就农业社会情形言之，前者为农夫，后者为农家之子弟。农夫为成年之人，有家室，有事业，补习宜在休闲之时，为期宜短。农家之子弟，适当聪龄之候，补习宜兼顾普通学科，为期可长。前者经验已深，实习可略，所缺者科学之智识。后者志气未定，锻炼宜讲实习实验，宜与讲解相辅而行。故农业补习学校之课程，不特须视地方之情形酌量变通，亦须视就学者之性质而定其繁简及其久暂也。谨就管见所及，草拟办法数端。是否有当，伏候采择施行。

一、农业补习学校，分为甲乙二类。甲类为已从事职业者而设，乙类为志愿从事职业者而设。

二、甲类得附设于农业学校、高等小学、国民学校，或其他学校之内。乙类宜独立，如必须附设者亦可。甲乙二类，能同时并设者听。

三、甲类入学资格，须年在十八岁以上，确曾从事农业者。乙类入学资格，须年在十八岁以下，有国民学校毕业之学力者。

四、甲类修业期限无定，教授时间于十二、正、二三个月日间行之，或于十一、十二、正、二、三六个月晚间行之，并得酌分为数期。

乙类之修业期限为二年，除例假外，每日半日授课，半日实习作工，阴雨时练习手工，农忙时得将授课时间改作实习。

五、补习学校，应设指示农场一（租田亦可，面积至少五亩），由教员亲自耕种以为模范，学生实习场可不另设。实习时，由教员支配，随同家长或附近田家作工,教员随时稽查及指导之(采用美国家庭实习制)。如能就学生家庭经营农业之不同,及其自己志愿之异趣,组织各种会社,如水稻会、种棉会、养猪会等,定期开会,比赛成绩。尤为妥善。

六、农业补习学校之科目,甲类无限定,或演讲公民之常识,或教授科学之智识,或指示作工之方法等。乙类以公民常识、国文、算术、理科为普通科目,土壤、肥料、作物、园艺、病虫害、水产、养蚕、畜产、林学、农产加工等为实业科目,各科目不必齐备,并须视地方之情形而定。

七、教员必须有农学智识,及相当之经验。

八、补习学校得自请附近农业学校,或由教育厅长县署第三科指定为指导者,磋商关于教授上管理上一切事项。指导者必须派员莅校指导,每年至少二次。

以上所述,不过举其大纲。至于条文之次序,及字句之修饰,非所计也。课程表及教授要目等,须视地方之情形而定,俟各县呈报开办时,再行供献意见。查日本有农业补习学校之编制教授及训练法一书,现由敝校教员曾君译述。俟脱稿后,再行就政。

(原载《江苏省立第一农业学校校友会杂志》1918年第4期,7—10页)

农业补习学校办法草议(二)

(1918 年)

过探先

农业补习学校教员之养成,可分为二途。一就原有之乡村小学教员,而补充其农业上之智识技能;一就已有农业上智识技能之人,而补充其教育上之智识经验。补习学校教员,实业上之智识技能,实较教授经验为尤要。故就已有智识技能之人而养成之,似较就原有之乡村小学教员为易。特农业上之技能、教育上之经验,非旦夕所可冀及,非期月所能养成。虽农科大学之教师,研究有素之教育家,未必能胜任农业补习学校之教员。此篇所为养成之者,为一时救急之计,非根本之论也。农校毕业生,应实行经营农业,使之为教员,亦不得已之举,非持久之办法也。于师范学校之中,将农业科目,依照国文、英文、理科等科目,特别注意,分科教授,注重实习,既可养成乡村小学适当之教员,复可为补习学校教员养成之预备。所为根本之图,其庶几乎。

在暑假时于七八两月,开农业补习学校教员预备会,由教育厅长指定之师范学校及农业学校共同组织之。

由各甲种农校校长慎选毕业生中堪为师资人员,入会讲习(特别注意品行及勤朴耐劳之性质)。

讲习之科目如下:心理学纲要、教育原理、教授法、农业补习学校之编制、教授及训练、乡村卫生学大要、实习指导法、美国政府对于乡村设施之事项、丹麦之乡村学校、农作试验法。课外讲演无定。

经费预算:每日课约五时,教授薪两月,约计三百元。讲习员三十人,每人每月膳宿费五元,两月共三百元。课外讲演员一百元。杂费等一百元。书籍用品等,由师范学校及农业学校借用,不另开支。

今试进而言补习学校之办法。农校毕业生,经验既浅,信用未孚,时时须有指导之人。所在地之绅耆,亦应多方联络,宜有介绍之人。此种责任应由该学区之董事,以及学务委员劝学所长负担,而以农校之教职员为之辅佐,庶克有济。补习学校之教授,宜趋避空论,时时须以实验为归宿,不宜拘用教课书或讲义,应就地方上时节上发生之事项,随时指导自营农场,决不可少。颓风败俗,尤应特加注意,渐次改革。补习学校为农村之中心,应时开谈话比赛娱乐等会,实行恳亲。宾至如归,坐客常满,补习学校之天职始尽,非可以严肃为例也。补习学校之设备宜简单,切忌铺张,以期适用为准,以易推行为的。设备既简,需费亦轻。今将各费预算知左,聊备参考。

1. 开办费

租地五亩押金	一百元(如有公地或绅士能捐助,此项可省)
瓦屋五间、二披草棚二间	八百元(如有公屋或借小学,此项可省)
农具	五十元
用具	一百五十元(如借小学,可省一部分)
仪器书籍等	一百元
	共一千二百元

2. 经常费

薪水	一百九十二元(一员第一年月支十六元,以后年功加俸至月支三十元为止)
工役	七十二元(一人兼农夫)
办公费	二百零四元[纸张每月三元、笔墨一元(连学生用),邮费一元、报纸一元、图书二元、茶水一元、灯油七元(预备夜课或开会用,故较多)、用具添购约十二元]
杂费	七十元[修缮年支五元、肥种年约十元、临时雇工年约十元、田租年约二十五元(以苏常论,若以金陵淮徐论,则可减少。若有公地或捐助者,此项可省)、杂支年约二十元(开会及奖品费在内)]
	共五百三十八元

3. 收入

作物菜蔬	四十元(以三亩计)

桑蚕	五十元(以二亩计,田间种副作)
畜产盈余	十元(养猪三头、鸡十只、羊五头)
	共一百元

如有公地公屋,则开办费可省至三百元,经常费可省至五百元左右。教员与工役同为耕种,如公地可增多亩数,收入又可增多,与经常支出相抵,每年一补习学校有四百元,当可敷用也。

(原载《江苏省立第一农业学校校友会杂志》1918年第4期,10—14页)

农科大学的推广任务

（1922 年）

过探先

农业教育的宗旨，在辅助农民、改良农业、发展农村。无论是高等、中等、初等农业教育，设不能将农业的新智识，灌输到农人，应用到田间去，使得他于农业上发生一种影响，是不中用的，我已经说过了。吾们对于乡村小学，应该要特别注意；设施初等农业教育的方法，应该要在小学内提倡天然事物的观察，学校园的设置、儿童家庭共乐会的举行、青年农业团的组织，我亦已经说过了。

但是以上所说的四种方法，偏重在青年方面。对于成人的农民，以及一般普通社会，应该还有一种相当办法。这种办法，就是推广教育。

农业推广教育，是农科大学的责任。中等农业教育机关，或其他实业机关，如农事试验场、农会通俗教育团等等，固然亦可担任是项职务；但是要求效力的增大、实施的切实，至少必须与农科大学，有相当的联络。因为改良农业事情，不是空言的，是实际的；不是纸片的，是试验的；不是机械的，是适应地方的。推广所说的都是平时试验结果。推广所示的材料，都是实际上功绩。若是没有研究及试验，没有的实成绩，而欲以空言宣传的方法，引起农人的信仰，决然做不到的。

要研究，必须有相当人材、适宜地场、应用设备。一个问题，有须多数专家通力合作，方能解决的。有须历若干年月，方能见效的。决非中等学校普通农事试验的实力，可以胜任愉快的。这种机关所能尽力的，不过将最高研究机关研究所得结果，就地试验罢了。所以美国的农事研究事业，集中于中央农林部及各省农科大学的里面。各省所设的农事试验场，大多数均是附设大学里面，由农科大学教授主事的。指导中等农业教员、小学教员，以及地方农业公共机关、农村公共组织,是农科大学推广任务中最重要的事件。中等农校、乡村小学、地方上公共机关,苟能与农科大学联络进行,则推广事业,进行更觉顺利了,效果更易扩大了。

美国农科大学推广任务,最注意最发达最著名的,在中部要算惠省大学(University of Wisconsin),在东部要算康南耳大学(Cornell University)了。我如今要把康南耳大学农科推广任务,讲给大家听,并想讲他事业的前头。先将他的宗旨、方法、组织简括说明。

1. 宗旨。推广事业的宗旨,在乎教导不能入大学来学的人民。所以常常要将教育去就人民,不能希望人民来就教育。

有时到家庭里去谈话,有时到乡村田间实地指示,有时通信商量,都是包括在推广事业范围里面的。

2. 方法。康南耳大学所用农业推广的方法,有下列数种:(1) 农田视察及指导;(2) 通信指导;(3) 刊送书说;(4) 联络各种团体、农业机关、乡村小学,并辅助其事业的发展;(5) 提倡青年农业团的组织;(6) 提倡及指导补习教育(如读书会等);(7) 试验及经营农田的示范;(8) 布置农产品及农村通俗教育的陈列火车,巡回至各乡停留,举行流动学校;(9) 每年在大学中举行冬季讲习会一星期;(10) 设立推广学校;(11) 特殊演讲;(12) 其他相当方法,可以促进本省农业改良、增进农民幸福的,随时办理。

3. 组织。推广事业的进行,由推广教育系以及各系指定的专门教授,共同组织推广部,商定大纲,以总其成。至于如何实施,都由各系自己决定。与地方团体合力来办推广事业,或代任相当费用,或供给专门人材,亦是很常见的。

上边所说的,是一般的宗旨、常用的方法、任务的组织。现在更把大学中在一千九百十四年时的推广事业,摘要叙述;我们对于农科大学推广任务,更可明白了。

(一)普通事业

1. 演讲。凡农民公会、农会农校,以及其他公共团体,要演讲关于农业上的科学或问题,都可以写信到推广部请人去演讲讨论。

2. 农产品展览会。每年襄助省政府,举行省地方农产品展览会。各县农产品展览会,如要大学出品,大学亦可辅助一切。将有教育价值的出品送去,且派人驻会说明出品的宗旨,组织讯问部,应对一切的疑问。

3. 合作试验。襄助农人,就自已耕种田地中,试验最有实用的改良方法。与大学举行合作试验的公共团体,则有纽约省农事试验公会、纽约省导水会、纽约省植物育种会、纽约省菜蔬园艺会、新家庭创造会等。

4. 范示指导。有愿看田间工作,无论是耕种栽培、饲养牲畜、处理病虫等等,都可请推广员实地示范。

5. 农田视察。有欲大学教授视察所有田庄,代为计划改良方法,以期增进收益的人,亦可照办,但来往旅费,应归敦请人支付。

6. 流动学校。与纽约省中央铁路公司,合办陈列车,装载优良的农产品、适用的教育材料,在各站停留若干时,招集附近农人来车观摩及听讲。铁路的收入,恃运输;运输的发达,恃农产。以这种流动学校,提倡农事的改良,不啻间接为铁路公司谋营业的发展。

在一千九百十二年十月,这种流动学校所讲的是养鸡学,共计停留八处,入学者共计二千一百人。十一月,讲的是土壤学及乳牛学,停留共九处,入学者有八百余人。一千九百十三年四月,举行园艺流动学校,计停留七处,入学者共计一千三百六十余人。看这三个例,我们可以想见流动学校的性质,以及农人对于这种推广事业的兴趣了。

7. 推广学校。在省内各处设立一星期至三星期长久的推广学校,设施管理,宛然如普通学校。上课有一定时间,教授有一定程度。至于教材,则就学校所在地最重要最急切的农业问题上着想。每星期每人且收学费美金一元五角。自四十至七十五人为最相宜学额。这种学校,常常由地方上公共团体代为布置的。自一千九百十二年十二月至一千九百十三年三月,共计在二十三县的地方,设推广学校二十四所,历时共二十四星期,入学者共一千二百人。

8. 纽约省农事试验公会。这个公会,起初是从前农科大学有志在家乡田地从事试验的学生所组织的。现在范围扩大了,凡是有志为简单试验的人,都可以入会。

土肥日形减少,人工高贵,农产品价值变迁不定。科学上发明,日新月异。做农人的,应该要有适应时代的精神、敏捷的思想、谨慎的态度,以增加其收入,改良其生活。

增加收入,改良生活,非经试验入手不可。但是农民智识浅薄,试验方法,难期真确。这个公会的本旨,不在本身举行研究,而在辅助农民用简单而准确的方法,举行试验事业。指导他,解决本身的切要问题;辅助他,知道别人的试验;介绍他,常常晓得农事试验研究所得的效果;引起他,自己试验决定能否应用的兴趣。换言之,公会的目的,在于辅助农人深悉切身的问题及地位,以及寻觅优良的方法,改良其职业而已。

9. 农民冬季讲习会。在十二月中,特定一星期为农夫农妇集会的时期。演讲示范的人,有大学教授,有专门家,有农夫,有农妇。一千九百十三年冬季,来会的人,计千余人,演讲共有三百余次。大学中并将各部开放,各部系均预备成绩陈列。且有共乐会、音乐会等等。各种农业团体,亦多乘此机会举行年会。雍雍一堂,询为盛事。终岁勤劬的劳苦,卸却不少了。

10. 参观及访问。无论何时,无论团体及个人,均极欢迎。农民团体,要借大学为会场时,可予以种种的便利及辅助。有通信讯问的人,必可得最迅速最满意的答复。

11. 职业介绍。大学中设有介绍部,随时调查本省境内顺利的农人,介绍学生至该处做乡田实习,或为假时的佣工,藉补学费不足。农家有需学生做工时,亦可写信请学校推荐相当的人去。

(二)专门事业

各系除共同办理上节所述的普通推广事业外,尚有各种专门的推广事业。须分系各述其一二,以明这种推广事业的性质。

1. 土壤学系。省内土质调查及分析、排水灌溉工程的辅助及指导、土质改良方法的普及。

2. 作物系。本省马铃薯生产的调查。

3. 农业工程系。帮助农民解决排水以及其他一切工程事宜。

4. 植物育种系。与农民合作设立育种场,并分给优良种子。在一千九百十四年的时候,合作育种场,已有九十余处,分给的良种,有一百九十五起。

5. 森林系。(1)林场管理指导。如有来商此项问题的,即可派一专门家到林地去视察,当场指示那一科的树应该删除;那一科的树,可以收割;那一种,应该补植。如何种法,如何防火防害,无不剀切说明。(2)协助公有林的发展。依纽约省的法律,无论是县、市,或乡,都可得有相当地点,建设永久的公有林;森林系专家,极愿尽力赞助。

如有给水公司、地方水给局、木行、铁路公司,或公共团体,或个人,有志发达森林资产者,都可与该系联络进行。

6. 植物病理系。研究有得,即行设法普及于农人,范示防除主要病害的方法。

7. 农场管理系。应答关于管理上种种的问题,农家如能将全年经过状况,照规定的表式,填写明白,并可代为计划改良的方法;如要请专家视察,亦可照行。

8. 农业教育系。编送乡村学校教学法,并辅助县教育局长、各处教员,组织农产品比赛会、范示会、学校成绩品展览会、青年农业团,以及解决关于学校上的一切问题。在一千九百十三年至十四年的时候,会商同某县指定小学校六处,范示乡村小学应行改良各端。

9. 农业经济系。提倡合作组织。

10. 果树园艺系。省内果园调查,指示适当的管理,并于公共会集时,范示工作方法。

11. 花卉系。省内花草业调查。

12. 蔬菜园艺。设有专员一人,主持推广事宜,调查演讲,实地指示一切。

13. 园景系。辅助乡村的改进,如公共机关庭园布置、市镇的建设,及改良乡村小学的校园,都可代为计划及布置。

14. 植物系。分送豆类作物的根菌纯种。鄙人在该系研究时,目见每年到研究室来索取是项纯种者,常有千余人,每人平均所领约六七罐。

15. 昆虫系。害虫防除智识的普及,尤注意于果树苗木、菜蔬、牧料作物、森林行道树木及家畜的害虫。或与农民共同试验,或由公共团体特设优待学额,专试办理。

16. 畜牧系。(1)辅助农家建设纯粹优良的家畜种族;(2)襄助农民组织乳牛试验会,及家畜育种会;(3)办理高级登记试验。这种事业,纽约省最为发达,有功于乳牛的改良不少。凡试验方法,试验时的饲养及管理等,均可指导。担任此种事务,常有一百余人。

17. 乳业系。(1)办理乳牛产量试验会;(2)代人品评乳牛产量的优劣;(3)代人分析乳产品;(4)实地视察及指导。该系特设专员一人,常赴省内乳业人家视察及指导。对于本校毕业生或肄业生经营乳业的,更为注意。

18. 养禽系。省内禽场及市况调查,合作记录及育种,并提倡养禽人公会。

19. 农艺化学系。代农民考察土壤的化学性质。农民有欲知其土壤是否需用石灰肥料,都可送到化学系去考验,并不取费。

20. 家政系。家庭建设会,常于冬季讲习会举行,关于家政上一切事务,都有演讲及讨论,聚集主持家政的数百人于一堂,互相交换智识及意见,不可谓非盛事。

（三）印送书说

印送书说,亦是推广任务中的主要事业。

康南耳农科大学书说的种类,有试验成绩报告、研究专录、月报、读书集、乡村小学教学法等。读书集、教学法与推广事业最有关系,容俟后日,再为详述。

（原载《新教育》1922 年第 5 卷第 1、2 期合刊,137—144 页）

讨论农业教育意见书

（1922 年）

过探先

　　教育须有一定的宗旨。学制乃一种规定，便利吾们宗旨的实行。农业教育的宗旨，在乎教育农人。工业商业的教育，在乎造就人材。农业的教育，在乎教育现在的农人，以及农人的子弟。这个宗旨，无论新学制实行与否，断然不能改易的。吾们主持农业教育的人，不是从前不懂得这个宗旨，但是从前农业教育上的设施，往往为定章所限制，不能够发展到趁心如意的地位。现在学制，已经有人建议改革了。吾们极应该将农业教育的宗旨，认得清楚、认得明白。应该改革的，趁此机会改革改革；应改*扩充的，与以充分的发展。不要一时为感情所牵制，违背了良心的主张；不要为了顾惜已成的局面，致有削足适履的计划。

　　我前日因为答复中华职业教育社征求教育界对于新学制草案职业教育一部分的意见，曾经将我个人对于农业职业教育上见得到的地方，写出来了。今为便利讨论起见，再将要点略行摘出，请诸位详细赐教。

　　农业教育的目的，不是造就农业的人材，是要造就一般有智识的人，为现在的农业谋发展，现在的农民谋福利罢了。靠学校去造就新式的农夫，万万不成功的。农业学校最应注意的，是在教育农家的子弟。但是……现在初等学校的学生，农家子弟决不满十分之三。有十数里的地方，十余个的村庄，尚不见有一适当的初等学校。农家子弟，虽要入学，亦无机会……现在所最要注意的，为多设乡村学校。在乡村学校之中，要教一些普通天然学及农业的智识。乡村学校的教员，应该要晓得农业改良的道理。如果能仿照美国的办

---

　　*　根据上下文语境，推测作者原表意为"该"。

法,由教员指导,组织各种竞进团(或谓之农业俱乐部)更好了。

乡村学校的教员,很不容易做的。一面要晓得教育的原理,一面要知道农业的学理。普通师范的毕业生,做乡村学校的教员,似乎尚觉得不大适当。所以我主张新学制实行以后,将现在的甲种农校,改为农科高级中学,分做三部编制。第一部,为预备升学的学生;第二部,为预备做乡村教员的学生;第三部,为毕业后预备做事的学生。除了教科以外,应该要担任农业推广的责任。就旧府州属或现道治的范围,各自认定服务的区域。在只区域之内,应该常常去调查演讲,访问民间的疾苦,亦是我们的责任。至于研究事业,可以看松些,只须将最高研究机关,认为佳良的品种、肥料、栽培方法,就地试种试种,试用试用。如果成绩佳良,即取为推广的资料,尽力设法普及。又应该常常在暑假时开常期的讲习会,招乡村学校的教员、各县的劝业员、农会的职员来听讲,来实习。如有师范学校内的学生,志愿为乡村学校教员的,亦可于毕业前一二年,送到农科高级中学去,学些农业智识。乡村学校的教员,单单靠着农科高级中学去养成,万万不够的。

乙种农校,应该改为农业补习学校。原有的农场,可以改为模范农场,直接谋农业智识的普及,间接可以辅助教育的普及,常常举行讲演会、农田耕作指导会、露天展览会等。教育的本旨,决不限于学校的里面,到处可以施行的。农业的教育,尤其应该在乡村去做,在农夫家里去做,在田间去做。乡村学校,如有余力,当然可以附设农村补习学校。但是补习学校,有模范的农场,见效自然更快。

至于高等农业教育,当从全国着想,有详细计划,有具体办法。个人以为宜将全国分为东南西北中五部,每部又分为若干区。如东部包括苏浙皖一区,中部鄂赣湘为一区,川贵又为一区,西部青海为一区,新疆为一区,西藏川边又为一区,北部东三省为一区,蒙古为一区,直晋为一区,陕甘为一区,鲁汴又为一区。每部设立农科大学一所,俟后人才经济,确有充余时,再行扩充至每区一所。农科大学为最高研究农业的机关,规模应廓大、设备应完全、人才应充足,方可担负教授研究以及推广的责任。新学制除大学外,复有高等的规定,实在不必多此一举。于新学制实行以后,很希望全国有几个完善的农科大学早些成立。若如照现在农业专门学校的情形,不但希望不扩充,且希望其早日结束,改办农科高级中学,以养成乡村学校的教员为莫大的任务呢!

(原载《中华农学会报》1922年第3卷第8期,13—16页)

什么是初等农业教育

（1922 年）

过探先

什么是初等农业教育？吾何以要讨论这个问题呢？因为民国初元颁布的单系四级学制，常常起人的怀疑，常常起人的误会。怀疑的是甲乙种农业学校的本旨，误会的是常把乙种农校当作初级农校看待，完全失却其实施普通农校的本来面目。现在新学制草案已经成立了，职业教育的地位亦已确定了。初等农业的教育，在职业教育上的地位以及设施的方法，应该要研究的。要解决这个问题，应该先要知道什么是初等农业教育。

初等农业教育是普及农业知识的教育，不是准备以农为业的教育。人类的生活的事业，与农业都有密切关系的。农业的进步或窳败与人生的幸福最有关系的，人人都应该辅助农业的发达。况且常常与天然界接近的田间生活最足以陶养人类的性情。久居于喧市繁尘的人，一到乡间去走走，即觉得心旷神怡了。终日埋首案牍的人，设以数十分钟余暇，经营些田园事业，自然觉得生气勃发，精神百倍了。所以普通农业的智识，实为公民常识的一种；不但农业的所必需，是人人都应该要的。

现在不是说我们中国的农业急应改良么？改良谁去做？当然是农夫。无论是高等农业教育，是中等农业教育，是初等农业教育，设不能将农业的新智识灌输到农人，应用到田间去，使到他于农业上发生一种影响，是不中用的。所以普及农业的智识，尤应该注意现在的农夫，现在农家的子弟。

但是以农业为职业之人，断然不能入学校。农家的子弟，舍入小学校以外，再进中学的决定是很少。所以普及农业智识的教育，应该要在小学校里教，应该要在学校以外另有种种的方法。那末，设施初等农业教育不必另设初等的农校，小学校都应该教些农业常识。农村的学校尤其不能不注重。大家都知道农业学校不宜设立于城市的里面，却不知道在乡村不宜有城市的小学，很是可怪的。

设施初等农业教育当然不仅是书本的教授。姑将现在美国设施初等农业教育的方法，已经发生效果的写出来，请大家参考讨论。

（一）天然事物的观察（Nature study）。康南耳大学农科科长培蕾说："同情于天然环境为顺利生活的必要，要与环境发生同情，必先知环境的事物。小学校为教人生活之所，所以必须有天然事物的观察。天然环境乃农业的制裁，所以乡村小学尤其不得不注重此科。乡间的生活决不能顺利，农作的事业决不能得法，除非对于环境的状况有迅速的感觉。良好的农夫常是良好的天然学家。我们的学校常常应该辅助农人与环境发生同情，因为与环境发生同情是改良农业的基本。我们的第一任务为提倡天然事物的观察。若于最初的时间，即以研究环境的农业事物为前提，不啻舍本而逐末。农业的事物不过为环境的一部分……等到天然事物观察的兴味已经浓厚了，已经透彻了，然后可以讲到应用上的问题……普通小学的目的决不是教人职业的，我们决不能专就职业方面上着想，应从教育及精神方面的价值着想；专诚以农业智识为纸面的讲解，决不能使儿童得有若何的效果。"培蕾又说："我们不要以为农夫应做的事很切于日用，即可以教小学儿童。农夫以为应该做的事，未必悉能博得儿童的同情；很切于日用的事物，未必悉能实用于儿童身心的训练。小学的教育往往从自己方面着想，不以儿童为本位，是很大的错误……农业的科目均应照观察天然事物的方法去教，先为精细的观察，继以真确的思考。观察要精细，必须有实在的事物。譬如授玉蜀黍课的时候，必须使儿童持玉蜀黍在手中；授乳牛课的时候，必须使儿童相见乳牛，为自动的观察，为自由的批评，不可根据他人在书上所说的话即以为满足的。"

要在小学校中提倡天然事物的观察，灌输些农业智识，当然先要注意小学校。康南耳大学农科每年在暑期学校的里面特设农村学校教员讲习科，招集小学教员有志研究天然事物农业智识的研究讨论。暑期正在农忙的时候，农村学校应该放假的，却是为教员补习的最好机会。在此讲习会中下学年应该教的是那几种科目？应该用那几种教材？怎么样教法？学校于农村应该尽那种义务？学校与大学农科应该如何联络？都可以共同讨论，集思广益；并且轮流实地练习教导的方法，其余的听讲员自居于乡村儿童的地位悉心听讲。五六星期以后，讲习完了。大家都觉得很有兴趣，不但新得了许多的智识,而且增进了无限的热诚。农科里面有模范农村学校校舍一所,讲习开会即在这个小学校里面。担任教授指导的就是农科中主任农村教育的人,所发的讲义大家尽心研究的,大半是学校平时送给农村小学教员及学生的印刷品,更觉得亲切有味了。

我们中国从前的初等农业教育,以为是造就业农人材的教育,农夫应该做的统要使学生去做,书本上所说的学理都要使学生去记忆,把初等农业教育的宗旨看得太狭了。所以教的人觉得很勉强,学的人觉得很无趣。所以办了十多年没有得到美满的结果,不能使农学在农学界上发生改良的动机。初等农业教育的宗旨果是将纸面上的农业智识强引灌入十三四岁儿童脑海的中间,能事已经算完了么?责任已经算尽了么?断断不是的。从前的初等农业教育的宗旨已经弄错了,办法已经弄糟了。现在趁此改革学制的时候,应该要把初等农业教育的宗旨研究明白,设施的方法详细讨论。培蕾所说的话很有参考的价值,天然事物的观察很应该提倡,康南耳大学辅助农村学校的方法很可以效法的。

(二)学校园。提倡建设学校园实在是与天然事物的观察相辅而行的。观察天然事物虽不必限定在学校园的里面,如果有了学校园当然更觉便利了。学校园的设施不但可以供给天然事物的材料,并且足以开发儿童思想,引起耕作兴味,辅助农产发达的。面积能大更好,小亦不妨。照其性质而论,实有三种分别:(1)校景园。增进校舍壮丽,引起儿童的美育感念,这是校景园的目的;(2)实习耕作地。就是普通所说的学校园,其主要的目的在指导儿童练习工作的艺能;(3)试验地。凡是农事改良上已经研究得有效果问题可以在这试验地中去实行试验。一面将改良的原由、改良的要点详细与儿童及其父兄讲解,实不啻是一模范的农场。现在这种性质的学校园尚觉如凤毛麟角,设欲增进农村学校的效力,必须设法提倡多设才好。但是要请诸位注意的,学校园不必是一定要园的,学校园的工作亦不必一定要在学校的。在儿童父兄的田里,由教员指导行学校园的工作,在美国亦是很普通的。

(三)儿童家庭共乐会。农村小学校不但是施行教育的地方,亦是社交的中心。小学校教员应该常常请儿童及其家属到学校里来举行共乐会,指定村上有智识而耕作得法的农夫讲讲耕作的经验,年长的讲讲农村上的问题,并且趁这个机会常常请农学校的教员或农事试验场的专家来演讲,或是到田间去指导一切,亦是普及农业智识很重要的方法。

（四）青年农业团（Boys and Girls' Agricultural Clubs）。农业教育史有了这个名词不过才二十年。他的发源地方实在美国南方各省。那时该处的农业一天一天的衰落，美国的政府及社会虽竭力研究提倡农业的改良，总觉得难有很好的法子；想尽了种种的方法去劝导农夫，终不能相信采用；农家的优秀子弟往往厌恶畎亩的事业，营城市生活去了。有几位主持推广事务的人，大家商量得劝导的方针应该要改变，从前注意劝导成年的人，如今要设法教导青年的人，如果能够引起了农村青年对于业农的兴味，新农业自然容易推广了。父兄应该要教训子弟，但是子弟的行为亦足以感化其父兄的，所以有青年农业团的提倡。欧战时候，这种团体更形发达了。

这种团体的团员，大都是十岁至十八岁的青年。他们的年岁可以分为两组：一组是年纪小的，一组是年纪大的。照他们的志愿可以配定事业的范围，所以有植黍团、养猪团、罐诘团、家政团，等等的不同名目很多呢。青年农业团不过是这种团体总称罢了。

如果把这种团体的目的宗旨分析起来，约得七端：（一）引起青年对于农业的兴趣、企业的观念；（二）实地练习及试验关于农业的智识；（三）实行小学校与儿童家庭的联络；（四）促进互助的精神；（五）表示适当的经营农业实为有利的事业；（六）训练青年的身心，养成勤劳的习惯；（七）辅助教员光大教育的功用。鄙人常常想我们教育界同志应该要拿以前提倡童子军的热诚来提倡青年农业团。童子军的功用在乎训育军国民的精神，青年农业团的组织除了训育的功用以外，尚有职业陶冶的意味在内呢。请看下边所说的几种事实，则青年农业团在教育上功用可以明白了：

有一位美国塔州*学务委员说："从我的四年纪录而观，青年农业团员成绩较诸不是团员的成绩平均约好百分的十一，辍学者极少，全郡共有四千学童，停学及开除的竟无一个是在青年农业团里面的。"

在北嘉州**有性情懒惰、成绩常在全校的榜末的两个学童进了养猪团，团员要服从指导员的命令，常常要参考关于养猪的浅说。记日记的这种事业，忽然引足了他的好学兴趣，与他所养的猪的生长，同时长大发

---

 * 塔州，即今美国得克萨斯州（Texas）。

 ** 北嘉州，即今美国加利福尼亚州（California）北部。

达。毕业的时候这两位学童的成绩居然能站在最优等的里面。

守旧的农夫起初的时候，不顾*他的子弟进农业团，后来觉得很有益处，看见子弟所经营的事业成绩优良，反向子弟的面前去探听改良方法，亦很多很多。

鲁州**有两养猪团的团员后来建设了很著名的种猪出卖行家。在各州农产赛会得头奖的常常是青年农业团的团员。可见这种的组织确有很大效果的。

至于青年农业团组织的方法亦很简易的。东南大学农科拟在受华商纱厂联合会资助合办的棉场附近先行试办一二个植棉团。棉作技师叶元鼎先生已经将办法拟好，想在今年夏季就要试办了。这种办法恐不久亦要发表的，我可以不必详细陈述。

以上所说的四种设施初等农业教育最好的方法，要是不能实行，初等农业教育决无没有***良好结果的；要是能够实行，不但是教育上增光不少，农业上亦有很多利益的。

（原载《浙江教育月刊》1922 年第 5 卷第 8 期，1—8 页）

---

* 此处原文为"顧"，应为"願"之误。

** 鲁州，即今美国路易斯安那州（Louisiana）。

*** "决无没有"四字应存在衍文。

农作物学教授大纲之商榷

（1923 年）

过探先

绪言

实科(指农工商三科而言)之科目,教授最感困难者,以关于农之各科目为最。农科中之各学程,教授最感困难者,以作物学为最。以科学方法,经营农业,不过数十年。各种学理,尚未大备,一也。农业须因地制宜,决非遵循公式所能从事,二也。天时既年有不同,种类亦时有变迁,试验所得之结果,应用有一定之范围,三也。关于农业之各科目,均须有实地之经验,相辅而行。此种实地之经验,至少亦须数次,方能充足。而一年中之机会,只有一次,四也。因此种之困难。农作物学之教授,即在农业发达、农学昌明之美国,亦不能满意。麻省农事试验场场长哈斯格尔(S. B. Haskell Director, Agre. Exp. Station,Amherst,Mass),曾考察农科大学关于农作物学教授方法及教材,都凡二十六校,与教授学生交换意见。归纳其心得,如下之六端。

（一）学生常以农作物学为极容易攻习之学科。课外自修时间较少,教室内之专心勤力亦低。

（二）农作物学之学程,是否能与纯粹科学相等,有益于智才之训练,尚为疑问。

（三）考察能力之训练,虽可差强人意,然往往不能佐以发达思想之训练。

（四）所需之工作,有若例行者然,常失其真实之意味。

（五）教授之方法,往往不以科学为根据。有数种基本科学,虽列为预修,而未读过是项科学者,亦能与已读过者同班上课,并无困难。

（六）亦有以科学为根据者，然又不能免除重复之弊病，且或太偏于理论，而不切于实用。

以作者在美所读农作物学之经验而言，不得不赞哈斯格尔所述之六项，可谓深中窍要也。

此种困难，农作物学教授，早有所觉悟。十数年前，现甘省 * 农科大学校长嘉挺氏（W. M. Jardine）在农艺研究会（American Society of Agronomy）年会时，已沈痛言之矣。近年来需要革新之呼声益高，该会爰举定专家数人，为作物学教授大纲起草委员。是篇所述，即该委员会拟具之报告，内容详备，次序井然，实良好参考之资料也。

农作物学教授节目编制方法有二。（一）以作物为本位，顺其重要次第，分述各种作物之历史、经济上之价值、形态生理，以及耕种栽培方法等等。此即旧日编制之方法也。各处有各处之精形，作物种类，既各有不同；耕种方法，亦极难一致。然事实之相同者亦多，不述则残缺不全，述之则有类乎重复。故此种方法，极难适合学生之全体，以引起其兴趣也。（二）以题旨为本位，各种作物之历史、经济上之价值以及耕种栽培处理之方法等等，分题详述其原理、相互之关系及比较。此即委员会拟定之新方法也。无琐碎之害，无偏面之病，无重复之弊。就学生方面而论，可得有系统之基本原理，了解应用科学之方法。教者亦极有取材伸缩之余地，脱除束缚之苦痛，较诸旧日之方法洵足多焉。

委员会草拟之教授大纲

第一课　学程之本旨及其范围

1. 教授农作物生产之方法

（1）陈述优良方法及经验：（a）良农所用之方法；（b）根据试验结果所得之方法；（c）试验所得之证据。

（2）讨论农艺研究之重要结果。

（3）归纳考察及试验所得之事实。

＊ 甘省，即今美国佐治亚州（Georgia）。

2. 表示基本科学于农业上之运用,如植物学、化学、物理学等

(1) 解说已经显明之关系。

(2) 提醒其他可能之关系。

3. 说明农作物与国计民生之关系

第二课　农作物之分类

1. 植物上之分类

禾本科作物、豆科作物等等——各科之关系。

2. 农艺上之分类

谷类作物、牧草类作物、纤维类作物、根类作物等等。

3. 功用上之分类

蔽土作物、肥料作物、饲料作物等等。

第三课　农作物与经济之关系

1. 农作物于世界商业上之重要

2. 农作物与农民富力之关系

第四课　农作物与民生之关系

1. 民族之发达进步恃有固定之食粮供给

2. 农作物实为最重要最便宜之食粮

(1) 食粮价贱必须之要素:(a) 地价贱;(b) 人工贱;(c) 省力农具之利用。

(2) 维持食粮价贱之要素:(a) 地力之关系;(b) 耕种方法之改良;(c) 品种之改良;(d) 病虫害之防除;(e) 省工省力之方法。

3. 国家对于农作物之生产应有一定之政策

(1) 对于维持地力之提倡。

(2) 农产物之分布及对于生产人利益之保障等等。

第五课　适当生产方法与农民之利益

1. 适当方法与劳力之关系

2. 一般产量之增加与利益之关系

3. 单独产量之增加与利益之关系

4. 专事产量之增加未必能得最大之利益

第六课　农作物之分布

1. 视气候

2. 视土壤之关系

3. 视农情民性

第七课　农作物之因地制宜

1. 土质之宜

(1) 土壤之选择——举例说明。

(2) 耕种方法之补救:(a) 灌溉;(b) 排水;(c) 堤防;(d) 田畦;(e) 培土。

2. 气候之宜

(1) 各种作物需要之适当气候。

(2) 旱干及严寒之性质及其影响。

第八课　品种优良之重要

1. 各地方优种与劣种之分别

2. 著名品种之价值

3. 重要品种之分布

(1) 品种之鉴别:(a) 形态的;(b) 生理的。

(2) 种性之变迁:(a) 气候之影响;(b) 土质之影响;(c) 其他之影响。

第九课　作物之改良

1. 作物改良之利益

2. 改良之方法

(1) 选择——普通及系统。

(2) 交配。

3. 著名之例证

4. 改良之制限

5. 农村之作物改良

第十课　种子纯良之重要

1. 何谓纯良：(a) 性质；(b) 形状。
2. 采用纯良种子之利益
(1) 产量增加——举例说明。
(2) 收入利益之比较。

第十一课　如何可以得纯良之种子

1. 选种之手续
2. 储种之手续
3. 发芽之试验
4. 种子会之组织
5. 关于种子之法律等等

第十二课　整地

1. 整地精到足以增多收获
2. 整地精到之重要
3. 整地之原则
(1) 土壤之情形。
(2) 适当之时期——与气候、作物、土质等之关系。
4. 历举各该区域内重要作物之整地方法

第十三课　商业上之肥料

1. 肥料之用途
2. 施肥之原则
3. 施肥之利益

第十四课　厩肥

1. 厩肥于作物之利益
2. 施用厩肥之经济
(1) 与各种作物之关系。

（2）施用之时期。

3.厩肥之保管

第十五课　石灰

1. 石灰之效用

（1）需要石灰肥料之作物——需要之情形

（2）与石灰肥料无关之作物

2. 市上之石灰肥料

3. 施用之方法及时期

第十六课　播种之方法

1. 与品种及其纯驳之关系

2. 与天时及时期之关系

3. 与土质之关系

4. 本地播种之时期及应用之种量（以图表表明之）

第十七课　种子之发芽

1. 种子之组织

2. 发芽必要之境遇

3. 发芽之经过情形

第十八课　作物之生长（随意，如学生已读过植物生理学，可以删除）

1. 植物之营养

2. 营养物及水分之运输

3. 光化作用及营养物之贮藏

4. 生殖

第十九课　中耕

1. 中耕之作用

2. 中耕之理论

3. 本地主要作物之中耕方法

第二十课　谷类物之收获方法

1. 依时收获之重要

（1）成熟过度之损失。

（2）未经成熟即行收获之损失。

（3）适当之收获时期。

2. 各种谷类物之收获方法

3. 各种储藏方法之比较

第二十一课　饲料作物之收获方法

1. 依时收获之重要

（1）成熟过度之损失：（a）脱裂顷俯等等；（b）滋味及营养之减少；（c）收获量之减少。

（2）未经成熟即行收获之损失：（a）营养物之损失；（b）收获量之减少；（c）储藏之困难。

（3）适当之收获时期：（a）普通之规律；（b）本地各种饲料作物之收获时期。

第二十二课　干刍

1. 治刍时之重要事实

（1）治刍时之植物成分变化。

（2）变化与干刍品质之关系。

（3）治刍时之物质损失。

2. 治刍之方法

3. 普通之规律

第二十三课　饲草鲜储之方法

1. 鲜储之经济价值

2. 鲜储时之变化——适当之境遇

3. 宜于鲜储之作物——品种之选择、播种量、适当之收获时期等等

4. 本地应用之适当鲜储方法

第二十四课　特种用意之作物

1. 蔽土作物、绿肥作物等等

2. 生产上之原则

(1) 早熟、生长速、强壮。

(2) 生产费用省。

3. 本地之适当蔽土作物、绿肥作物等等

第二十五课　植物之社会及其竞争

1. 天然境遇中之植物社会

2. 耕种田地中之植物社会

(1) 植物相聚可得之利益。

(2) 植物相聚可得之损害。

(3) 同植之原理。

(4) 同植之成功及其失败理由。

3. 品标之变迁与土质之关系

4. 植物之竞争——利益及损害

第二十六课　牧场之管理

1. 牧场之重要

2. 分类

3. 管理之方法

4. 播种

5. 担负之能力

6. 最优良之牧草——本地之收草

第二十七课　草场之管理

1. 草场与牧场用途之分别

2. 草之品种

(1) 混杂之原理及其方法。

（2）本地之种类。

3. 管理之方法

第二十八课　杂草与作物生产之关系

1. 害草之解说

2. 杂草之为害

3. 杂草之分类及其状态

（1）根之习惯。

（2）生长之习惯。

（3）分布之习惯。

4. 杂草之防除

（1）耕除方法。

（2）遏止方法。

（3）毒药防除。

（4）种子纯粹之重要。

5. 防除方法之举要及其比较

第二十九课　轮种

1. 连作之结果

2. 休闲与轮作之来历

3. 轮种之原由

（1）产量之维持。

（2）劳工之分布。

（3）荒歉之减少。

（4）害草害虫病害之防除。

第三十课　轮种

1. 适当轮种制度之必要

2. 轮种之计划

3. 本地轮种之实例

4. 轮种之困难及其限度

第三十一课　作物之病害

1. 经济上之重要

2. 重要之病害

(1) 病征及病原。

(2) 传播方法。

(3) 病菌之生活史。

3. 作物病害之防除

(1) 驱除之太费。

(2) 预防之重要。

第三十二课　作物之虫害

1. 经济上之重要

2. 重要害虫之生活史大概

3. 预防法

(1) 轮种。

(2) 清洁。

4. 驱除法

举数例以证明适当之防除方法。

第三十三课　农产之品种

1. 最初市上之品评标准

(1) 错误。

(2) 政府审定之原由。

2. 政府审定之标准

(1) 标准。

(2) 便利之点。

(3) 审定法。

3. 政府之督理

4. 省地方之视察

第三十四课　谷类之市场

1. 出卖适宜时间

2. 运输

3. 本地之市场

4. 大市场

第三十五课至四十五课　本地方作物之概述

按语

上述之大纲,如须应用于吾国,势非稍加修改不可。且吾国农学昌明未久,农事更无确切之记载。南北东西,农情又复各不相同。细目之分配,教材之搜罗,亦必更加困难也。述者对于作物学之教授,毫无经验,译此大纲,亦犹抛砖引玉之意。如荷国内诸同志加以讨论,不胜幸甚。

（原载《农学》1923 年第 1 卷第 3 期,114—134 页）

办理农村师范学校的商榷

（1923 年）

过探先

中国有农业学校，已经多年了，如前清两江师范有农博科、江南实业学堂亦设有农科等等。但那时农业学校，注重在"学"的方面，对于"业"的方面，是很不注意的。学生都是缙绅先生的子弟，办学的都是半开通的官僚。入学的心理，既不在学农；办学的心理，亦不在乎改良农业。所以那时候讨论师范的文字，时常可以看见；而讨论农业教育的文字，贵如凤毛麟角。民国五年，我曾作《农业教育管见》，登在江苏省立第一农校校友会第一期杂志的上面。我的同志见了这一篇，都以为是讨论农业教育第一篇文字。

三数年来，职业教育的呼声，农业教育制度的商榷，以及办理农业教育人的呻吟忏悔，行出了无数的讨论农业教育的文字。我虽不能有功夫，追随周旋，时时贡献意见，却是很欢喜读这种文字的。

农业教育的宗旨，逐渐明白了；注意农业教育的人，逐渐增多了；农业教育的办法，逐渐适当了，确是很好的现象。所以近来讨论农业教育的文字，议论精当，可以佩服的很不少。

前江苏省立第三师范学校校长顾倬先生，近来做了一篇《办理农村师范学校之管见》，登在中华农学会报第三十五号，这是我最佩服的一篇文字。

为何要办理农村师范学校呢？顾先生已经说过了："省县立师范学校毕业生，多不乐任务农村小学，且实际亦有种种不适宜，于是农村小学教育，多操于不良教员之手。近岁义务教育，呼声日高，吾省明达君子，急急焉以推广小学教育为先务，而所欲推广之小学，十之八九在农村，乃愈觉造就农村小学教员之不可一日缓。"

师范毕业生，何以不愿意在农村小学任务呢？因为师范毕业生，在学的时期,生活舒畅,农村的生活简单;师范生的脑筋繁复,农民的脑筋鄙陋。"师范生与农村,真如枘凿之不相入",所以要拿现在的学校,造就良好的农村小学教员,觉得非常困难。

办理农村师范学校,必先物色良好主任及教员,精选学生,详定教科训育的要旨,顾先生亦已说过了,余很赞同的。但是觉得顾先生的主张,于农的一方,没有发挥得透澈,很有研究的余地。这个问题,又非常重要,诚如顾先生所说:"农村师范,为全国大多数人民开化之起点,成则不仅教育可以普及,且实为促进农产改造农民思想之端倪,立国强国之根本悉基于是。败则于农村小学教育之进行,殊无把握,或反以都市人民骄惰豪奢之恶习传播乡村,而促其同化,则前途之危险更甚。"所以不觉得引起吾个人讨论的兴趣,将吾心中所想到几个问题写出来,请大家指教。

农村师范教育的实施,断然要顾到现在农村的情形。现在农村的衰败,都谓由于"人"的问题,"保守之见极深,进取之心极薄,浑浑噩噩",当然不适存于经济战争极烈的世界了。但吾人要知道农民并不是另外一种人,生活的简单,脑筋的鄙陋,是环境养成的结果。"吾侪今日固觉儿童就学之不容缓,农村中人则绝对无此心理",并不是不能发生这种观念,却是无暇及此罢了。教育教育,喧扰于都市,已经二三十年了。小学校啊,师范学校啊,通俗教育啊,灿烂于都市,亦已有年了。但是占吾国人口百分八十五的农民,听见过这种名词的人有几个?听见过而能懂得的人更有几人?可怜的农民,无论男女老幼,日出而作,日入而息,为了八九口的衣食住,已经忙得不了,何尝有片刻之暇,想到这"就学"两个字。我觉得苟欲提倡农村教育,必先改良农民的"业"。"业"不改良,"人"的改良,决然很少希望的。义务教育、强迫教育的声浪,影响仅能及到生活已经解决的人,决不能感动饥寒的人的。

小康的农家,大都要儿童就学的,即使没有洋学堂,亦要请冬烘先生的。可见得农民心理,未必没有这教育重要的观念。

乡村优秀的分子,常常移迁于都市,确是农村衰落、都市兴盛的一种。如何能使乡村优秀的分子安居于乡村,已成为教育家、农学家、经济学家、社会学家共同研究的重要问题了。可见得农村未必没有脑筋优秀的人,因为环境的关系,没有发展的机会罢了。虽有崭然头角的优秀分子,因为环境的关系,常常不能安居于农村罢了。

农民子弟,虽有就学的心思,却少就学的机会。无论是高等,是中等,或是初等的农业教育机关,大多数设在城市的里面。普通的国民学校,设在乡村的亦很少。即是设在乡村的国民学校,无一不是城市式的学校。农民见其子弟所受的教育,不能适应其环境,不能有用于生活,对于教育的信仰,当然要淡泊了,这是我中华教育史上最可痛的事实。设以城市式的教育,教育农民的子弟,无论如何强迫,农村教育决然没有发达的希望。

所以我极力主张,农村教育,应拿"农"做事业,应拿"村"做中心。农村教育,不但要施行普通的教育,并且要担负改良农业的责任。农村师范,如果拿造就农村小学教育为目的,则其设施,断然要首先注重农事方面。顾先生说的好:"今日养成学生且耕且读之风,他日自安半教半农之习。"做学生的时代,只能读而不注意于耕,决然是不适宜农村小学教员的。做农村小学教员的时候,只能教而不能农,决然不是农村小学的良好教员。至于养成住居农村的习惯,虽然为农村师范学校应行注意的事,决然非设立农村师范的绝对目的。如果办理农村师范学校的人,只从养成村居习惯上着想,在农村上养成城市式的师范生,未免去农村师范的本旨太远了。

现在农村的状况,是最不幸的事。吾所希望的,固不在乎有习惯居住农村的教育家,而在乎身任农村教育的人,都有改进农村生活的能力。

吾们既认定农村师范的本旨了,可以进一步,讨论农村师范的设施。我个人以为改良农业,是农村师范的最大事业,亦是设施上最感困难的事。

改良农业很不容易的,一处有一处的情形,一处有一处的习惯,一处有一处的需要,各不相同。适于甲地的方法,未必可以应用到乙地去,况且是外国书本上的方法,更不必说了。外国的电机,到了中国,无论在何处,只要有相当的原动力及管理的人,都能够发电的。西洋式的簿记方法,到了中国,只要有需要的行家,都可以采用的。惟是经营农业的方法,总要根据地方情形,才能见效呢。

改良农业,虽然有一定的原理,但是原理的应用,各处都要变通的。所以改良农业,有两个先决的问题:一调查,二研究。调查的一件事,并不十分困难,农村师范的教员,或可做到的。讲得研究的一件事,非有相当的设备、精深的人才不可,断然不是农村师范可以从事的。那么农村师范学校,必须与农事研究机关,发生关系了。美国的农科大学,极力注意与农村小学联络,担任指导的义务,就是这个意思。顾先生希望办理农村师范的人,迅行联合,组织农村师范学校委员会,商定制度、课程,编辑教材,以及训育要旨、图书械器必备之要目。我以为农科大学专门教授，以及农事研究机关的技务人员，都有加入委员的必要。关于农事上的设施、农事上的训练，至少要采取专门人员的意见。如能常常请相当的专门人才，到农村师范去看看，指导指导，则更好了。这是我对于办理农村师范要商榷的第一点。

农村师范，事实上虽不能顾到研究及试验方面，却不可不有相当的农场。农场应分为两部：一部分为范作的用，一部分为学生实习的用。所种的作物，求要不求备，更不宜违背地方的情形，但是作物的种子，必须优良的品种。如能与高等农业教育或农事研究机关通力合作，则可将该机关所育成的良种来栽培繁殖。繁殖以后，即可分给与附近的农家，事半功倍，一举两得，岂不好么？作物的栽培，必须要根据最新的改良方法。只要求工作省、成本轻，而收获多，自然可以引起农家的注意。至于种种试验，切不要妄行尝试。因为一有失败，就要为农家诽笑了。"失败为成功之母"，可惜农民的眼光浅，不能知道这个道理。范作地最关紧要，应该要由教员亲自经营。耕作的时间，要招学生看看；收获的前头，要招附近农民看看，批评批评。范作地的失败，不惟丧失农家的信用，亦足以败坏学生的兴趣，学生看见教员在田间实地工作，当然可以奋勉得多，如能成绩优良，更加佩服了。教员自己不能工作，要教学生实习，难免能说不能行的批评。教员工作不良，要使学生确有经营农业的本能，万万做不到的。农村小学，要负一部分改良农业责任，都靠在教员身上。教员的改良农业本能，必须在当师范生时期养成的。那么农村师范的农场，是极重要的了。这是我要商确*的第二要点。

讲到改良农业这件事，是很不容易的，不但要有科学的知识，并且要有丰富的经验。这种经验，不是有无数的血汗、常时间的磨练，不能得到的。所以我极力主张，农业学校的学生，应该要注意农家的子弟。一则可以耐劳吃苦；二则本有少许的农事经验；三则毕业后实地经营的机会稍多。农村师范的学生，当然亦应该注意于农家子弟。有一个农村师范学校，招生的时期，大登其广告。试问农家的子弟，读报的有几人？招考的地点，在旧府城里地面**。去偏僻的乡村，有数十百里的遥远，一往一返，需时三五日，需费十余元。农家的子弟，够出此费用的有几人？考而不取，岂不是白白费了有用金钱么？农

---

* 原文为"確"，应为"榷"之误。

** 根据上下文语境，作者原表意应为"在旧府城的里面"。

村师范的招生,应该要在农村上去物色,或是托各处小学校物色,手续虽然麻烦得多,要招收真正农家的子弟,不得不如此。万一真正农家子弟,在高小毕业的很少,似乎不妨少为变通,招收在农村坐蒙馆的先生。这种私塾,早应该取缔的。但是实际上,现在存在的尚多呢。据说在南京城的里边,有百数十个的私塾,偏僻的农村,当然更多了。在教育不发达的各县,乡村国民学校的教员,高等小学毕业的亦有,高等小学未毕业的亦有。这种人材,似乎最好到农村师范去学习数年,最行服务*,方为正当。有学校而无适当教员,不如不有学校。不有学校,不过无教育而已,有学校而无适当教员,还要害人家的子弟呢。办理农村师范,要收相当的效果,不可不注意多收农家子弟。要多收农家子弟,断然非现在流行的招考方法可以做到的。这是我要商榷的第三要点。

农村小学,应以村为中心,我已经说过了。入学的儿童,不过村内的一小部分。村的重心,在乎年壮有生产能力的农人。所以农村小学,不但要教育农家子弟,还要注意于农民的教育。换一句说,农村小学,既要负改良农业的责任,不可不同时负教育农民的责任呢。人与业,有联带关系的。业既改良,人亦有上进的希望了。人既上进,事业当然更可以改良了。天天说改良农业,而忽略农民的教育,是无济于事的。农村小学,应该要时常开演讲会、谈话会、娱乐会,请附近的农民,到学校里边来看看,来谈谈,等到农民看待学校,如同他的大家庭一个样子,方可以说小学校的可以无愧呢。现在的农村,黑暗极了,风纪亦不好,这样可以改革不良的风俗,驱除农村的败类,亦是农村小学应负的责任。这种已饥已溺**的精神,应该要在做师范生的时候养成才好。这是我商榷的第四要点。

我不是农业教育的专家,上边所说的四个要点,不过从我心中一时想到的写出来,对与不对,还要请农业教育专家指教。

(原载《义务教育》1923 年第 20 期,3—9 页)

---

* 根据上下文语境,作者原表意应为"再行服务"。

** 根据上下文语境,作者原表意应为"己饥己溺"。

改良乡村学校实施办法之商榷

（1924 年）

过探先

"世界各国政府为长治久安之计，其最要之问题，莫如规定公立学校制度，使其人民不论父母之种族经济如何，均能享教育平等之利益。"此万国教育会议提议改良乡村学校案之理由也。

"中国有真正共和之希望，须先有生计宽裕，智慧开发之农村乡民……""乡村学校为改良乡村之基本，为中国以后五十年中教养三万万人民之唯一方法。""乡村学校为教育之基本，不仅因义务教育为儿童之必须；亦不仅因中国农民占所有人口之一大部份。实因一般情况对于乡村教育易于不注意，故常须提撕警觉之也。"此乃美国麻省农科大学校长白德斐博士调查中国教育以后，所发之感言。

抑乡村学校在完备之学制中为最伟大最重要之一事，久已尽人皆知，无待赘言。所应注意及研究者，在乎设施之方法如何耳。凡乡村儿童所受之义务教育，亦须与城市儿童所受者，其优美之程度相埒；并须合于乡村之特别情形，诚如白德斐之言。但"乡村小学在居民稀少中经费不易筹措，良教师不愿在乡村担任教课乡村教育农民，又不能负责需要教育之情形。各地又不同，有财力权力之人，均麕集城中。凡此种种，皆足以破坏真正良好乡村学校之地位"，亦为实情；不仅使乡村儿童得受义务教育，且须使之受相当之良好教育；不仅使乡村学校为教育机关，且须使之成为促进改良农业之中心。

准上述之目标，以后施乡村教育有须注意，或准备者数事，兹缕陈于下。

（一）乡村学校对于其所服务区域内人民之生活须有连带关系。乡村之人民，大半为农民，生活所需之智识，不外农业与村落，如土壤、如动植物、如气候，以及农作游息乡村生活种种，与其人民顷刻不离。如是村落中之男女孩童,对于农业教材之应用,不窅环境之中。天然教育随时随地皆可实验,此即自然科学也。其教育上之价值为训练观察力,增加兴趣,使学校生活中得真实之感想,此人人所公认。但其教法务健全,其教材务须切实,一本其当地之所产,不宜外袭于书本图画中也。

农民厌恶胼手胝足之职业,希望其子女稍受教育,以后得有超出村落之机会,实为心理之常。农村人烟稠密,耕地面积日形狭小,方法过于集约,则经济压力甚大。群向都市,以谋生活,亦为自然之趋势。在乡村上城市式的教育实有绝大之危险,岂仅不能适应受教育者之生活而已?如能矫正农民厌倦之心理,宽舒其经济压迫之势力,均非积极从生活上着想不可,决非空言所能奏效也。

(二)乡村小学不仅为教育男女学生之中心点且应为实施改良乡村之唯一机关。白德斐博士指示改良乡村之办法有三:(1)改良农作物与耕种栽培之方法;(2)改良农业经济;(3)改良社会生活状况。

特此种改良计划,非洞悉农村问题及其人民者不能作也。凡一村有一村之特别问题,即一村须有一村之特别计划;计划之范围不可太大,须举该村之重要问题,有切实解决之方法者。办理之例,如某村为产棉之区,其计划之大纲,约举如次。

(甲)改良该区棉作之品种,及增加其产额。

(乙)设售棉组合,使种棉者同时出息大棉花,庶可得公平之棉价。

(丙)教育男女儿童,及成年以上者,使彼等知种种及出售棉花最佳之方法。

"丙"项为乡村学校本身之业务。"乙"项须由农民自己组织乡村学校,居于指导及提倡之地位。"甲"项为农科大学,及农事试验场之责任。乡村学校,应与之合作协力进行。

乡村学校成立之始,即应酌请农业专家。如农科大学,或农业学校教员之类,详细调查该学校服务区域内之农业情形,及人民之生活状况,然后根据最新之农业智识,规定实施之方法,并进行之程序,而为学校设施之标准。

(三)乡村学校应有地方农民所信仰之领袖辅助其进行。现时之乡村学校,除与学董及乡董间有接洽外,与农民之往还极鲜,实为最不幸之事。如能得农民所信仰之领袖,辅助其进行;则农民乃能谅解学校为公共之事业,非学董或乡董所可得而私焉。

（四）乡村学校必须有良好之教师。乡村学校良好之教师，必须具下列之五端：（1）完全之品格；（2）适当之农业智识；（3）职业之训练；（4）相当之科学智识；（5）富有农村之同情。

教育为精神事业，教师必须有完全之品格，受教育者乃有善良之感化。无论城市与乡村，其理均同。而乡村之教师，对于品格尤不可忽。非有完全之品格，不足以引起农民之仰慕，学校均无发达之希望，安能望其履行化民成俗之业务乎？与品格有联带关系者，厥为年龄。乡村学校之教师有年仅十六七岁者，既无老成持重之态度，常见佻佻之行为；老农据以为口实，轻视学校信仰私塾，此其一端也。

乡村学校之教师，必须有适当之农业智识，乃能对于其所服务区域内人民之生活，发生密切关系，乃能为改良乡村之先导。所谓适当之农业智识，实包括理论，及经验两者而言。前者为了解农业问题之根基；后者乃实行改良所必需。白德斐之言曰："改良农业及增进农村生活之良法美意，须达到芸芸农夫，而实行有效，此诚极大事业也。仅有农事试验场及农业学校，未足以尽推广之能事，非鼓舞胼手胝足之农夫，群起而图，不能有真正之进步。凡吾辈改良农业之唯一目标，即在农夫。"传达专家研究之结果，于农民以改良农业，及增进农村生活者，厥为乡村学校之教师。农民对于口讲及印刷品所说之良法决不能发生信仰。乡村学校之教师，可以躬先实行，令彼等确信。凡所讲述者，均为事实，非有适当之农业智识，曷克为此！

有适当之农业智识，而无职业之训练，教授之技能，无由发展，未必即又为乡村之良好教师。职业之训练有原理及实践二种：如教育学、教育心理学教授法，关于原理方面之训练也；如教室参观、试教、田间示范等等，关于实践方面之训练也。

普通科学之智识，亦为乡村学校教师所必需。如生物、物理、化学、昆虫、经济等学，随与农业及乡村之生活有关，非有相当之智识，决不能寻绎一切学理及经验之根源也。至于公民学、人生哲学、社会学等各科目，其重要尤不待言；尚有一端，乡村学校之教师，决不可少者，为与乡村及农民之同情心；否则，决难久居其位。"师范生在求学时期生活舒畅，乡村生活简单；师范生脑筋繁复，农民脑筋鄙陋；师范生与农村真乃枘凿之不相入。"顾述之先生说，"师范毕业多不乐任务农村小学，且实际亦有种种不适宜；于是农学小学教育多操于不良教员之手。近岁义务教育，呼声日高，明达君子，急急焉以推广小学教育为先务。而所欲推广之小学十之八九,在农村乃愈觉造就农村小学教员之不可一日缓。"

江苏省师范学校爰有农村分校之设立。农村师范教育应以"农"为事业,应以"村"为中心。不但要施行普通师范教育;且要注意农事之训练,养成与乡村及农民之同情心。则今日可以"且耕且读",他日可以"半教半农"。良好教师之称,其庶几乎!

(五)乡村学校对于学校以外青年及成人之教育亦不可忽。乡村学校,不仅为教育男女学生之中心点;且应为实施改良乡村之唯一机关,前已言之矣。入学之儿童,不过村内之一小部分。村间重心,在乎年壮有生产能力之农夫农妇。所以乡村学校,不但要教育农家子弟,且要注意于农民之教育。换言之,乡村学校既要负改良农业责任,不可不同时负教育农民之责任。人与业有联带之关系。业既改良,人亦有上进希望;人既上进,事业当然更可以改良;改良农业而忽略农民之教育,不过成为口头禅而已。所以乡村学校应常开演讲会、耕作示范会、谈话会、娱乐会等。与附近之农民时相往还,务使农民视学校如家庭,发生亲爱之观念。主持教育者,方可以自慰耳。

环顾国中之乡村学校,合于上述之标准者有几?不能不起凤毛麟角之观。然据各地教育家之调查,优良之乡村学校,到处均有。加之二三年来邦人君子,对于农村教育,非常注意。以后俊良之乡村学校,日可增多,当可预卜。为今之计,诚如江苏义务教育期成会之言:"一方面宜注意培植师资,一方面宜就现有不称职之小学教员,指导以教授之方、补修之法,俾且学且教,而暂应一时之急。"世界教育会议,改良乡村学校案之第四条:"其成绩较良而经费支绌者,应与以省款,或国库,或省国共同之补助。"似亦不可不注意白德斐博士建议之实行改良乡村计划。实效办法亦列"省政府宜规定奖励条例,俾各村庄互相竞勉,以达完美之境"一条。盖不有奖励不足以昭儆劝也。凡此种种应以省为单位,组织乡村教育委员会研究而督行之。

闻江苏省义务教育期成会,受省教育界行政会议之托,将有集农村师范分校主任及办理农村小学有经验者,组织委员会,研究农村教育实际问题。愚以为委员会之范围,不宜过狭,以农村教育委员会命名,较为适当。会员不宜仅限于农村师范分校,及办理农村小学有经验之人。如教育局、省教育会、中华教育改进社、大学教育科、农科农校,以及农场都有加入之必要。委员会之职务,须注重在"就现有不称职之小学教员指导以教授之方、补修之法"。

所谓农村教育实际之问题，其重要莫逾于此。每省中规定一模范乡村小学之计划，以树模范。农村之基础，如有出类拔萃之农村小学，经委员会调查属实，应予以特殊之奖励。概括言之："农村教育委员会之职务，有调查、研究、指导、奖励，四端。"调查事宜、调查细目，由委员会规定。农村教育设施及农村状况二项，第一项由大学之教育科、各师范学校分区担任；第二项由农科、各农校以及各农场分别担任。

研究项目，由委员会根据调查之结果，分别敦请各专家拟订计划而执行之。研究之结果，随时印刷公布；并报告相当机关设法实行。例如设校之办法、教科目之增减、教材之审定等等。应由教育专家及有农村教育之经验者，公开研究。关于改良乡村之办法，则宜由农业专家以及各农事机关辅助进行是也。

有精密之调查，有切实之研究矣，而无相当人员担负指导之责任，未必能推行尽利也。如农村师范学校，关于农事上之设施、实习之训练，至少要采取农业专门人员之意见。而现时之中等农校，如以培养农村师资为其职务之一，亦必仰赖教育专门人员之指导，庶几对于职业上之训练可以充分注意焉。

指导现时之小学教员，莫如由教育科及农科，根据委员会研究审定之。教材依照时期编辑活页浅说，分送各教员自行补修；并于暑假年假期内，由各县教育局或师范学校酌设讲习会，责令各小学教员轮年到会讨论研究；并举行试验及实习，其范围即以所发之浅说为限。浅说分国语、算术、社会、自然、及农业五种。前三者由教育科领袖编辑，后二者由农科领袖编辑，付刊发行。如能另筹的款最为妥善；否则由书局印行，以极廉之价发售，用期普及。此种浅说，应用活页，所以留伸缩之余地，免抛弃之浪费也。

乡村学校合全省而言，为数必多，委员会势难调查周到。每年于三月前应由各县教育局选举该县最优良之乡村学校五所，报告委员会派员覆查，如果属实，给该校教员以名誉之奖励。有服务已满三年、连年得奖者，可分为甲乙二种：甲种于第三年给以奖金五百元，定为建筑该教员住室之用。此项奖金，由委员会支给。每县以二校为限，每年以十县为度，计共需洋一万元。得奖之教员，无故不得辞退。如有成绩变劣或自愿退休者，应将房屋交还教育局。自奖之后，如能再著成绩者，给以每年百元之年功加俸；乙种给以二十元至五十元之一次奖金，此项年功加俸及一次之奖金，由教育局支给之。

综述以上之计划，试以江苏为例如下。

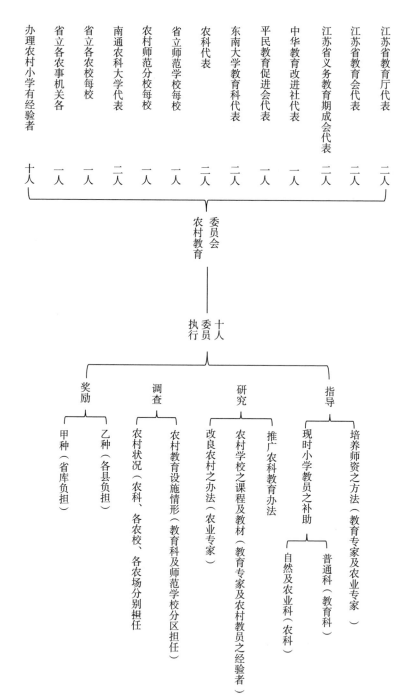

图 3-8-1 改良乡村学校计划图（以江苏为例）

（原载《新教育》1924 年第 9 卷第 1、2 期合刊，177—185 页）

我国农业教育的改进

（1925 年）

过探先

讨论我国农业教育的改进，不得不回溯到我国以前的农业教育是怎样。我国农业教育制度的不善、宗旨的差误、办法的不当，在书报上发表的，亦已不少了；可是对于农业教育已收的效果，尚少详细的调查、确切的统计、透澈的讨论。请就此一点，贡献我的意见罢。种瓜的得瓜，种豆的得豆；现在所收的结果是这样，因为从前所种的种子是这样；希望以后要得到应该得的结果，如今就应该预备播种这种的种子。

菲列滨大学*农科主任贝干说："农科大学的成效，可以就他的出产品观之。出产品有两种：第一是造就的人才；第二是研究的贡献。"贝氏曾根据这个标准，研究菲列滨大学农科的效果。造就的人才，有极高深的，大都在毕业后，再到美国去研究，然后再返校服务。人数虽不多，影响却极大，因为农科大学的进步，都在这辈高深人才的身上。其次要算是毕业后就出去做事的毕业生了。起初的数届毕业生，在国家农业机关里服务的很多；以后位置渐渐少了，毕业生自己经营农业的，一天多似一天。现在有许多得法的农民，散处在各岛，都是在农科读过书的。菲岛**农业的发达，不得不归功于这辈农学生的身上。饮水思源，尤不得不令人景仰栽培人才的农科大学呢！至于研究的贡献，尤觉不少，因为教授不但要教，且要自己有切实的研究，这是农科始终抱定的政策。发明的价值，贡献的繁多，看他们试验研究的报告，就可以知道梗概了。

我国农业教育设立的年代，虽并不较菲岛大学农科为后，而成效则有天

---

*　即今菲律宾大学，下同。

**　菲岛，即今菲律宾，下同。

渊的分别。前清的农业教育，尚可说是"大吏敷饰门面之举，充任校长者，类多候补府道，缺乏农事智识之人"，故于农民及农业丝毫无影响。民国纪元以后，各校校长教员大半都是农林出身的人，乃考察造就的人才，真实经营农业的，寥寥无几；服务于农业机关的，比较亦觉少数；大多数，还是在教育界做事。请看农业学生出路表＊，便可知其梗概了。可惜农业专门学校毕业生不能调查详细，表上所列的，仅有一校，仅有一届，不能代表普通的现象。但据曾在农专当过紧要职务的人，亲自告诉我：全体毕业生不在农业上尽力的有百分之七十呢。

我们再看中等农学生的出路是怎样。据我调查，一千零五十个甲种农校毕业生出路的结果，可称经营农业的，不及百分之三；在教育界服务的，几居百分之二十五；未详的，多至百分之三十四。勿怪对于农业教育怀疑的人，一天多似一天，农业学校的学生要一天少似一天了。

六七年来，美国提倡职业教育，不遗余力，中等农校，极形发达。一般对于农业教育怀疑的人，常常以学生不切实用为口实，但据潘省农科大学教授梅安《职业教育中农业的功效》的研究，在八千三百四十个农业学生中间，去实行种田的有百分之五十四；去经营其他农业的有百分之五；升入农科大学肄业的，有百分之八；升入其他学校的，有百分之十四；经营别种事业的，有百分之十；未详的，有百分之九。去实行种田的中间，与父兄通力合股的，有百分之四十八；做佣工的，有百分之二十九；自置田地的，有百分之十；租田而种的，有百分之七；担任管理职务的，有百分之六。农业学生的出路，有这样的成绩，方可以表示农业教育的功效。

我国的农情，与美国不同，农学生自营农业的机会不及美国多。某农校毕业生说"农业社会智识程度太低""宣传也是无效""实行更是难事""稍有成效，人家不来理你。略有失败，便讥笑我们"或者也是实情。但依我八九年的观察，觉得中国农业教育不能有美满结果的缘故，大半由于教材及教法的不当，所以造就出来的人才，不能切合实用。浙江省立农校学生顾君莘耕说得最爽快："莘耕学农六年，农校的情形，已知梗概。觉得办理的方法，太尚虚浮，不切实用，和普及农业教育的宗旨多相背谬。所以我们在校的学生，难得实在经验；毕业的同学，不见适用于社会。这是很可痛心的一件事。"

＊ 见文后附表（一）。

顾君"太尚虚浮,不切实用"八个字,可谓道尽我国农业教育的弊病。其他亦不必说了,让我们来讨论以后的农业应该这样罢。

民国十年夏天,全国农业讨论会第一次在济南开会,通过实施全国农业教育计划大纲。第一条开宗明义就说:"农业教育应以改良农业为目的,以研究农业、造就农业人才、推广农业为方法。"请就此三点,为我们讨论的根据。

我曾说:"农科事业,固以教授、研究、推广三者并重,不可偏废;实际上,不得不以研究为中心。盖农艺必须因地制宜,非若科学之原理,历中外而不变,机械之使用,亘古今而皆同。作物、土壤、农具之种类,既各处不同;耕种、栽培之时期,经营、管理之方法,亦复各殊。不先加切实之研究,则教授、推广,无论如何用力,必至徒托空言,无裨实际。吾国提倡农学二十余年而尚未收效,只以撼拾人慧不知研究为之也。非待研究稍有把握,不能凭空教授。非俟研究确有结果,不能有相当之资料。"

但农业范围颇广,中国之农业问题更多,有关于制度上的问题,有关于生产方面的问题,有关于农村社会方面的问题,有关于经济方面的问题,亦有关于避免灾害的问题。南北东西的农情,亦复相差极大;解决方法,当然不同;决非少数人所能囊括。并且各种问题,内容复杂,亦非一门的人材所能胜任。最好,全国农学家有相当分工及合作的组织。将各处所有农业上重要问题,审度社会需要的缓急,酌定先后,分配与相当的学者担任研究。如有疑难,可以互相切磋,讨论进行,所得结果,宜有公表方法,可以互通声气,互相策励。美国有农科大学及农事试验场联合会,就为了这个缘故。白德斐博士考察我国农业及农业教育以后,建议组织农业讨论会,讨论全国农业计划,及其进行方法,也就是这个意思。

七八年来,农校教员尽心研究的,尚觉不少。国立学校的东南大学,教会所立的岭南大学、金陵大学,私立的南通大学,研究所得的结果,亦颇不少。其他农业专门学校、农事试验场、中等农校对于农业科学的研求,多少不无贡献。但是没有具体分工合作的谅解,往往你做你的研究,我做我的试验,你不晓得我所做的事,我不管你所得的结果。重复的工作,既不能免;成绩的优劣,最生猜忌。才力财力如此浪费,岂不可惜?

况且国是尚未大定,各机关都随政治潮流,变迁太甚;即清高教育机关,难免不受影响。确能久于其任,做十年八年事情的人,很少很少。平时没有合作的组织,所以换了一班人,就要另砌一副的炉灶,旧令尹的心血付诸东流,新令尹的设施背道而驰。这虽是普通一般的困难,就农业研究一方面而论,关系更大。因为农业的研究,决非短时期所能见效的;杂难的问题,有须经长时间的反复考求,方能解决的;不像制造一部机器、分析一种物品,可以计日成功!

发表研究结果,没有相当的机关,亦是缺少合作组织的一种证据。达尔文的学说,随他的《物种由来》一书,风行天下;孟特尔的定律,因为登在不著名的杂志上面,埋没了三十余年。我们中国专门的杂志,销路太狭;刊行报告,散布更觉不广。各处图书馆,对于研究的著作,又都不能予以相当的注意,埋没有价值的研究,不知多少了。若在欧美,一种研究发表以后,摘要的摘要,评议的评议,讨论的讨论,不出一二年的工夫,普遍全国了。设使研究农业的人,有合作的组织,那末,公表成绩的方法,当然可以不必顾虑了。

农业研究,有相当的办法,就可以谈到造就人才方面了。查照全国农业讨论会通过的《中华职业教育社、中华学会提议,实施全国农业教育计划大纲及筹划经费办法》一案,农科大学担负"造就农业上各种专门人才的责任",农业中学担任"造就推广农业人才的责任",乡村农业的任务为"在校内以农业新智识及新方法教授农民子弟,在校外指导农民改良农业",不是造就人才的机关,很为明了。拿造就专门人才的责任,付给农科大学,当然亦无异议;但是我们根据已往的经验,对于中等农业人才的造就,觉得很有改进的余地,不可不加以透切的讨论。

农业教育的改进,应切实在"实用"二字上做工夫,而以中等农业教育为尤甚。不仅教材要切于实用,即田间的实习,平时的训练,亦应该注意于实用。从前贩运东西洋外国讲义书本的农业教育时期,已经过去了。但照在农校学农六年的顾君莘耕所说:"因为译本的书籍,不全适于本国的情形;或者教员有研究的心得,是译本所没有的;所以自编讲义。那末编的讲义,自然要适合本国的情形,及发展平日研究的心得。现在农校的教员,能够合上列二种条件的,固然很多;可是大都由外国书籍直接译出,一点不加增删。而于辞章倒做得焉丽辉煌、佶屈聱牙,绪论空谈,说得洋洋千言。琳琅满目,费时间又耗纸笔,而听者反觉厌倦。"当有积极改良的余地。鄙人常想,农业上的教材,不仅要就地取材,且要处处根据可靠的经验,加以审慎的考虑,方能切合实用。否则取"俯拾即是"的态度,或觉传述"无稽之谈",流弊尚较贩运外国讲义更大。九年前,江苏省发生了蝗害,官厅以为是东海虾子所变的,而农校教员即勤勤恳恳拿虾子来做变蝗的试验。数年前,又感受了螟患,而农校未将螟虫生活史切实研究,遽出了一本浅说,大谈其驱除方法。所以这本浅说的中间,有极可笑的差误。谈到实习,各农校虽已十分注重;但对于经济方面的观念,似太缺乏。我虽不赞同"实习取营利性质"的主张:"学校的农场,应该视学生的能力,每人分给若干亩,完全由学生自行种植,教员立于指导的地位。农具向学校借用,地皮肥料,出相当的价值,向学校购买。到收获的时候,集合贩卖,以生产的多寡,定实习的成绩,如有盈余,提出几分,作为奖励。"但我亦确信,"不论什么实习,只要栽培的繁茂,就算能事。勤力的,天天施肥,时时捕虫,不顾经济,不惜劳力。懒惰的,随随便便",也决不是正当的办法。因为农业是经济事业的一种,所以在实习农事的时候,处处应从经济方面着想。无论什么试验,都应该拿经济作中心。实习以前,要将应行事实事项,通盘计算,定一确切的规划;实习的时候,要将实习该项工作的宗旨、工作的手续,讲解明了;实习终了以后,要将学理栽培的优点、普通方法的缺憾,重新说明;务使实习的人,对于农事上利益有透澈的了解、工作的方法有纯熟的练习,到了毕业以后,方能有自己经营的把握。

从前我们中国的教育界,对于农业经济,很多误会。譬如到了日本,参观师范学校,见了师范生农作栽培地,都称赞他的收成丰富,六尺见方的面积,就有一元的左右产品。拿一亩来计算,收获总要在百元以上,似乎经营数亩的田地,就可以维持中等的生活了。这种观念,是不对的。农业经济的本旨,要问一个人的生产能力,不当问一亩地能产几何。师范生农作地的出产,虽然丰富;但是用去的劳力资本,能够不"得不偿失"么?一个人终日的工作,究竟能耕种几个六尺见方的面积?面积增加以后,出产仍旧可以如此丰富么?若是资本太大,断然不能做耕作的模范;若是仅能耕种几个六尺见方的面积,亦断不能藉此生活。我们要希望农学生经营农业,当然要拿增进他的生产能力为前提。现在农学生,经营农业的很少,就是为了他的生产能力不能与老农竞争生存的缘故。有许多农事试验的成绩,不能应用,也因为了经济上不合算的缘故。

我又常常想,教育人材,犹诸制造器具一般。器具的精窳,固然视匠人技能的巧拙;但是所用的材料,也有绝大的关系。"竹头木梢",用得其所,是良工的责任。教育人材,当然要按照受教育的"性之所近"和他的志愿;若是"强人所难",无论教育的方法如何完善,恐终难免"事倍功半"。我曾看见城市中十七八岁的青年,因为家庭清苦的缘故,读书不能在小学毕业,学商又不能成就,受了农业职工科二年的教育,就成了一个很能吃苦很能工作的实行家。我又看见专修农业的学生,在校修业三四年,农业智识所得无几;一到实习,更觉畏缩不前;选读心理教育等学科,兴趣亦极平常;但是毕业以后,得有专修动物学的机会,就成了一个很有成绩的学生。他的剥制动物标本的技能,尤觉精良,在中国境内,可称数一数二。我讲了这两个事实,因为觉得现在中等农业学校的教科不能适应学生的志愿和需要。有人说:"农业学校是造就农业人才的",谁也不能反对,但是我们看了甲种农业学生出路*以后,就可觉悟了。经营农业的,连在农业机关服务的计算,不到百分之二十;在教育界服务的,有百分之二十五,这百分之二十五中间,至少三分之二是小学的教员。农业学校毕业生去做了小学的教员,虽是不应该的,但事实上却已经如此了。与其"掩耳盗铃"强行注入"一知半解"的专门学识,何如俾有补习图文、史地和选习心理学、教育学、教授法等科目的机会,尚可应用于未来的职业。

农业学校毕业生升学的亦不少,据表上所载,有百分之二十;志愿升学的,实际上决不止此,在农业发达的美国,农业学生升学的,尚且有百分之二十二。我在江苏省立第一农校的时候,曾经调查过历届新生的志愿,毕业后,要想升学的,总在百分之五十以上。可是因为国文、英文、算学三项不能与普通中学的学生竞争,升学非常困难。用功的学生,不惜将三四年晚上两点钟自修的工夫,都化在这三项科目的上面,才可以得到升学的希望。不用功的学生,要在毕业以后,补习一二年,方敢去考大学。农业学生出路表上,"未详"一项多至百分之三十四,断然有好许多志愿升学而不能达到希望的在里面。所以我极力主张:农业学校,固以造就"农业人才"为宗旨,对于师范教育及升学预备,也应有相当的注意。我去年草拟新学制农业课程,除中级为纯粹之职业学校外,高级的课程分为必修的普通科目、必修的专门科目、选修的专门科目、选修的普通科目四类。有志经营农业或在农业机关服务的人,可以多选专门科目;有志在教育机关服务的人,可以选修关于师范的科目;有志升学的人,则不妨选修国文、英文、数学等普通科目。我这种"三组式"的方法,似乎要比刻板的旧办法好得多,还请诸位同志指教。

有人说:"农业学校是为造就农业人才而设的;有志做教育事业的人,尽

---

* 见文后附表(二)。

可到师范学校；有志升学的人，尽可到普通中学。农业学校，应该要在招生时注意，不应将办法迁就，以致失却本来面目。"话是不错，但是说一句老实话，去进农业学校的人，大多数因为不能进师范或中学的缘故。拿广义的农业教育来讲，有多数对于农业有智识的人，在教育界或在政商界服务，在农业前途的发展，亦是很有裨益的。现在农业的不发达，农学的不能得人信仰，因为对于农业有兴趣有同情有真实眼光判断的人太少，也是一个大原因。

讲到推广农业，方在萌芽时期，固无所谓改造。但是推广事业的进行，比较研究更难。推广事业的重要，确乎不亚于教授。因为专家研究的结果能否引起农民的信仰，农业人才的出路能否促进农业的发达，都在这"推广"二字的身上。

总一句说，以前二十年的农业教育，确有使人失望不能满意的地方。以后农业教育的前途，要看农业教育界改进的努力如何。请偕诸同志服膺法国即西农学院甘院长在新中国农学会的演说词，互相勉励罢：

> ……希望诸位，于普通智识以外，必求一种特别实地致用的智识。此种实地致用科学，有两种用处：一个是使人信仰的要素。因为诸位在农业经济范围以内，能够实地做一部分科学智识的证据出来。一个是现实的要素。因为诸位既有相当的智识，而又有新式的工具，必能预定得到一种为社会所注目而仿效的较优收获……

附表（一）　农业学生出路统计表

| 校名 | 届别 | 人数及百分比 | 升学 | 就事 | | | | | 未详 | 死亡 | 合计 |
				经营农业	农业机关	教育	行政	其他			
北京农业专门	某届	人数			9	9	8	2	7		35
		百分比			25.7%	25.7%	22.85%	5.7%	2.0%		
南京高等师范农业专修科	一届	人数			8	13				1	26
		百分比	15.38%		30.77%	50%				3.84%	
	二届	人数	4		2	12			1	1	20
		百分比	20%		10%	60%			5%	5%	

校名	届别	人数及百分比	事别								
			升学	就事					未详	死亡	合计
				经营农业	农业机关	教育	行政	其他			
浙江省立甲种农校	一届	人数	1	5	12	15	1	1	16	9	60
		百分比	1.66%	8.33%	20%	25%	1.66%	1.66%	26.65%	15%	
	二届	人数	3	2	2	6		3	6		22
		百分比	13.63%	9.09%	9.09%	27.27%		13.63%	27.27%		
	三届	人数	4	5	5	4			7		25
		百分比	16%	20%	20%	16%			28%		
	四届	人数	4	2	8	3		1	11	2	31
		百分比	12.9%	6.45%	25.8%	9.68%		3.22%	3.55%	6.45%	
	五届	人数	3		10	5		2	24	2	46
		百分比	6.5%		21.7%	10.87%		4.348%	52.17%	4.384%	
	六届	人数	1	2	7	3			20		33
		百分比	3.04%	6.06%	21.21%	9.09%			60.6%		
江苏省立第一农校	一届	人数	1		4	6		3	3	1	18
		百分比	5.55%		22.22%	33.33%		16.66%	16.66%	5.55%	
	二届	人数		1	5	3		6	2		17
		百分比		59%	29.4%	17.64%		35.3%	11.76%		
	三届	人数	2		11	3		1	8	1	26
		百分比	7.7%		42.3%	11.54%		3.84%	30.77%	3.84%	
	四届	人数	14		16	7	1	5	21	1	65
		百分比	21.54%		24.6%	10.77%	1.53%	7.69%	32.3%	1.53%	
	五届	人数	8		14	16		4	17		59
		百分比	13.57%		23.73%	27.12%		6.78%	28.8%		
	六届	人数	9	1	7	19		2	15		53
		百分比	17%	19%	13.2%	35.85%		3.77%	28.3%		
	七届	人数	6	3	2	17		3	14		45
		百分比	13.33%	6.66%	4.44%	37.77%		6.66%	31.11%		
	八届	人数	6		4	13			34		57
		百分比	10.52%		7%	22.8%			59.65%		

校名	届别	人数及百分比	升学	就事					未详	死亡	合计
				经营农业	农业机关	教育	行政	其他			
江苏省立第二农校	一届	人数	7		3	8	2	1	3	1	25
		百分比	28%		12%	32%	8%	4%	12%	4%	
	二届	人数	7		7	13	1	2	10	4	44
		百分比	15.9%		15.9%	29.54%	2.28%	4.56%	22.8%	9.09%	
	三届	人数	1		10	7	5	2	7	1	33
		百分比	3.03%		30.3%	21.21%	15.15%	6.06%	21.21%	3.03%	
	四届	人数	3		8	16	2	1	7	1	38
		百分比	7.9%		21.05%	42.1%	5.26%	2.63%	18.42%	2.63%	
	五届	人数	5		4	12			5		26
		百分比	19.23%		15.38%	46.15%			19.23%		
	六届	人数	2		7	19	1		10		39
		百分比	5.13%		17.95%	48.71%	2.56%		25.64%		
	七届	人数	4		6	10		1	17	1	39
		百分比	10.25%		15.38%	25.64%		2.56%	43.6%	2.56%	
	八届	人数	9		2	16	1	1	30		59
		百分比	15.25%		3.39%	27.12%	1.7%	1.7%	50.84%		
江苏省第三农校	一届	人数			8	6	1	1	20		36
		百分比			22.22%	16.66%	2.78%	2.78%	55.55%		
	二届	人数	3	1	2	7	1	1	4		19
		百分比	15.79%	5.26%	10.52%	36.84%	5.26%	5.26%	21.05%		
	三届	人数	4		3	6			7	2	22
		百分比	18.18%		13.63%	27.27%			31.81%	9.9%	
	四届	人数	4		1	12			11	1	29
		百分比	13.8%		3.44%	41.38%			37.93%	3.44%	
	五届	人数	9	1	4	5		2	6	1	28
		百分比	32.14%	3.57%	14.28%	17.85%		7.14%	21.42%	3.57%	

续 表

校名	届别	人数及百分比	事别								
			升学	就事					未详	死亡	合计
				经营农业	农业机关	教育	行政	其他			
江苏省第三农校	六届	人数	5	1		9			23	1	39
		百分比	12.82%	2.56%		23.07%			59%	2.56%	
	七届	人数	3					1	13		17
		百分比	17.64%					5.9%	76.47%		

附表（二） 甲种农业学生出路总表　　　　（单位:%）

事别		校名				各校总平均
		浙江省立甲种农校	江苏省立第一农校	江苏省立第二农校	江苏省立第三农校	
升学		8.92	11.15	13.07	15.76	12.22
就事	经营农业	8.32	1.81		1.62	2.93
	农业机关	19.63	20.86	* 16.42	9.15	16.51
	教育	16.32	24.55	34.06	23.29	24.55
	行政	0.25	0.19	4.37	1.16	1.49
	其他	3.783	10.08	2.69	3.01	4.89
未详		38.11	29.92	26.72	43.32	34.52
死亡		4.299	1.36	2.66	2.78	2.77

注：＊或有经营农业的在内。

（原载《教育杂志》1925 年第 17 卷第 1 期,1—10 页）

农业教育之曙光

（1926 年）

过探先

　　吾国号称以农立国，农业者在社会上之地位，虽仅次于士，而樊迟请学稼，孔子非之；许行言神农，时人鄙之。农业之失学亦久矣。艺林辨土，经验是问；深耕易耨，习惯是从。虽农之技术，著有专书及散见于各篇籍者，足以汗牛充栋，而无人分别归纳之；以致旧说相袭，绝少科学之证明。唐宋之远，劳心劳力之分愈严，而学与业之分难愈甚。士子唯性理之学是务，帖括之艺是尚，农之为学，乃更淹没而不彰矣。

　　吾国之有农业教育，实始于前清光绪之中叶，张文襄实倡之，盖已三十年前于兹矣。大学专门中学实业，名称即无不俱备，实验有室，试验有场，设备亦应有尽有。然学与业之影响若何？学以致用之成效若何？主其事者既竭其力复尽所能，似尚不足以解世人之惑焉。

　　世人对于农业教育之成绩，虽多非难；然就农业教育之本身而言，确有曙光之可见。然此曙光之发现，为时尚暂。曙光之分布范围尚小，发挥而光大之，尚有待于吾辈努力耳。

　　曙者晓也，晓之前为夜，夜之时多梦。吾国以前农业教育之未见曙光，亦由于恶梦之长耳。前清办学者，大都为官僚，则作当差升官之恶梦。民国初元，主教者易为留学生，则作抄袭贩货之恶梦。及其梦研究之梦，梦推广之梦也，而曙光见矣。前清为学生者，大都以出身为目的，故每作留学做官之梦。民国初元，受教者鉴于生活之竞争，故每作校长场长之梦。及其梦新农业之梦，而曙光见矣。

　　农业教育之曙光，可分为校内及校外两项言之。

　　农业教育之曙光，见于校内者，概举之有三：一曰，教授方面之曙光。尝溯昔日之教授农业课程也,始则空谈东西之旧说,继则翻译国外之课本。转辗抄袭,陈陈相因,是否适合于农情,勿顾也。毫无实施之可能,不知也。甚至中等农校所编之讲义与高等师范或农业专门所发者一字无异。乙种农校之所修习者,皆为中等农校教授之科目。学非所用,用非所学,有由来矣。今幸教学两方,都已彻底觉悟。学者即不以讲义之繁多,估量教员之渊博。教者亦不以高谈阔论,博取学生之奖借。虽本国尚乏适当书籍,不得不藉外国所印刷者为参考之用,而教授时所举之引证,都为本国之实例;实验时所用之材料,都能切合于实用矣。二曰研究方面之曙光。又尝回想昔日之所谓研究矣,聚十百之品种于不足十亩之田地,美其名曰品种试验,而品种之混杂,勿顾也。划一二分之小区,施行耕种不同之方法,美其名曰耕种栽培之试验,而土质之异同不知也。甚至沿袭谬说,以鱼子为孵蝗之试验,妄行输种,不思天时地土之非宜。凡此种种,为十年前亲见之事实。今则研究渐趋于正途,方法一本乎科学,棉作稻麦玉蜀黍之育种,以及除虫防病之试验,均见相当之成绩。各种试验之方法,都知今是,而昨非矣。三曰,推广方面之曙光。吾国学校,以“教死书”为唯一之任务。主校政者,固不注意推广之业务;为教员者,尤不知推广为何事。推广二字,见于吾国农业教育史之中,仅七八年耳。最初推广之方法,注重于演讲。演讲不足以动众,则益之以图表及留音机等。讲者虽舌敝唇焦,听者仍影象不深。且来集者大都为绅商之子,农夫则极鲜,故所收之效极微。近则推广事业,集中于乡村。推广计划,趋重于合作。推广方法,注重于实地之示范,改良种子之普及。是则可喜可贺也。

曙光之见于校外者,概举之亦有三端。

一曰,实地经营者之渐多。吾国士与农之生活程度,相去颇远。业农者既绝少求学之机会,学农者尤不能从事于耕种,以实行其所学。无论专门中等农校之毕业生,大都消纳于官史教育之途,归农者百不获一也。三四年来,学农者之观念骤变,渐知趋重于实地之经营。有愿弃去教授职务,赴西北组织垦植公司者;有利用课余之暇,经营植棉公司者;有辞去场长而为种苗公司之经理者;有纠集同志而从事于制种事业者。如果得有相当之效果,则从事于斯者,必将日增而月盛,其故亦可得而言也。

(1)学者渐知经营农业,确有利益可图也。如纱厂联合会办理之郑州及江浦植棉场,面积较大者,历年均能得有盈余。如本校之种苗、女子蚕校之蚕种,销路日广,几有供不应求之势。不唯足以表示社会之信用,亦所以授学者经营实业之机会。

（2）学者对于经营事业之方法，渐有把握也。昔日农学之教授，趋重于书本，今则注意于实习。昔日习农之学子，埋头于讲义，今则注意于应用。研究与教授，相得益彰。学理与经验，互相为用。斯所以教材能日趋于实际，而一矫言之非艰，行之维艰之消也。

（3）学者渐知经营农业，为投资最安全之方法也。近年来战事纷起，工商衰落，自交易所风潮以后，投资者视为畏途。学者对于商业，素形隔膜，尤有无所适从之憾。而便宜之土地人工，到处即是，农产品之价值，日渐增高，经营自易得利。况地价之增高，可操左券。即平时不能得有盈余，数年之后，亦有大利可图乎。绅士式之农民，或不合于乡村之本色，然应用科学之农业，端赖有知识者开其端而示以范也。

二曰，社会颇能注意于农业，不如以前之漠视。近来食粮之腾贵，制造原料之缺乏，随在足以促进社会之猛醒。纱厂家之提倡植棉之推广，面粉厂家以提倡小麦之改良，丝厂家之关心无毒蚕种之制造，盖已有年。虽农业改良收效甚缓，所得成绩，或不足以压提倡者奢望。然商人期望农业改良之切，固未尝稍减也。又如除螟一事，在民国七八年之时，虽经官厅竭力提倡，而绅学淡然视之，农人对于农业改良之态度，似亦不如往昔之深闭而固拒，一闻演讲展览之有日，如期而至，惟恐后人。一见佳种良法之有效，索取摹仿，惟恐不及。故演讲展览之会，虽在穷乡僻壤，到者恒在数百。优良种子之发给，虽有数十吨之多，而向隅失望者，每有其人。如棉种，昔日无价给与，而尚不愿种植者，今则愿以种易种矣。如蚕种昔日无价给与，而尚不愿饲养者，今则愿出高价以得之矣。孰谓农民守旧泥古而不化哉！

三曰，服务人员之觉悟。吾尝见农业机关场长之服务矣，高靴长袍，徘徊于田间。又尝见农事机关技术员之服务矣，伏案深思，妄造试验之结果。其饱食终日，无所用心，而仅作发财之想者，固无论焉。深幸近数年来，农业机关服务人员之态度，颇有觉悟气象。否则农学之信用，几何而不为之堕落而无存耶！昔日之服务于农业机关者，每怀劳心劳力之谬见，今则都知非躬亲服役，不能得真实之结果。昔日常作劳力少而报酬多之妄想，今则自愿吃苦节俭以自奉矣。昔日每愚而自用，今则虚心考察，谨慎将事，不致妄断臆度矣。躬耕于畎亩之中，饭蔬食而饮水，鞠躬尽瘁，而无倦容者，大有其人矣。

农业之曙光，见于校外者如此，见于校内者又如彼。有校内之曙光，斯能见于及校外,发挥而广大之,则不久即见天日。农林之事业,或将如日之方中,普照于天下。设校内之曙光如爝火之一见,或竟阴云四布,则不久又将长夜。农林之事业,或将迷梦之孔多,绝鲜发展之希望。何去何从,是吾辈农林学界之努力如何耳。

(原载《金陵光》1926 年第 15 卷第 2 期,4—6 页)

金陵大学农林科之发展及其贡献

（1927 年）

过探先

三年前,中华基督教教育会之农业教育委员会,举行南京会议,讨论农业教育之具体计划,凡所议决,均为农业教育上之重要问题;若农业之推广、乡村生活之改进、乡村服务人员之训练、乡村教育之方法、全国农业改良之中心等等,靡不讨论纂详。到会人员均认定农业教育应为基督教教育之最重要最应该注意之部分。考其理由厥有四端:

（一）中国虽称以农立国,而一向基督教教会之事业,多偏于城市方面。

（二）宗教虽于乡村人民有极密切之关系,及绝大之贡献;然一切之传教工作,每每偏于精神方面,而忽略乡村生活之改进。

（三）新式教育,虽已逐渐发展;然真正农民之子弟,入学受教育者极鲜。即就乡村学校之设施而论,与乡村之生活,亦有背道而驰之憾。

（四）农民虽居全国人民四分之三,而乡村社会之休戚安危,似尚未为都中人士所重视;故为补救已往起见,乡村社会实为社会服务者最广大最重要之处所也。

基督教会注意农业教育之重要,实由中华基督教教育会农业委员会于民国十三年二月,南京会议以后,始有明显之表示。然农业委员会之设置,实发源于白德斐博士报告之建议。而白德斐博士之报告,则根据吾国农业教育之现状及其实际需要也。

吾国农业教育之最急切之需要,莫如组织完善、事业切实之高等农业教育机关。盖有此高等农业教育之机关,则农业教育始有中心之枢纽;有此健全之枢纽,则各部分之动作,乃能推行尽利,而无阻碍之虞。金陵大学之农林科,即系根据国家农业教育之需要而成立,并以教会服务乡村之枢纽自任焉。

夫吾国之有农业学校，亦既三十年于兹矣。初等则有所谓乙种农校者，大都为县地方经费所设立。以全国而论，校数之统计，不下数百。近年以来，因无显著之效果，纷纷变更其名称及办法矣。中等则有所谓甲种农校者，即新学制中之农校高级中学，大都为省区地方经费所设立，每省设有一校或数校不等。校数虽日有增加，但其发达方面，殊不及昔日之盛。基督教会所设之中学，教授农学者，亦有数校，如华中、济汴、峄县、宿县、福州等处是也。以高等而论，有部立之北京农业大学，山东、山西、河南、四川、江西、广东之农业专门学校，皆在金陵大学创办农林科之前。现在其有扩充范围，成为省立大学之一分科者，如山东、江西、广东等省之农业专门是也。此外，尚有国立东南大学、私立南通大学及教会设立之岭南大学与燕京大学之农科，皆在金陵大学农林科成立以后创办者也。综观近年来，国内之高等农业教育，确有发扬蹈历之气象，与日就衰颓之中等农校确有天渊之别。而吾校之农林科，则有特殊之历史、确定之业务；于国家，于教育，均有相当之贡献，远非其余之高等农业教育机关所可同日语也。请依次分别述其大要如下。

一、历史上之沿革

金陵大学农林科之创办，实始于裴义理君，前既言之矣。裴君之动机则由其办理赈灾之经验，尝于教授之暇，以己饥己溺为怀，力行其救灾恤邻之愿。前清宣统三年，受命承办吾国北部工赈事宜，奔走于乡村田野之间者数阅月。一方并鉴于吾国农民生活之困苦，农林事业之急需提倡与改良也，遂毅然决然欲实现其农业教育之志愿。次年鼎革，南京为临时政府成立之地，而兵燹之后，疮痍满目，大江南北屡遭水灾，民生更困。裴君挑灯潜修之时，常闻待毙呼救之声。爰纠集同志，而有"义农会"之组织，专以召集贫民开垦荒地为任务。当蒙孙中山、黄克强、张季直、唐绍仪、程德全、伍廷芳诸公，认为"办法甚善，至公无私"，并愿"竭力襄助，速观厥成"。困难虽多，而裴君兴农救民之志愿弥坚。尝亲自督垦，躬耕种植，并感新农业知识之不足，领袖人物之缺乏，爰于民国三年创办农科，翌年添设林科。会北京农商部所立之林业学校，有解散之议；遂由该部商定，将该校学生转送本科肄业，并于相当时期，补助经费，以资发展。青岛大学林科学生，亦因欧战影响而辍学，由上海华洋义赈会之林务委员会，资送转学，前来肄业。鲁皖滇赣四省，均资送官费生,分别学习农林两科。旋于民国五年,将农林两部之事务,合并成立今日之农林科。

本科成立以后,深得各省区政府之注意及赞助。民国九年,山西阎省长曾特派高材生十九人到校,分习农林专门之学。又山东每年特设津贴官费学额三名,安徽则有八名之多。十年于兹,未尝间断。莘莘学子,受惠非浅。

民国十年,与本校合作之四公会,即美以美会、基督会、长老会及浸礼会,各聘专门教授来校,担任职务。本科事业,乃日益巩固。本校亦因各教会以及各处农事机关,时感乡村服务人员之缺乏,乃于十年秋,附设农业专修科,造就农林实用人才,辅助农业改良及推广之进行。并为造就乡村学校教师起见,于十二年春,复添乡村师范科,另建校舍以便训育;并附设示范小学三处,以为学生实习及教师研究之用。民国十二年,美国对华赈款委员会将余存之赈款一大部分,捐助本科,作为基金,以其息金用于防止灾荒事业。十三年,复得洛氏基金社之中国医学委员会、美国对华赈灾委员会与美国士女之捐助,建筑农林学院,翌年落成。院之位置适与科学院相对,计分四层。第一层,除作物实验室及种子储藏室外,均为办公室,下层为教室。第二层为研究室、实验室及标本室。第三层为大讲堂、绘图室、储藏室,题名"裴义理堂",所以纪念农林科之创办人裴义理先生也。院内之布置悉取最新之科学方法,朴实合用,参观者称之为中国现时唯一之农林学院。本科得此设备,事业乃日益发展矣。

前两节所述,为本科基础之发轫。上节所述,为本科发展之概略。经政府之提倡,基础愈行巩固。经教会之辅助,事业乃益发展。然本科与政府之关系,不仅如上述之事实;而辅助本科之发展,亦不仅限于教会方面。本科于民国十年,由教育部派员调查,结果农科方面准予立案。而十四年冬,复予正式认可。民国九年,本科得中国纱厂联合会之合作;翌年,复得上海纱厂公会之辅助,举行棉作之试验。民国十一年,美国丝业公会捐助巨款,以为建筑之用。万国合众蚕桑改良会,约定每年定购大宗蚕种。于是改良中国蚕业之计划,乃得进行焉。

二、业务之发展

本科业务之宗旨,与其他高等农业教育机关相同者有三:改良中国之农业、增进农民之幸福、辅导农村之开发是也。其为本科特殊者有二：提倡教会之乡村化、辅助教会尽力于乡村事业是也。实践宗旨之方法，概别之，有研究、教授、推广三事。分别摘要，述之如下。

（一）研究之成绩

农业之范围极广，故应行改良之事项极繁。惟绌于人材之缺乏，困于经济之不充，不得不将研究事项，择其最切实用、最关重要，而又为能力之所能及者，勉力进行。其他不甚重要之事项，或虽重要而非现时能力之所能及者，姑置之以俟异日。

研究实为本科事业之中心，以其与教授、推广二者，均有密切重要之关系也。间尝论之，科学之原理亘古今而皆同，机械之动作历中外而不变。惟农学与他种应用之科学不同，有历史之导源，有民情风俗之背景，有天时地土之关系。因此改良农业之方法，决不能袭取他国之成效，勉强应用，一成不变。故农校之教授事业，非俟研究事业发达以后，决不能得到满意之结果。举行推广事业之先，尤不可不先事研究。盖改良农业，决非空言鼓吹所能济事，必须有确切适宜之办法也。农民之信仰，亦不能仅恃口舌而得之，必须有真实可靠之材料。确切适宜之办法、真实可靠之材料，乃研究之结晶也。

本科研究事业，大都根据于防灾计划。此项计划，在接受美国对华赈款委员会之余款时，所订定者也。分目列举，似觉烦琐，兹取其最重要者，述其概略如下。

1. 森林之研究

森林与水灾旱灾，间接或直接，均有密切之关系。规定振兴与管理森林之政策，以节制土壤之冲刷、水流之奔泻，实为吾国防灾计划之最重且大者。故本科森林之研究，除树木种类及应用诸事外，尤注意于下列各问题：(a) 特派专家分赴各大江河流域，调查研究森林与冲刷之现象，以及适当之防止计划。(b) 森林及林产与防灾之关系。(c) 森林苗圃及造林之适宜方法。(d) 各种树木对于造林上之价值。(e) 森林之管理方法。

民国十三、十四年之暑假，罗得民教授，曾偕同助教学生等，赴山西研究黄河上游土壤冲刷之问题。调查之纪录及研究之心得极为名贵，兹已陆续整理刊布矣。十五年，后承上海华洋义赈会之嘱托，研究淮河流域冲刷及淤塞之原因。惜因崔苻不靖，兵戈扰攘，未能照原定计划全部调查。然就所得记录及心得言之,贡献已经甚大。项正编辑报告,加附建议,以便寄与华洋义赈会当道,作为防灾之参考矣。森林之滥伐,致成过速之水流,过度之冲刷。水流过速,冲刷过度,实为水旱灾荒之最大原因。故是项问题,已成为世界之普遍问题。前年美国惠斯康新大学农科主任罗绥尔博士来校时,曾谓"本科森林研究之成果,不惟可供国人之参考,且足以为欧美各国之警惕焉"。

2. 农作物之改良

增多民食之生产,改进农民之经济,实以改良作物为捷径。本科从事于斯,实始于民国五年。自得防灾基金之辅助以后,该项事业,乃为订定防灾计划中之重要事项,益见发展。

成绩之已著者,有小麦、美棉、中棉及玉蜀黍。在南京得改良小麦种三种,在安徽宿州得一种,产量均较本地原种增产不少,品质亦较优。二三年间,历年繁殖,散给农民试种,结果良好。美棉服习中国风土者有二种,品质纯良,产量不恶,在乌江等处极得农人信仰。中棉之改良种,即由附近上海棉田中选得。其纤维之长,棉铃之大,出类拔萃,难能可贵。江阴等处农人试种者,均称满意。

农作物之种子,最易受天时地土之影响。甲地改良之种子,未必适宜于乙地。故改良种子,应在各处试种,确有成效以后,方能推广。本科有鉴于此,特与山东之峄县、潍县,河南之开封,安徽之宿县,湖北之武昌等处之教会教育机关,订定合作办法,设立育种场,从事试验,以期养成适宜于各该区域内风土之良种。尚有江苏省立第二农事试验场、无锡小麦试验场,及江苏省立第二农校等农业机关,亦与本科合作。公同试验育成之良种及该地著名之品种焉。

本科农作物改良事业之发展,实赖康南耳大学之助力。附设于该大学之纽约省立农科大学允由该科植物改良系,每年派一专家来校辅助作物改良之实施。该专家薪金,由洛氏基金世界教育社担任;川资及在华费用,则由本科担任。前昨两年,世界著名之作物育种专家骆伟夫及马安思两博士,因此莅校,并亲赴各处指导选种方法。去夏在南京开暑期作物改良研究会,各地农业机关人员代表来会肄习者,二十余人之多,均愿变通仿康南尔大学最新育种之方法,以期早见实效。

3. 农业经济之研究

是项研究,先在常见灾荒之区域进行。因现在常遇灾荒,区域内之农民经济状况、农业生产情形，以及生产减少之原因，苦无切实之调查，可为研究之根据也。三数年来，实地调查所得之记录颇多，现在陆续整理，发表报告。如农村调查表格及说明，中外人士奉为调查之圭臬。芜湖一百零二家之社会的及经济的调查、农家生产生活之经济状况，缕晰明了。江苏之昆山、南通，安徽之宿县，农佃制度之比较，以及改良农佃问题之建议，对于田主与佃户关系，状况之不良、改善之需要以及改善之方法，言之详尽。乡村社会区划的方法，是为计划乡村中心事业之辅助。直隶之盐山一百五十家之社会的及经济的调查，较诸芜湖之调查，更为精密。不仅农事方面，多所讨论，即家庭人口食物等问题，莫不旁搜靡遗。其他如乡村之劳动问题、销售农产之改良、各物灾荒与历史地理之关系，与物价、社会人口消长之变迁，均将相机进行。

4. 合作社之试办

合作社之组织，最有益于乡村之经济；欧美成法，是否适宜于吾国？有无应行变通之处？非加切实研究不可。本科农业经济及农场管理系，初受华洋义赈会之委托，办理"丰润合作社"已历数年，觉有扩充试行范围之必要。故于去秋自行筹备款项，积极进行。新近成立之"借贷信用售销合作社"，有十余处之多。

5. 蚕桑之提倡

蚕桑为农家最良之副业，于灾荒区域，尤为重要。考其不发达之最大原因，在于优良桑苗之不足，以及蚕种之多病。故本科对于桑苗之培养，无毒蚕种之制造，最为注意。两三年中，每年出产之桑苗，在十万左右。每年制造之无毒蚕种，在三万张左右，常觉不敷分配。至于桑树种类之比较，蚕病之防除方法，一代杂种之制造，秋蚕之提倡，虽已备有具体计划，以限于经济，尚未能尽量进行为憾。

6. 农作物病虫害之防除

吾国农作物之病虫，种类极多。每年农家所受损失，为数颇巨。本科对于病虫之防除，悉心研究，积极提倡，直接足以增加农民之收获，即所以间接防免灾荒也。是项研究，颇有结果。如小麦及高粱之黑穗病等，均已得有简单而切实可行之防除方法。现正从事推广，以期普及。

7. 兽疫之预防

兽疫在吾国素称猖獗。常见全村之耕牛，一家之鸡群，疫毙殆尽。农民遭受损失,束手无策,是皆无相当预防之设施所致。本科已由细菌学教授吉普士博士,发明牛疫血清简单制造法,成本极省,效力则极大。尚拟精求,以期完善,方可发表推广云。

8. 乡村教育设施之研究

欲求乡村之进步,必先注意于乡村领袖人物之培养。乡村小学教员,最相宜之乡村领袖人物也。标准的乡村小学教员,应为乡村之子弟,且富于改造社会之同情,而愿不计功名利禄,以服务乡村为其终身事业者。标准的乡村小学,应为乡村生活之中心,且能主动提倡作物改良、病虫之防除,以及卫生运动等等之事业。乡村小学,乃推广农业之中心;而乡村小学之教育,不啻为农学专家与农业界之介绍人也。本科为培植是项人材起见,特由乡村教育系主持,办理农业专修科,及乡村师范科、附属小学若干处,藉以为研究乡村教育设施之资焉。

9. 植物之采集

我国植物种类之繁,及其可供培养者之众多,久为世界各国所注意。近年美国政府及商家送托就近采办中国特产苗种甚多。本科认为对于中国植物,有采集研究之必要,特设植物标本室,派定专家主持,搜罗分类。一方敦请各类专家,审查鉴定。已经定名分类之"中国植物标本"有九千余张,计二千七百余种。尚未整理之重复标本,有一万余张,将为交换及出售之用。复承美国斯密爽龄研究院*特设之"国际交换部"允以美国博物院所有之中国植物标本,与本科所有者,互相交换。此项交换标本之办法,永将继续进行。本科植物标本室,得此交换以后,复益以历年之采集,对于中国植物标本收藏之富,或将在亚洲首屈一指焉。

10. 农业书籍之编目

吾国古农书籍,素称丰富。因审办归纳之无人,以致旧说相袭,绝少科学之证明。世界农学,日益昌明。书说报告,汗牛充栋。不下分类编目之功夫,难为学者之参考。本科有鉴于此,特设农业书籍研究股,附属于图书馆内。专以搜集中国古农书籍,征采国外名著,分类编目,便利学者参考为职务云。

---

* 即今美国斯密森研究院(Smithsonian Institution)。

（二）教授之状况

本科为培植专门人才起见，实行选课制。农林本科学生得本其志愿，视其性质之所近，选习一部。现在共分四部，各部均有规定之学程。部之名称如下：（1）农业经济、农场管理及农村社会学；（2）生物学（包括动物、植物细菌，植物病理学等）；（3）植物生产学（包括作物园艺、作物育种学等）；（4）森林学（包括造林及森林管理，树木、森林经济等学）。选课时，由指导员指导。指导员由农林科主任就教授中荐举，由校长委任。

举办各种农林事业，必先培养人材。吾国农校开办虽久，然农林人才时感缺乏。故本科对于学生之领袖教育，亦极注意。四五年来，学生渐多，顷将近四年间之学生数，列表如下。

表 3 - 11 - 1　金陵大学农科学生数

时间	人数（人）
民国十二年至十三年	67
民国十三年至十四年	95
民国十四年至十五年	110
民国十五年至十六年下学期	121

本科为造就一般有志于农业，而能在本乡农事上推广改良之人员起见，附设农业专修科。所定课程注重实用，上午授课，下午实习，以期理论经验，互相阐明，养成实际之人才。

本科又为造就乡村学校之适当教育起见，附设乡村师范科。招收之学生，不仅品行端正，体质健全；且须稍有农业经验，实地工作，不辞劳苦；对于事业之前途，有澈底之了解，而急公好义，甘愿牺牲，认定从事乡村教育，为其终身之职志者，方为合格。

近数年来，附设之两科均有相当之发展。农业自修科社会需要尤甚。每期招收学生，因限于设备，均有不能尽量容纳之憾。

（三）推广事业之成绩

改良农业，及增进乡村生活之良法美意，必须达到芸芸农夫，实行有效，方算成功。故仅有农事试验场及农业学校，未足以尽推广之能事。非鼓舞胼手胝足之农夫,群起而图,不能有真正之进步,故本科以推广与研究及教授相辅而行。教员为职务所限,势不能常到乡间,其与农民最相亲近者,故便莫过于农业推广员。农业推广员之责任,不仅在传达专家研究之结果于农民,亦所以采风询俗,慰劳问苦,抉择农村及农业上之问题,以备专家之参考、研究之张本及教授之资料者也。

今将去年推广员周明懿先生之报告,摘录如下。本科特设推广系,仅及两年。目的在调查我国农人困难问题,藉供本科之研究。一方将本科改良之佳种,及改良之种植方法,介绍于农人。年来(十三、十四两年度)本系专员曾分赴长江及黄河南北各省从事调查宣传,所到地方,共计九省六十二县。开会演讲共五百六十四次,到会人数合计十六万四千一百七十六人。每次出外推广,皆由各地同志先期函约日期及工作地点,然后本系将约定地方,按其途径顺序前往,以期减少耗费。本系专员演讲之处,大概可分数类:(1)大集会农人做买卖的市场;(2)迎神赛会之处;(3)实业机关所在;(4)学校所在;(5)教会所在;(6)热心团体所在。

推广之方法分演讲、开展览会、实地试验,及短期教育四种。

1. 演讲

演讲最忌空谈,非有图表器具,表示实在情形,不能使听众了解而有兴趣。本系备有此项用品甚多,每出必携与俱。兹将用品分列于后:(1)图表;(2)照片;(3)标本(如农产物);(4)幻灯;(5)电影;(6)化装器具衣服等。

本系所制图表共有一百二十余种,均能令阅者触且惊心,注意改良。特制之照片甚大,亦极明显。最佳者有四十余种。标本系用实在农产物制成,可使农人一见即能明白其中意义,并能发生欣赏。兹将其最佳者列举如下:(1)小麦标本二十件;(2)棉花标本五十件;(3)蚕桑标本三十件;(4)玉蜀黍标本一十件;(5)防止病害标本五件;(6)农具五件。

幻灯影片共有二百余件。其中最完全者为养蚕与植棉两种。电灯影片系本校自制,现仅有三卷,尚不完全。俟今年种作时,再行实地添印也。化装用品、帐幕布景、衣服用物俱全。上述各物,本系均可代制。

2. 开展览会

展览方法亦分数种如下。

(1)混合的。集合各处出品,在一处展览者,如本系前次在江苏吴江县开会,集合三五农校,成一大展览会。出品固多,然目的则不一致。

（2）统一的。仅有一处物品展览者，如本系在各处用本校之物开会展览。比之混合的展览会，较有系统，能令到会参观者，注目于本系所欲引起注重之事件。然亦有困难之处，即农人恒不自信，能改良至相等之程度是也。

（3）合作的。由本地农人选择最佳物品，与推广员携带之物品，一同展览。如本系在山东潍县、河南开封、安徽乌江，预约农人在收割庄稼时，选择极良物产，至某时某日，开会比赛。有时亦有学生在学校园农场所选得之极良物产，到会比赛，同时将本校之物陈列与之比较。如此最能引起当地农人之兴味及信任。会后并颁发奖品鼓励之。此种赛会每年均有举行，以为促进农事之改良。

3．实地试验

空口演讲，听者往往以为言过其实，不甚相信。至于开展览会则不然，此事虽然可以令人信服，但以农人富于保守性，难以令其照样实行。本系因此特别注重实地试验以启发之。

（1）卖种子。凡乡间有大集会之时，本系每将麦种、玉蜀黍种陈列市场出售，其情形与市场办法略同。农人察知较之市场出售者佳，故乐购用。本系在南京城外常常行之。

（2）耕地。在集场外行人较多之地，本系常用牛一头，拖本校之改良犁耕田，农人聚而观者极众。

（3）种庄稼。本系在安徽乌江乡村小学，设有农场一所。此场位于市口，与农庄相接。所有本校改良佳种按时种之，每季收获均佳。耕地时恒用改良之犁。因此现今该处农人用本校种子者极众，并借用本校之犁耕地。

（4）洒药除虫。本系专员在山东潍县，尝于农田发生虫害时，商之田主，代为施用药剂。其后，据农人云，施用药剂者生长好，收成多。

4．短期教育

（1）每年各处暑期学校聘请本系专员前往担任教授者甚多。大抵均注重农业实用课程，及改良乡村方法。如去岁暑间，外间来函聘请者，竟有七处之多。十四年夏间，本科特开农业暑期学校，入校者二百余人。

（2）本系专员每到乡村学校，必留心考察一切。若见教授方法上或设施上有不当之处，即商请主办之人设法改良，间或实际表演。

（3）本系专员每到乡村学校时，必劝主事者创办学校园，并指导设施之方法。

（4）化装演剧乃社会教育之最易发生效力者。本系专员每在乡村间化装表演各种应行改良之风俗习惯及其方法。

本系之责任除调查乡间问题，为之设法解决外，并介绍改良种子及种植方法。故每至一处，必谋与当地之官绅牧师或学校接洽，以谋永久之合作。并设法能与各地常通消息。

在此二年中，凡本系专员，足踪所及之地，各界人士对于农业增加信仰及兴味不少。本校改良种子因推广之力，散出者极多。各处来校学习农事者益众。各处小学校因之增设校园者亦日多。其效力最著者，为各省教会对于农村服务，已大变其昔日之方针矣。

三、显著之贡献

本科发轫于拯救灾荒之宏愿，所有事实根据于防灾之计划，直接所以谋民生之安全康乐，间接即所以图国计之巩固充裕也。本科同人之所朝乾夕惕者在此，本科之所能贡献于社会者亦在此。

本科之发展本有赖于四公会之辅助，故除实施防灾之计划以外，尚有提倡教会乡村化之责任。吾国农村风俗颓败，民生困苦，物质精神两方，均有改进之必要。昔时教会之工作，地方教育之设施，均有偏于城市而忽于乡村之憾。本科拟视其能力之所及，充量辅助各教会在乡村所作之事工，以期乡村社会之事业，日浙发达；乡村教会之基础，日臻巩固。本科同人之所奋勉自励者在此，本科之所能贡献于教会者在此。

溯自本科创办之始，经费艰难，设备简陋，教授学生，寥寥无几。旋经前主任裴义理之苦心缔造、现主任芮思娄之锐意经营、教职员之协力同心、教实两界巨子之热诚赞助、社会官厅之认真督促，事业日隆，贡献渐多。若森林之提倡、农作物之改良、农业经济之调查、家畜及农作物病虫害之防除、无毒蚕种之制造、农业教育之推广等等，分途并进，已见成效。假以时日，必更可观。凡所贡献，或公告于《年刊》，或露布于《新报》，此外，则详载于《丛刊》。《丛刊》所载者为各专家研究心得之贡献，已经刊布者至三十三号，每月自二千册至五千册不等。至于供给乡村服务人员阅读，则有用通俗文字刊布之《浅说》，已出十七号，每号自三千册至一万册不等。供给农民之读物，则有《农家浅说》，已刊一号，计五千册。年报除英文者不计外，有各部进行之报告，已刊六号，每号千册，专以普及农村知识及消息为宗旨之《农林新报》，已出至九十一期。除交换不计外,长期定阅者计二千余份,随时刊布。报告各系事业概况之《农林科通讯》,已出至十一期,每期刊行八百份。每年本科教职员撰著之文字,发表于国内各杂志报章者,为数更多,均在都人士洞悉之中,无待赘述。批评自有社会之舆论。一年之中,奖誉之函,不下数十通,决非一人之私语也。谨再就前章之略而未述、述而不详者,概况补充,列举十端如下。

(1)本科防灾之研究,在中国为唯一的事业。

(2)有森林专科者,除北方之北京农大、山东大学农科、南方之广州中山大学外,本科在中国之中部,实为唯一之高等林业机关。

(3)森林与水奔冲刷关系之研究,不仅在中国为创举,亦足以引起世界之注意。

(4)中国之有农业推广,本科实首先创办。其方法多为各机关所采用。

(5)本科之推广事业,日益进展。直接受惠之农民,每年至少在十万人以上。

(6)农业调查及乡村社会之研究,本科首先以科学的方法研究之。发表之报告切实精翔,足以矫正空言叙述之习惯。

(7)本科之作物改良方法悉本最新之科学原理。事业之影响,足以促进国内各农事试验场之革新。

(8)本科植物病害及牛疫预防之方法,均合于实用,裨益于农家之经济甚巨。

(9)本科每年自产优良桑苗十万株,精选无毒蚕种三万张,为中国蚕业机关中之事业最大,成绩最优,而用费最省者。

(10)本科农业专修科以及乡村师范学校,素以"教""学""做"三者并重,足为中国农业及乡村教育特开生面。郭仁风教授所著之《乡村学校农业教科书》,注重设计实习,中外人士均认为最切实用之教材。

近年来时局扰攘,无时或息。民生凋敝,与日俱增。而本科事业不惟从未间断,而能照常进行;且社会上之声誉,亦随时增加。虽困于经济,不能为尽量之发展;然社会之希望愈大,而本科同人之责任亦愈重。同人不敢以经济之艰难,为苟安之计;亦不敢以时期之幼稚,为卸责之辞。故敢述其概略,昭告邦人。尚祈留心农林事业,热诚防灾诸者,有以匡其不逮。幸甚!

(原载《金陵光》1927年第16卷第1期,4—16页)

农业教育的分工合作

（1928 年）

过探先先生讲　邹锡恩、包淑元记录

现在报上对于分工合作问题，常有讨论。李石曾先生也曾提倡过，故分工合作办法，已成为现在重要问题。因为一个人不能把一切事都干下来，于是各人就各人能力，去做各人的事，结果彼此获到相互的利益，这就叫分工合作。《孟子》里许行耕田而食，而以所余的米去换布絮、釜甑、农具，这就是分工合作。无锡人做泥人，他们要经过好几种手续，打坯的、敷粉的、着色的等等，才能成功。这也是分工合作。就是细小的动物，如蚂蚁蜜蜂等，也各有专责，酿造的、采蜜的、生育的、抗敌的，各司其事，分工合作，才能维持它们的种族。不独动物如此，就是植物也是一样。譬如豆科植物，根上常寄生许多根瘤菌，这种寄生的核瘤菌，能够吸收空中的游离淡气，供给豆科植物的营养，而豆科植物，对根瘤菌也给与相当的养料，根瘤菌得以生存，彼此相互合作。倘然豆科植物而无此根瘤菌的寄生，则生长必不能蕃盛，此根瘤菌而无豆科植物，也不能生存，必定互相合作，才能达到共生共存的目的，这是植物的分工合作。兹将吾人一身来讲，耳目口鼻手足，各有功能，各不相侵，也是分工合作，才能完全人的行动。再如人身系结合许多细胞而成，外边的细胞即皮肤，当尽他保护的责任。而内部细胞，当尽他营养的责任。分工合作的证例，既如上述，在植物界动物界，都可以随处看得到。故所谓分工合作，其原则为"各尽所能，各取所需"。如内细胞与外细胞各尽各的能力，各有各的责任，而分工合作的目标，是"求生活"，如蚂蚁蜜蜂等，它们天天工作，是为甚么？就是求生活。至分工合作的办法：（一）交相为利，不能损人利己；（二）分配平均。

我现在根据分工合作的"原则""目标""办法"，依次叙述之。我们学农的人,应当如何分工? 如何合作? 农业是应用各种科学的原理定则而成的一种科学,同时并因袭天时地利风俗习惯而实行的。科学家与实行家,是不能分离的。即如我们农业界有二种人,一种是实行家(农夫),一种是我们学农的人(科学的农业家),二种人必须连络。倘各行其是,则农夫方面,得不到农业科学的应用;农业科学家,也不能以研究所得,应用于实际,因之农业永远没有改进的希望。故现在所最重要的,是科学与劳动实行合作。

现在中国所缺少者、急需者,即引导农民以改良农业之人才。所谓引导农民、改良农业,就是求科学与劳动联合起来,实行分工合作。我们要农业改良,所以产生农业学校。农学生就是出去引导农民求农事上的改良,求切实的与农民合作,故一校之中,先须分工合作起来,此校与彼校间,亦须分工合作,兹先就一校说:(一) 教授;(二) 研究;(三) 推广。没有研究而教书,是空洞的;有研究而不教书,他的研究,永远不能宣传出来,而埋没,也是无用的;有了研究而教书,似乎对了,但不能普遍到一般农民,也是不能实行;要实行他的研究,有赖于推广了。这三种互有连琐的关系,而不可偏废的,须切实合作,方能收巨大的成效,而达最后的目的。兹再就此校与彼校及其他各农事机关言,从前有一种很不好的现象,就是各农校与各农业机关各做各的,或且自誉自己的优长,诋毁人家的不好,这是过去的事情。现在各校应常就"课程""研究问题""推广地的分配"切实分工、切实合作。同时"大学与中学""中学与小学"也切实地分工合作起来,既得省却许多谓的繁琐,又能获得合作的实效。以上分工合作问题,希望大家多通声气,切实研究!

(原载《教育与职业》1928 年第 96 期,436—437 页)

农业训育问题

（1929 年）

过探先

此篇系本科科长过探先先生受中华职业教育社之嘱托于上学期所草成。现值各校改革之时，爰录之报端以备从事于农业教育者之批评参考焉。

农之为业，虽已数千年。农之有学，实近世纪事。农业教育之历史，在欧美只有六十年，在日本为四十年，在吾家则仅二十年耳。

农业教育之历史，在欧美虽不足百年，而收效则甚宏。日本早吾国，仅有十年，而成功则若霄壤。论者每谓经费之多寡，设备之良楛使然，抑亦农业训育之不同所致欤。

考诸欧美农学与农业，本甚沟通。故学者在学之时，对于农学之研求，兴趣盎然。毕业以后，对于农业之经营实地设施，不闻农业训育之名词，而诸生职业之观念，早已潜移默化于不知不觉之间矣。

征诸日本，职业教育与专门教育在教育上，殊途而同归。在系统上，绝然不相统属，似学与业，稍稍隔胲矣。然农业教育，注重实际，不尚空谈。教者富于经验，学者亦来自田间。加以课外作业、乡村运动种种之辅助，故农业之训育，亦不成为问题焉。

而吾国则不然。最初农业教育之设施，不过备教育之一格。教者缺乏实地之经验，故不得不空袭东西之旧说，国内又绝少农事之研求，足供教材之选择，故不得不翻译国外之课本。学者亦毫无真实之目的，只求进身之阶梯，故实习则敷衍塞责，谋业则困难倍多。学非所用，用非所学，有由来矣。

夫训育岂易言哉！普通教育训育上之问题，已颇费研究。职业教育之训育，则更难着手。职业教育之训育，以农业为尤难。而农业之训育，在吾国尤为不易解决也。

吾国农业训育问题，最重要而最不易解决者，撮述之，盖有三端。一曰训育上之先决问题。农业性质与工商业迥不相同，故言农业之训育，亦断不能以工商之训育比拟之。余尝论之，机器之构造，马达之使用，在国内国外，均属相同。经济之原理，计算之方法，在南方在北边，亦毫无分别。故言各国之工商教育者，只须熟悉各种机械之使用，各处市场之变迁可矣。言工商之训育者，只须实践耐劳吃苦之主义，灌输准绳之观念，以期技艺纯熟、处世忠实，而教学之能事尽矣，而农业则果何如乎？吾国农业有四五千年之历史，教育无论如何完善，决不能撤去历史上之背景，而改弦易辙也。吾国农村已呈固定之现象，科学无论如何万能，亦决不能违反社会上之趋向，而变头换目也。南北之农情迥殊，宜于北者，未必宜于南。寒燠之气候无常，一年之经历，未必能应用于他年。吾国之谈农业教育者，都非来自田间，阅历本甚浅薄，本身所受之教育，又偏于学理方面，未必适合农情。教材既转辗抄袭，陈陈相因，课外又放任自然，不负训育之责任，宜其所教者，仅属纸上之空谈，所学者毫无实效之可能也。

苟欲一洗已往之积习，而求农业教育之实效，自非注重于农业训育不可。然吾国之农业，有特殊之情形。故其训育之设施，有先决问题在焉。先决之问题唯何，曰学生之来源是矣。

训育譬诸制造，学生犹原料也。制造必须有适当之原料，庶几制造之手续易，而出品精良。无相当之材料，虽以公输子之巧，不能成器也。吾国农业学生之不能成器，因由于琢磨者之不得其道，要亦所用之原料不当所致。今日吾国农业之最需要者，不在多制新式之器具，而在将旧有者设法改良，俾增广其效用而已。故吾十年之前，即主农业学校，应多收农家子弟。庶几因材使教，容易为力，成器以后，不致用非所学。农业学校，多收农家子弟，则训育之见效，事半而功倍。有农业之真实观念，足以坚其学农之志趣，一也。有农事之日常经验，足以与学说互相证明，二也。有农村社会之起居习惯，足以祛除扦格之弊，三也。身体强健，能耐实习之劳苦，品性质朴，无都市奢华之习气，四也。且所学之科目，如果切于实用，则归而告之于父兄，不啻为农业之间接推广。毕业以后，即不能服务于农业之公共事业，而实行于家庭，固亦未可为毕其所学也。欧美日本农业教育之发达倍于吾国，而毕业生绝少感受出路之病苦者，职是之故。

惜吾国农村与都市之生活,隔胲太甚;学与业之程度,相去太远。乡村之教育未发达,业农者绝少求学之机会,经济之压迫日益加甚,业农者或竟无求学之可能。以致农校学生之来源,来自都市乡镇者十有七八,来自乡村者十之二三焉。农校学生之出身,十之八九为绅商学界之子弟。来自农家者十之一二焉。学校之程度愈高,农家之子弟愈少。学校之规模愈大,城市之子弟愈多。菽麦且不辨,遑论农事之经验;耰锄且不胜,遑论田间之工作。教者虽循循善诱,学者仍毫无兴之经趣。训育虽想尽方法,而志愿仍游移莫定。关于农业之科目,自修之工夫极少,而于无关重要之英文算学,则孜孜是务。入校仅一二学期,则相率转学矣。主持校政者,以为级数太少,有碍预算,人数太少,有碍观瞻,不得不重登广告,招收插班。而来者仍为城市之子弟也。在学之时,既无一定之志向,故毕业以后,几至无事不可为。幸而得有服务之机会,亦以经验学识之不足,不克展其所长。不幸而赋闲家居,社会且将视为高等之游民。若欲冀其实地经营,以符造就人材之本旨,则百不获一。即有发愤有为实地经营者矣,往往以经验学识之不足,而失败者,又踵相接也。余尝统计学农之弟子矣,数百人中,能真正称为实地经营,不负培植之宗旨者,实属寥寥无几。实地经营之人数及成绩,往往与程度之高低适成反比,专门不如中等,中等不如职工,足证吾忏悔之言为不虚。余在中等农校时,亦会调查学生之家属状况,及其来学之志愿矣。余又曾见刘君伯量对于农夫学生之农事测问矣,其结论尤足以证明吾言之不诬也。

余论农业训育之问题,首先揭明农业性质之特殊,而以农校多收农家子弟为先决问题者。诚以照现在之学生来源而言,虽有精密之训育方法,不能奏效,且有无可设施之苦焉。

二曰训育之方法。吾国昔日之教育,注重于人品之陶冶。教者以身作则,学者风行于下。切磋琢磨于日常举止行动之间,固无所谓训育之方法,而亦无须乎是也。自学校之教育兴,任教授者,以编讲义、上课堂,为其天职。而以管理训育学生之权,委诸少数之管理员。教与育折而为二,而训育之方法,殆成为研究之问题焉。

吾国学校最初之训育,偏重于消极方面。所用之方法,所有之设施,惩恶则有余,奖善则不足。自动教育之主义以起,则训育之方法乃渐趋于积极。然自五四以后,自治之说盛行。组织规章,虽日趋于繁复,究其实际,不啻自流于放任。所谓种种之训育方法者,不过为学校之装饰品,即有实行者,学生能否得有实益,亦属疑问。

就农校而言,以前所用之训育方法,与普通中学师范无异。良以专门教员,大都为国内外大学毕业。学识虽高,而于训育之经验则甚缺乏。且训育为烦琐之事,所需之时间颇多,亦为专门教员之所不喜。故虽有规定训育为科主任或指导员之责任者,实际上科主任或指导员并不负何种教育之责任。其所指导者,亦仅限于教课方法之商榷。一切训育上之责任,不得不委诸管理员。管理员固多师范出身,熟悉训育之方法者。然对于农业之训育,则甚隔胲。故凡有所设施,大都偏于公民智识方面。而于职业上之陶冶、技术上之训练则甚少。况专门教员,不负训育之责任,起居或不自检,致受学生之指摘。则管理员之所训育者,亦有一曝十寒之苦痛乎。教与育分为两途,教授与训育分为两职,实为农业教育上一大缺憾,亦其成败所由分也。

农校学生,固亦公民之一份子。普通之训育,决不可少。然为他日致用起见,应有关于职业方面之训育。农业训育之最良方法,厥为农业设计。设计之实习,由学生亲自工作,足以养成自动之学风。设计之指导,由专门教员亲自担任,足以矫正不负责任之习惯。设计之商榷,由教员学生,共同行之,足以增进员生接触之机会。如能仿照美国农校之家庭设计办法,设计之工作,由学生在家庭中实行。教授常偕学生至其家庭,亲自指导,则更足以促进学校与家庭之联络。推广农业智识之普及,利益更多矣。惟设计之事项,无论在家庭或学校内实行,均须合于地方情形、学生之志愿,并有确实负责之指导员,于计划之先,如能得有学生家长之同意,则更为妥善。设计之工作,必须有完全之记载。所用之方法,所费之时间及经济,以及收获结果等等,均须详载无遗,随时由指导员查察校正。设计之事项,应与教科互相联络。如教授作物学之时,即以耕种栽培作物为设计之事项;教授畜牧学之时,即以管理牲畜为设计之事项是也。学理与实用互相证明,学生之兴趣愈浓,而设学之信用愈著矣。设计之问题,并应适合学生之程度。务于数年之间,得有各种重要农事之充分实习一种之设计。如果指导得宜、计划适当、工作充分,无须复习之机会。实施设计教育之困难,不在于计划方面,而在于指导之周到。指导应由专任教员任之,并应常川巡视学生实习之场所,考察其工作之是否适当,记载之是否确实,纠正其谬误之所在。凡所视察指导纠正之事项,均应详载于日记,为日后训育之参考。学生关于设计之记载,极为重要。不惟可以养成记载确实之习惯,且亦足以陶冶经济之观念也。

设计之种类,按照其目的分类之,则有四种:(一)生产之设计。以经济生产为目的者也。(二)示范设计。以表示最适宜之工作方法为目的者也。(三)改良设计。以实施农事上之改良方法为目的者也。(四)经营设计。以练习经营之原理为目的者也。学生之兴趣,大都在于生产之设计。故最初之设施,应注意于生产方面。一俟得有成效,再行兼及其他之事项。

吾国农校,多设立于城市之中。家庭设计,实行之机会固少,然设计之方法,未必无实行之可能。设计之实习,除农场外,所需之设备极少。现时各校之农场,如将农夫数目减少,地面亦足数分配。所难者,实为指导员之问题耳。

三曰训育之人员。训育之责任,专门教员应负而不知负,管理员知负而不能负,固为人人所见之事实,无可讳言者也。管理员不能负农业训育之责任,前已言之矣。赘述之,概有四端。管理员大都非农校出身,于农事无亲切之兴味,无相当之谅解,一也。管理员如无职业方面之经验,难得学生之信仰,有不能以身作则之憾,二也。普通训育之设施,有与职业违道而驰者,如参观通商大埠、举行靡费之同乐大会等类,三也。训育而不能得专门教员协助,每有一爆*十寒之虞,四也。专门教员不知负训育责任之原因,亦有五端。专门教员,本身缺乏训育之经验,一也。昔行计时授薪之办法,专门教员所任之功课太多,或兼职累累,无余暇可以顾及训育之设施,二也。学校既设有管理专员,在教员以为训育之责任,已有所归,三也。教员大都寄居校外,及时而至,授课而去,校外之交际太多,则在校之时间极少,四也。现时各校课程之编制,教授之方法,类于呆板,毫无训育之意味,五也。凡此五端,均实施训育之障碍。一日不解决,则训育之人员,一日无办法。专门教员,一日不能担负训育之责任,则农业训育之问题,一日不得解决。农业训育问题,一日不解决,则农业教育之功效,一日不得发展矣。

(原载《农林汇刊》1929年第2期,16—22页)

---

* 根据上下文语境,作者原表意应为"曝"。

观世界农业

中美农业异同论

（1915 年）

过探先

诗曰"他山之石可以攻玉"，吾国有志之士，苟欲阐明科学，发达实业，自以借助先进之欧美为上策。惟农业一科，吾国每自称为世界冠，欧美则后进也。因之士夫或鄙之而不学，或学之而不能用。劳力于陇亩者，大都不学之徒。水旱频仍，虫害相侵，委诸天灾流行，而不知补救之方。农夫囿于一隅，族于斯而葬于斯。殖民之政策，不闻不问，东南已有人满之患，而西北空虚如故。诩诩然欲以四千年古法之耕牧，敌工竞商战之世界，难矣。北美农业，足为吾国法者，不在实验之方法，在于科学之观念。欲效法，当先了其短长，欲明其短长，当先研究其与吾国异同之处。爰作中美农业异同一篇，质诸当世，以为后日逐一详论农业各科之本，管窥蠡测，不无缺漏。有志之士，不吝切磋则所赐多矣。

一、性质之异同

农业之性质，视天时、地土、习尚而殊。北美居西半球之北，吾国居东半球之北，其经纬雨量寒温几相若。惟北美西隅，滨太平洋，而吾国之西陲，则界山原。北美地土，经冰山磨成（Glaciation）者半，成于冲积者亦半；吾国则多冲积土（Alluvial Soil）、风积土（Eolian Soil），经冰山磨成者绝少。以习尚论，则吾国为古农国，重世业，士之子恒为土*，农之子恒为农。北美则不然，农民大都来自欧，辟草莱，躬耕牧，不数载而笈盈囊充迁居于都市为富家翁。其子女，或营工，或业商，鲜有三世为田舍翁者。加之北美地广人稀，士夫济济于工商，则农夫愈少，田地自贱，田地贱，则易得，农夫少，则非广耕而不足以尽

---

* 根据上下文语境，作者原表意应为"士之子恒为士"。

地力,而济民食。吾国工困商贫,不能容农民之抵注。农民又不学无术,胼手胝足,不足以赡五口之家。此吾国所以行力耕之制(Intensive Farming),闾里尚属空虚,而北美尚广耕之制(Extensive Farming),反得家给户足也。

行广耕之制,则废田地。行力耕之制,则废人工。以每一亩计,则力耕所得较多。苟以每一工计,则广耕制胜于力耕远甚。试以下表证之〔下表采由怀邻氏所著《农业管理学》(Warren G. F., *Farm Managment*)〕。

表 4-1-1　不同作物之每一英亩所得

	每一英亩所得 (单位:美金)	每一英亩之盈余 (单位:美金)	每一工所得之盈余
果园(力耕之一例)	101	38	每英盈余中百分之 23
燕麦(广耕之一例)	26	6	每英盈余中百分之 33
秣草(广耕之一例)	15	6	每英盈余中百分之 63

初观必谓种一英亩(acre)果树,胜于种一亩秣草远甚。待以种果树及种秣草所需之资本、肥料,及人工合计之,则种果树而得之百元,盈余未必较秣草而得十五元者为多。盖不当仅问每亩所得几何,当更问每夫每年能种若干亩也。故无论中美,农业上最要之问题,宜注重于增进每夫之岁入,岁入增,则生计高,而国民程度亦因之以日进矣。

北美农民,不及全国户口十分之二。每夫所耕,平均约百五十亩(英亩＝中亩六亩),合中亩几及千。中国每农所耕,不出十亩。故以十分之七之人民从事耕种,犹患农民太少,未辟之草莱,不独累累于西北,即荒弃之地,于东南亦复不少。回顾北美百五十年之前,适如中国今日之现象,工艺未发达,商业未推广,八口之家,老幼均尽力于耕牧,犹患不足。鲜有能顾及读书游历,及一切社会上之交际。幸而秋收大有,适足自养。不幸而荒歉,冻馁转于沟壑。循是以往,安能冀国民蒸蒸日上也哉,自有应用机械,改良耕种以来,一家耕而可供数家食。故此数家,能致力于制造、商业、教育、物质之文明,及他公益之事,以应社会之需,谋国民之幸福、世界之进步。吾国果欲改良农业,则输用近世效力最大之机械,实一枢纽。

推用机械耕种,于东三省、蒙古,及陕西、新疆等处,为唯一之良策,已无疑义。于农户稠密、农田狭小之东南各省,非改良田制,则不能用机械耕种,非盛倡工艺,以分农户之职业,则不宜用机械耕种。改良田制,日本行之,已有成效,今日仿行于印度矣,于吾国何独不可?

二、资本之异同

吾国东南农户,去一二犁牛,食杂,粗陋器具,简单庐舍外,实无他资本可言。北美则异是。今将数处各农户所有之资本,及其所耕田地之多少,别表如下,以为有志倡办农业公司于边陲者之参考。

表 4 - 1 - 2　农户资产表

款项	东北部 纽约 (New York)	南部 阿拉排麻 (Alabama)	中部 矮爱乎外 (Iowa)	西北部 屋理共 (Oregon)	北部 密利所大 (Minesota)
每农户所有之田(英亩)	152	91	167	799	249
每农户所有可耕之田(英亩)	93	47	159	588	216
自耕农数占全户数 百分之几(%)	86	43	59	59	66
每农户所有之田价及零产值 (美金)	5,495	1,583	24,357	24,593	14,073
每户所有之屋产(美金)	2,011	291	2,500	1,304	1,900
每户所有之机械(美金)	327	69	567	767	518
每农户所付钱之佣金(美金)	152	35	156	496	298
每农户所购入之材料(美金)	15	72	1		1
每农户所用之驴马(匹)	2	1	6	13	6

三、出产之异同

据西历一千九百十年统计,北美农业出品达六十万万金。输出外国者,有十一万万,由外国输入者,约八万万。吾国农产无册可稽,出口之多,决不如北美,可断言也。兹将北美出产最多之农品列一表,以供研究。下表摘录北美农部统计处西历一千九百十一年所作之统计(Brueau of Statistics, Department of Agriculture U. S. A.)。

表 4‑1‑3　谷类统计表

品名	英亩数（Acreage）	每亩出数	乡价（农夫所得之价）	市价	出口数
玉蜀黍（Corn）	105,825,000	23.9 美斗（Bushel）	每美斗 61 分美金	69 分	44,072,209 美斗
麦（Wheat）	49,543,000	12.5 美斗	每美斗 87.4 分美金	107.5 分	8,370,201 美斗
燕麦（Oat）	37,763,000	24.4 美斗	每美斗 45 分美金	47 分	
大麦（Barley）	7,627,000	21.0 美斗	每美斗 86.9 分美金	116 分	
黑麦（Rye）	2,127,000	15.6 美斗	每美斗 83.2 分美金	92.5 分	
荞麦（Buck wheat）	833,000	81.9 美斗	每美斗 72.6 分美金		
白山芋（Potatoes）	3,619,000	81.9 美斗	每美斗 79.9 分美金	85 分	
秣草（Hay）	43,017,000	1.1 吨	14.64 元 每吨之价	21 元	
棉花（Cotton）	36,045,000	207.7 磅花衣（Lint）	8.8 分 每磅花衣之价		花衣 7,289,806 包 每包 500 磅
烟草（Tobacoo）	1,013,000	893.7 磅	9.4 分		
米（Rice）	696,000	39.2 美斗	79.9 分 每美斗之价		
葡糖（Beet Sugar）		455,511 大吨 总出数	4—6 分 每磅之价		
蔗糖（Cane Sugar）		1,256,012 大吨			

表 4‑1‑4　畜类统计表

畜类	马	驴	乳牛	食牛	羊	猪
以全美国计算（单位:头）	20,277,000	4,323,000	20,823,000	39,679,000	53,633,000	65,620,000

附注:英亩等于中亩六亩。美斗随各地各品而殊。今将美政府所定之准量记之。

表 4-1-5　不同品类农产品每美斗与磅的换算

品类	每美斗相当于多少磅
大麦	48
荞麦	42
燕麦	32
黑麦	56
麦	60
山芋	60

注:吨(Ton)等于二千磅,大吨(Gross Ton)等于二千二百四十磅,包(Bale,用于棉花业)等于五百磅连包,净四百七十八磅。

中国于一千九百九年,由外国输入之面粉及麦有 16,933,027 美斗。棉花出产约 1,200,000 包,每包 500 磅。输出外国者有 347,923 包。由外国输入之米,有 1,254,612,533 磅。糖由外国输入者,有 574,843,733 磅,输出的有 35,451,600 磅。茶由中国输出者,只有 207,324,667 磅。而印度茶之输出,则有 258,871,274 磅。丝由中国输出者,只 17,262,000 磅。而由日本输出者,有 19,688,000 磅。

总之北美多乳品牲兽品,及材木各品,吾国不如远甚。吾国所擅长者为丝茶,北美则无之。吾国苟蕃殖牲兽于西北,提倡茶糖于东南,且推广森林植棉之区,不难分北美之羹,与之同执世界之牛耳。

四、政教之异同

北美提倡农业,以保护助援为政策,吾国则以奖励为政策,北美以教养而致富,吾国则俟富而后教。虽殊途同归,而其迟速则有间矣。北美农业政教,详载于拙著《北美农林考》,载入第一期《南洋同学杂志》,兹不复赘。

虽然,中美农业,异于性质、资本、出产、政教四者,而当世农业最要之问题则无不同。农业之科学知识足以解释此等问题者,又无不同,提倡解释此问题者,在政府,研究解释而实行改良者,赖有志农业之士。探原索隐,俾政府得有所据,实行之士,得有所本者,恃农业科学之发达。

（原载《科学》1915 年第 1 卷第 1 期,86—91 页）

欧洲战争与棉业之影响

（1915 年）

过探先

北美棉业，发达异常，每岁棉产约值千余兆金。南方诸省，恃此为生计之命脉，百余年矣，乃自欧洲开衅以后，商业凋残，棉价日落千丈，而问津者无几。不独南方之农民受其影响，即与植棉区域有直接关系之纺织家、借贷家，亦有累及之虞矣。

南方诸省，业田自耕者，较租田而耕者为少，佃户所需之衣食、种子、器具，贷诸田主，田主不能自备，转乞诸号商银行等家，一切款项，均俟出售棉花后清偿。欧洲宣战，适当棉花摘取之秋，退克杀思（Texas）、蜜锡锡俾（Mississippi）、南北街六来拿（Carolinas）及他诸省，方希收获大有，待善价而沽之，不期战衅一起，金融骤紧，债台高筑，而货物屯滞，欲售不得，何论善价焉。

有棉花交易所（Cotton Exchange）者，素握棉市之枢机，于去年春，西南多雨，东南苦旱，均与棉地不利，交易所之市价，因此渐增至每磅一角三分（美金约合吾国银元二角六分左右）。屯商人逆料市价，必增至每磅一角五分，以此屯积不已，其后天时渐佳，市价稍平。在七月间，每磅之价常在一角二分左右。至七月三十一日，即欧洲宣战之日，市价骤跌，每磅只值九分七厘。纽约有屯商一家，于是日午刻倒闭，亏损至数百万之多，而棉花交易所，为防患未然起见，亦于是日停止交易矣。

自八月至年终，棉价绝少起色，忽跌至每磅六分，忽增至十分左右，然市价之平均，常在七八分之间，而每磅出产之费用（连肥料、人工、器具一切在内），均需一角左右，所需之费，与所售之价值相抵，每磅亏损约在二三分之间，则南方植棉者之损失，统计当在二百兆金矣。

去年北美棉花收成照政府最近之估计，约得一五，三〇〇，〇〇〇包

(Bale,北美棉包等四八〇磅)。一千九百十三年之出产,计约得一四,五一八,〇〇〇包,其销路如下表。

表 4-2-1　北美棉花销路概况

棉花销路	数量(包)
北美纺织厂所购	5,652,000
出口至英国	3,419,000
出口至法国	1,059,000
出口至德奥比荷西班牙意俄及 Scandinavia	4,013,000
出口至墨西哥	28,000
出口至日本	347,000

市价既贱,北美厂家购用,自必踊跃,然以各厂家之力量而言,至多亦不过能用七〇〇,〇〇〇包,输入西班牙、意、日等国之数,亦必增加,然英、法、俄、比,诸国商人之购运,未见踊跃。国内滞屯之货,必在四,〇〇〇,〇〇〇包左右云。

滞屯既多,金融又紧,加之交通不便,输运不灵,市价自无起色之一日,而南方之农民苦矣。南方种棉之农夫,均属穷窘,其种棉之资本,大都贷自由主,前已言之矣。棉价虽贱,亦有不得不售之势。不售,则如债主之逼索,利息之日债月累何,棉价之高下素大,在近来十五年之间,最贱之市价,每磅为金六分,最贵为二角,若出产费用(Cost of Production)之大,则未有如今日者也。在一千八百九十九年,每磅出棉之费用,约在六分左右,今则非一角不可。且市价之趋向,于秋收之时则贱。待农夫悉售所得,市价渐高,故农夫所得,每较平均市价为少云。

纺织厂家,于去年之营业,大部亏折,棉花虽贱,如金融不舒,商业衰落何? 商业衰落,则成货少人过问,金融不舒,则借贷为难。归账不易,战争之波及,岂独限于欧洲也哉。

政府及社会之补助:北美财政部长,曾拨巨款补助南方诸省之银行,收储棉花栈票,以济燃眉之急。南方各省之新闻纸,提倡收买棉花之善举。购者每磅付金一角,至少以一包为度,屯积他处,过六个月始能出卖。此说一倡,从者纷纷,以购买棉花为慈善之事业者有之,以收买棉花为招徕广告者有之。以杯水而救车火,虽属无济于事,然于大局,不无小补云。

银行家,有倡议农夫,自将棉花堆积于栈房,以栈票向银行抵借,每包借金四十元。苟市价稍高,农夫可将其堆积之棉花出售,归还前借之款项,而留其剩余,农夫以此免为逼卖所牺牲焉。

妇女界提倡盛行棉物,不遗余力,如华盛顿、纽约等处。著名妇女,举行棉花跳舞会,履会会员均盛装以棉为之。一唱百和,棉织物风行一时,畅销非凡矣。著名布号、衣庄,亦能俯 * 合时宜,著作棉织衣服,成列各处,且派有解说员,陈说棉织物之利用,社会始悟觉棉织物利用之大,皆热心诸家劝导之功也。

印度及埃及　埃及以棉花为农产之大宗,农民之生计,工商之命脉,莫不视棉花出产之多寡,定市价之高下焉,于太平时,埃及棉销场,辄胜于他国之棉,盖埃及棉质佳美,丝长且精,非他国棉所能及也。于印度,棉花亦为重要农作物之一,出产年增一年,去年收成颇丰,所虑者,无收买之主顾耳。苟不得国家或银行之补助,农业之倾颓、农民之冻馁无日矣。

我国　我国棉业虽不为少,然棉布棉纱,自北美英荷及东洋输入者甚多,足见供不敷求,自无屯滞之虞。所虑者,吾国布厂甚少,纺纱厂所出之纱,无织布厂以为之后援,则纱厂所出之纱,不能畅销于市。且北美棉花骤跌,欧洲战祸,尚无休息之日。北美棉业者,势必转而之东,以为推广销路之地步。即日本亦必购买美国贱棉,织成织物,运至吾国求售,不见宣战以后,美棉输入日本之数骤增乎！深顾吾国士大夫,并力合作,急谋提倡之法、补救之策,以抵制舶来物,而谋国民之生计,保利权之外溢也。

欧洲棉业中心点及其现在之状况　法国棉业中心点有三:一在奴特(Department of Nord)、如 Lille Roubaix 及 Tour coing 等处。适当战争之冲,厂产是否为兵燹所及,是否仍在工作,均无确实报告。二在福斯山(Vosges)之附近。三在卢昂(Rouen)。

德国纺织业甚发达,于西南路边诸省,棉厂星立如棋,拜浮利也(Bavaria)之盎斯彼(Ausburg)、爱耳修(Alsace)之墨海生(Mulhausen)、山恒(Thann)、卫苏林(Wesserling)、罗山(Rothan)、杀革生(Saxony)之希密子(Chemnitz)、卫屯(Werdau)、华退白(Wnrtemberg)之斯对加(Stuttgart)、卫斯费野(Westphalia)之罗能(Gronan)及赖爱恩(Rheine)等处,均为棉业之中心,虽一二处近战争之区,棉厂之被毁于兵燹者,尚无所闻,然英人以海军霸占海道,德国

---

* 根据上下文语境,作者原表意应为"符"。

商船,已绝迹于大西洋中,输运不便,虽有工,其如无货物何?

奥国棉厂,素称发达,其销路专恃巴尔根*诸小国,自巴尔根战争以后,金融不甚流通,商务凋残,奥厂几有不能立足之势。今也更遭兵革,奥厂之亏折,不言而喻矣,奥国棉业,以维也纳(Vienna)、刘厚(Prague)及刘气埠(Reichenberg)为中心点。

俄国最大棉厂在彼罗赖(Petrograd),前名圣彼得堡,莫斯古(Moscow)及罗子(Lodz)等处,需用棉花甚多,俄国高加索山各地所产棉数,不及所需远甚,其舶来之供给,将恃美国乎?比国**棉产聚于盖脱(Ghent)及罗斯(Alost)等处,或为炮燧所毁,或为佣工所弃,于今日实无讨论之价值。

荷兰之恩希图(Enschede),为棉厂荟萃之区,其平时之销路,专恃国内及所属殖民地,苟德国不能输入棉花,棉物之供给,必取诸荷兰,或其他中立国,获利之厚,可翘足而待矣。意国之棉厂,在密兰(Milan)、土林(Turin)及拿也(Genoa)、茂白耳(Naples)等处。西班牙之棉厂,在白水路乃(Barcelona)、买拉加(Malaga)等处。瑞士之棉厂,在白斯(Basle)、徐林克(Zurich)等处。此三国所占之地位,与荷兰相若。

英国棉厂之中心,为兰加休(Lancashire)。在美国南北战争之际,不能得棉花之输入,棉厂倒闭者踵相接,佣工失业者数十万,照一千九百十一年之调查,英国棉工有六十万五千一百七十七人,开战以后,商业不及太平时兴旺。英国棉物出口者,较少于平日,棉厂略受影响,不得免焉。然英海军,苟能保海道之通运生棉,自无断绝之虞。棉厂大恐慌,可无虑也。

棉业之将来　百物腾踊则价贱,价贱则销路必畅,为经济界不易之常道。昔在一千八百九十年之间,棉价大贱,植棉者之损失甚巨。会是时,运输面粉,均以木桶装载。面粉之出产渐丰,需用木桶渐多,而木桶之价值亦渐贵。厂家乃采用棉布袋,以代木桶,成本既轻,运输亦灵便非常。自此以后,厂家多以布袋盛面粉,而棉花因此多一出路矣。久之,墙纸(Wallpahper***,以之糊壁)制造家,又采用棉花以为造纸之原料矣。未几,自由车盛行,而自由车车轴之制造,需用棉花矣。呢物不适为戎衣,采用客克(Khaki)布以为兵士之衣

＊　巴尔根,即巴尔干地区。

＊＊　比国,即比利时。

＊＊＊　根据上下文语境,作者原表意为"Wallpaper"。

服矣。总之世界文明日进,棉花之用度亦必因之而增加。棉价于战争后,必行规复无疑。棉业家之受累,不过一时耳,自棉价大跌以后,北美有识之士,多劝导乡人更种他类品物,如麦,及玉蜀黍之类,盖所以防欧战之休息无日,棉产更行滞销也。吾国棉业现情竟若何? 作者远居万里外不敢臆测。愿留心时事者,详加审慎,提倡纺织,以为植棉者之后援,世界业棉失败之秋,真吾国鼓吹提倡、战胜于商场之好机会也。

(原载《南洋》1915 年第 2 期,61—69 页)

制茶法之研究

（1915 年）

过探先译

此篇节录日本泽村氏所著制茶法之研究（Investigation on the Manufacture of Tea），载在日本东京农科大学杂志第二卷第一号（Journal, College of Agriculture Tokio Imperial University）。所得之结果，与改良制茶之实践，关系非鲜。愿读者毋忽之。

汽制法　在绿茶鲜叶内，养化酵*（Oxidizing enzyme）甚富。东印度曼恩氏（Mann），谓茶之精良与否，养化酵实左右之，然当制绿茶时，此酵被蒸汽所伤，茶之绿色，因得保而不失。依泽村氏先前之研究（载在京东农科大学杂志第一卷第二号），茶之清香，恃乎酶化之作用，若此等酶化为汽热所破坏，则清香之质发轫渐迟，或竟消减焉。在西历一千九百九年时，泽村氏以鲜绿茶叶，将汽水蒸之，历三十秒时，化淀酵**（Diastase）宛然无伤，养化酵于此时已破坏无存。苟蒸至五十秒或一分钟之久，此等酵均被害焉。所以制茶者，最宜注意于茶之蒸法之久。当杀氧化酶，不可累及于他种有关于香味之酵也。

压伏法　制茶者辄以压力镇伏茶叶，其作用为何？欲增进形式之美观乎？欲压去其汁而使之易干乎？抑欲碎叶中之细胞而使之易解乎？至今尚无定论。欲解此问题，泽村氏于一千九百五年，同时采集鲜叶三袋。第一袋于制作汽后不用压力镇伏之。第二袋于汽制后并以压力压干之。第三袋依天茶(?)（Tencha）***制法，不用压伏。其茶质之不同，以下表表示之。

---

* 养化酵，即氧化酶。

** 化淀酵，即淀粉酶。

*** 即碾茶。

表 4 - 3 - 1　不同制茶法所制茶质差异

	一	二	三
色	淡	极浓	浓
香	淡	极浓	浓
味	淡	极佳	佳

将制成完全叶十克,置于玻璃杯中;置之沸度处,历一小时,然后以二百立百米之沸水加入之;于五分钟后,滤去其汁;再分解其溶液之成分。其得果如下表。

表 4 - 3 - 2　茶质成分

	一	二	三
干物	16.076%	29.23%	22.19%
硝素	1.885%	2.313%	2.141%
单宁酸(Tannin)	0.659%	5.492%	1.312%
茶素(Thein)	1.975%	2.804%	2.243%
灰	3.405%	4.385%	4.411%

观上表可知以压力镇伏之叶,其溶解性增益非鲜也。

火焙法　绿茶及黑茶制成后常以火焙之。焙后香味增进。但其液亦变深。一千九百八及九年泽村氏研究火焙与茶质及其成分之关系。得结果如下表。

表 4 - 3 - 3　火焙与茶质之关系

绿茶				
焙之温度	茶色	香	味	叶色
60℃	佳	微	辛	无变
70℃	淡佳	极佳	佳	无变
80℃	淡红	佳	极佳	无变
90℃	红	劣	苦	无变
100℃	劣	劣	甚苦	稍瓯
未焙者	浅	微	淡	无变

黑茶			
60℃	淡	微	佳	无变
70℃	淡	极佳	极佳	无变
80℃	极佳	稍微	稍淡	无变
90℃	劣	劣	劣	无变
100℃	黑	劣	劣	黑
未焙者	不清	微	淡	无变

其成分以下表表示之。

表 4-3-4　火焙与茶成分之关系（绿茶）

火焙一小时温度	水	单宁酸	茶素	溶解度	溶解之单宁酸	溶解之茶素
60℃	4.51%	15.84%	3.31%	37.25%	11.88%	2.42%
70℃	3.9			37.46	11.93	2.48
80℃	3.11	15.41	3.20	36.45	11.71	2.53
90℃	2.10			35.56	11.23	2.44
100℃	1.84	14.58	3.06	24.66	11.45	2.48
未焙者	5.15	15.85	3.07	37.55	11.621	2.191

表 4-3-5　火焙与茶成分之关系（黑茶）

火焙一小时温度	水	单宁酸	茶素	溶解度	溶解之单宁酸	溶解之茶素
60℃	4.54%	8.63%	3.163%	27.13%	3.84%	2.45%
70℃	3.57			27.37	3.95	2.40
80℃	3.21	7.40	3.147	27.09	3.97	2.40
90℃	2.27			26.72	3.47	2.22
100℃	2.04	7.09	3.04	26.47	3.28	2.20
未焙者	6.32	8.48	3.16	27.55	3.91	2.34

观上二表,可知焙过之黑茶与绿茶较未焙者稍佳。焙绿茶之温度以不过七十度为宜。

倘过七十度,则茶质损坏,反较未焙者为劣。其适当之温度,于黑茶可稍高,以不过八十度为限。倘过八十度,则茶质未免受损。焙后单宁及茶素减少,溶解度增加。然温度过高,则溶解度渐减焉。

(原载《科学》1915 年第 1 卷第 3 期,326—328 页)

美国之森林

（1915 年）

过探先

森林之保存有关于国家之命脉、人民之生计，稍涉猎于农事者多能言之，美洲鉴于东方各国森林之残贼靡遗废弃弗顺也，林学之考求，林政之建设，早为国家及人民所注意；至今成绩斐然可观，足与欧洲德法诸国相颉颃焉。游览巴拿马博览会时，见美国政府林产林政成绩之陈列，叹观止矣，爰撷拾一二以告吾国人士，想亦为有志提倡林业者所乐闻也。

林产

据 1914 之估计，美国共有林木 2,900,000 兆板尺[①]（Board Feet）。百分之七十六为私家所有（如植木公司等），百分之二十一为国有，其余百分之三为公家所有（如州政府及地方政府等）。每年采伐之数约 43,000 兆板尺。沿太平洋诸省所有之林木几占全国之半，而每年所伐者只居全国六分之一。每年所产百分之四十五来自南方各省，若中美昔曾执林产牛耳者今者大不如前矣。

试以 1912 年时林木产数最丰之各省，依其产额之多寡作一表，则如下序。

---

① 板尺为一寸厚一尺宽一尺长之木板，为量木料之单位。

表 4 - 4 - 1　1912 年时林木产数最丰之各省及其产额最多之木名概况

省名	产额最多之木名
华盛顿(Washington)	突葛拉斯杉*(Donglas fir) 西红柏**(Western red cedar)
路易席阿那(Louisiana)	黄松(yellow pine) 山茱萸类(tupelo) 柏(cypress)
密息息比(Mississippi)	棉木(cotton wood)
北加罗来那(N.Carolina)	
柯利根(Oregon)	
太克萨斯(Texas)	
西阜金尼(W.Virginia)	橡(oak) 黄杨(yellow poplar) 栗木(chestnut)
加力福尼亚(California)	
弗洛列达(Florida)	
阿坎娑(Arkansas)	胡桃(hockory) 红胶树***(red gum)
阜金尼(Virginia)	
威斯康新(Wisconsin)	菩提树(basswood) 桦(birch) 毒胡萝卜****(hemlock)
密歇根(Micgigan)	山毛榉(beech) 榆(elm) 枫(maple)
密纳娑达(Minnesota)	白松(W.pine)
阿拉巴玛(Alabama)	

　　美国林木之生长每年每英亩不过十二立方尺,每年斩伐者每英亩约三十

---

*　突葛拉斯杉,即黄杉,又名道格拉斯冷杉,为一针叶树种,原产于北美洲。

**　西红柏,即北美乔柏,见于太平洋沿海地带。

***　红胶树,即赤桉,其木质坚硬,用作枕木、支柱等。

****　毒胡萝卜,即铁杉。

六立方尺,观此则知斩伐之数过于生长之数不啻三倍焉。

且人口日蕃,农田面积日渐推广,林场面积因以减少,美国虽现有五百五十兆英亩之林场[包括农户所有之林场(farm wood lot)而言],不出数十年势必减至四百五十兆英亩,设其时人口增至一百五十兆,则每口所有之林田不过三英亩耳。

以现时美国人民所用之林材而言,每人每年所用约二百六十立方尺。则每人需有林场二十亩左右,始能足用。换言之,则他日需有林场之面积当七倍于实有之数。

以现时美国户口之数及其现有森林之面积而言,则每人所有之数不及八英亩,而现时林木之供给尚觉绰然有余者,因数千年天然生长之森林尚未尽伐也。

需用林材者日益增加,而可用之林材日形缺乏,试问行何法可免供不敷求之虞?有三事为美农林部森林科昭告人民者,述之如下。其陈设各品,即以表明各事之实际施行之方法为标准,因其稍涉专门故略之。

(一)节材用,免縻费。据美国农林部员之观察及调查所得,美国人民取用之林木只得十分之五之实际,其他十分之五大都滥费。每年废弃之数,其值甚巨,如树皮树枝木屑木炭等昔为废材,今则用以造纸、制火油及他种化学品矣。美国每人所用之林材,每人约需二百六十立方尺。苟能节用,则每人所需可递减至一百或一百五十立方尺焉。

(二)谨防林火。自有救护队望警台用移动电话谨防林火以后,林材得以保全于火灾者不可以数计,然美国每年林木受火灾损失,常在数千兆板尺云。

(三)研究森林学以求增进产额。撒克逊奈*(Saxony)林材产额,每年每英亩可得九十三立方尺。而美国国家地方公有森林之产额,每年每英亩不过十二立方尺,而私人所有之森林,管理不讲,培植之方未详,斧斤不以时,林火常闻,其产额犹在国家及地方公林之下。究其不同之点,盖在林学之讲求及林制之完备与否,美国农林部及各省均以整顿林业为先务,他日出产之丰可翘足而待也。

---

* 撒克逊奈,即德国萨克森(Sachsen 即 Saxony)。

国有森林

国有森林之用意有二：（一）以极良之制度经营林业，使人民久远不至有林材缺乏之虞，盖私人经营之林业，每顾一时之利斩伐殆尽，童山濯濯，后日之供给非所计也，而林材缺乏之恐慌不期而至矣；（二）保存有关于水利之森林，在江河上流及流域一带之森林与湍流之迟速急缓有密切之关系，保存森林亦所以防水流之冲决*、开兴水利之良策也。

美国国有森林有一百六十三所，占田一百八十六英亩，有材木约六万兆板尺，总值在二千兆金左右。尚有给水厂、起水处、水力厂、灌溉局等未计焉。

国有森林于一千九百十四年之利用如下：

林木售出者	626,306,000 板尺
材木给与屯矿各户者	120,575,000 板尺
出入森林之马牛羊猪	9,238,863 头
水力厂之马力	266,797 马力
特许入林工作者	16,760 家
人民乔居林间休养者	1,500,000 人
人民入林间娱乐者如狩猎等	190,000 人
给水厂起水处	1,200 处
灌溉田受森林之惠者	164,000,000 英亩

国林收入四分之一，为近林各处建筑道路及广设学校之用，在一千九百十四年时，此项经费约得八十三万八千九百八十金。再以收入十分之一，为林内辟治大道间隧之用，盖所以便住居林带内之农户也。

林火

在美林火之为患，每年平均所失约值二十五兆金，其他牲畜农产房屋等尚未计及。近来五十年之间，人民毙于林火者三千余人。一千八百七十一年，威斯康新（Wisconsin）林火大作，森林被毁者百万余英亩，人民被焚者一千

---

* 根据上下文语境，作者原表意为"决"。

五百余人。一千八百九十四年,密纳娑达(Minnesota)之林火毁林十六万英亩,死四百余人。一千九百十年,爱达贺(Idaho)、孟塔那(Montana)及密纳娑达之林火焚去三百万余亩,死一百数十人。此三者为美森林史上最著名之大火,若乎未及燎原而扑灭者则不胜枚举焉。

林火之起原有三:(一)铁道。机车所喷出之火星及燃烧未灭之煤滓,坠弃于近林铁道之旁者,均足为林火之导线。(二)人火。狩猎楼居之徒每举火林间以解寒冷,或以为娱乐,兴尽而散,不为扑灭,或火柴燃烟弃掷于地而弗顾。以此酿成火灾者,不可以数计。燎原之火,起于星星,不可不慎也。(三)电火。美国政府有林之各省及林木公司等,防护林火甚力。防护之法,遍示林带。有守望者以瞻灾原,有电话以通声息,救火队一呼即至,数百里宛如一室。以此国林火灾之损失于一千九百十二年时只值七万五千余金,而各省及私人所有者,其损失不及二十万云。

(原载《科学》1915 年第 1 卷第 11 期,1316—1321 页)

世界的棉产

（1920 年）

John A. Todd 著，过探先节译

　　托德先生是 Nottingham University College 的教授，是经济学大家，亦是统计专家。在一千九百十四年，著有《世界的棉产》一书，由伦敦 A. and C. Black 书局出版。作者的本意，在以浅显的文辞，陈述世界产棉区域的情形，使产棉的人与消费的人都晓得供求的状况。产棉的人知道产品的用途、竞争的机会。消费的人瞭然于原料的来源，测度未来供给的足乏。近十年来，棉业已占实业上首要位置，加以植棉学识的精进，发达正未有艾。此书的价值，不待赘言。且作者生长于苏格兰棉业中心的地方。当埃及提倡植棉的时候，曾在埃及五年之久（1907—1912），得与英国植棉会（The British Cotton Growing Association）、万国纺织厂联合会（The International Federation of Marter Cotton Spinners' & Manufacturers' Association）以及各邦棉业中重要人物，时相联络。复于一千九百十三年，遍赴美国产棉各省，详加考察。因此作者虽非研究植物学者，亦非农业专家，讲述内容仍多科学心得的说话。但欧战开衅以后，各国情形与前大异。棉产的供求，另呈新鲜气象。德奥法俄棉厂多受兵事影响，世界棉货的来源不得不赖亚美二洲。后日的变迁，逆料更不容易。作者所述为欧战以前情形，举一反三，是在读者。（译者注）

绪论

　　一千八百九十四年，利物浦（Liverpool）美棉中货（American Middling Cotton)的价值，每磅在三便士以下。十年以后，受垄断（Sully's Corner）的影响，价涨至八点九六便士。但不过一年，价值即跌至四便士以下。以后价值常在五便士以上。兹将二十五年中棉花平均价值的状况，分期列表如下。

表 4-5-1　利物浦（Liverpool）二十五年中棉花平均价值的状况

	美棉（便士）	印棉	埃及棉
1889—1890 至 1893—1894	4.81	4.25	5.76
1894—1895 至 1898—1899	3.76	3.43	5.22
1899—1900 至 1903—1904	5.44	4.60	7.39
1904—1905 至 1908—1909	5.79	4.89	8.86
1909—1910 至 1913—1914	7.16	6.20	10.54

观上表，可知棉花价值，有猛进的现象。虽各物腾贵，为时势一般的现象，不独限于棉花一项。然其他原料价值，高贵速率不如棉价的大。请参观下表。

表 4-5-2　物价指数（表明价值的升降，以一八九九——一九〇〇为标准）

年份	棉价	植织物价	一般物价
1899—1900	100	100	100
1990—1901	98.6	93.3	96.7
1901—1902	97.3	92.3	96.4
1902—1903	107.3	101.7	96.7
1903—1904	119.9	112.9	98.2
1904—1905	101.5	106.7	97.6
1905—1906	119.2	121.1	100.8
1906—1907	126.8	127.4	106
1907—1908	116.1	109.8	103
1908—1909	118.4	112.4	104.1
1909—1910	155.9	136.2	108.8
1910—1911	138.3	138.9	109.4
1911—1912	122.6	119.6	114.9
1912—1913	139.5	135	116.5

经济原理：物价的增减，看供求的情形如何。棉价的飞腾，是否由棉产的减少，试看棉产的统计（下表根据作者的计算，以千包为单位，每包五百磅）。

表 4-5-3　棉产统计概况

产地	1901—1903	1904	1905	1906	1907	1908	1909	1910	1911	1912	1913	1914
美国	10,758	10,124	13,557	11,320	13,551	11,582	13,829	10,651	12,132	16,043	14,229	14,610
印度	3,367	3,161	3,791	3,416	4,934	3,122	3,692	4,718	3,853	3,288	4,395	5,201
中国	1,200	1,200	756	788	806	875	1,933	2,531	3,467	3,437	3,931	4,000
埃及	1,168	1,302	1,263	1,192	1,390	1,447	1,150	1,000	1,515	1,485	1,507	1,537
俄	342	477	536	604	759	664	698	686	895	875	911	1,015
其他	801	751	803	936	1,027	950	969	950	967	1,058	1,171	1,340
总计	17,636	17,015	20,706	18,256	22,467	18,640	22,271	20,536	22,829	26,186	26,044	27,703

　　观上表,可知历年棉产,不惟未曾减少,且有增加直上的现象。一千九百十三年至十四年的出产,为最多的年份。一千九百九年至一千九百十四年五月间的平均,为二四,六六〇,〇〇〇包。前五年的平均为二〇,四六八,〇〇〇包。较增百分的二十。

　　再看需求的情形,据万国联合会统计报告,一千九百七年八月底,世界纺纱锭子,有一二〇,一七六,〇〇〇枚。一千九百十三年增至一四三,四五二,六五九枚,实增百分之二十。每年每一千个锭子,消费棉量亦由一百四十八包,增至一百五十六包。世界棉产的需要,足见有加无已。推其原因,约有三端。第一,因为世界文明程度的增进,衣服的需要较前增加。据美国农林部人员的说话,世界上人民共计约十五万万。有一半人的衣服,尚在残缺不全的时代。无衣服的人,约有二万五千万人。吾人所有的衣服,十分之九为棉品。世界棉品的需要,真不可限量也。第二,因为棉品用途的推广。近十年来,新棉品的发明甚多,如台布、床单、衬衫、手巾、衣领、绒布、象丝、绸缎等等。昔日用他种原料织成的,今则都以棉丝代之矣。且棉品的新用途,亦日有所闻。如汽车的轮、打字机的带、游船飞艇的帆篷,都是棉品的新消费。第三,因棉织品物的改良,销路得以大增。数十年前,棉织品极粗陋的,今则制造上日有进步。如印度洋纱、花布、花边、纱带、帐帏,以及一切装饰品,都能制造精良,成本亦复不重。中等的人家,都能购用。前世纪则非富贵的人家不能备也。二十世纪,文明的进步,以一般人民所穿的衣服为最著焉。世界棉产消费的大,由乎棉品需要的增加。以前的消费,限于供给的不足,以后的需要,实无限止。供不应求,遂呈腾贵的现象。以后棉价翔贵的程度,须视出产的多寡。出产增加虽骤,吸收毫无困难。出产增加而迟,则其价格至何程度,不可逆料矣。

棉业上的问题,在出产一方面,不在需要一方面。吾人所应注意的事情,在如何增进产额,以供给世界的需要。统计世界各国现在的棉产,预计可以推广的棉区,可以增收的产额,实属刻不容缓也。

棉产的区域

从供给与需要两方面而论,世界棉产市况的复杂,等于其产量的大、区域的广。利物浦棉业会(Liverpool Cotton Association)所出的周报,载有各种棉价,常在四十六种以上。内四种为美棉,五种为比罗棉(Peruvian),六种为巴西棉(Brazilian),二种为西印度棉(West Indian),六种为埃及棉,二种为非洲棉,十九种为印度棉,二种为中国及东方棉(Levant)。

各种棉有各种的特质,价值亦大不相同。一千九百十四年七月的价目,最贱的售四便士一磅,最贵的售四十便士一磅。美棉中等货的价,则为每磅七便士。各种棉有各种的特用。习用一种者,往往不知他种的特性。然以供求的情形而论,各种均有连带的关系,不惟种棉的人可视市价的高低、环境的情形,易其种类,即操纺业的人,亦可酌量市况,互易其所用的种类,而神其技也。

出产人或消费人,不当仅知其自己出产的或消费的一种。出产的人,应深知其产物的用途、销售的市场以及竞争的种类、在市场所占的势力。消费的人,应深知其所用的种类、出产的来源以及竞争的用途、有无可以换用的种类。语云:知己知彼,百战百胜。在兵事然,在实业亦何独不然。今为便利计,将市上消售的种类,照其品质的高下、纺纱的能力,分别为下列的五类。

一、棉质最佳的棉为海岛棉,产于西印度(West Indian)及美国南嘉禄拉爱拿州(South Carolina)外的海岛。出产总额虽小,因其纺质佳良,售价颇巨。此棉能纺三百支以上的纱。换言之,一百五十英里长的纱,为重不过一磅。是项棉纱,大都用以织最精良的织物及缝线。

二、第二为次等的海岛棉,产于美国乔治亚(Georgia)及弗罗立大(Florida)两州。最良的,埃及棉如 Abbassi、Sakel,及 Janno itch,亦可列入此类。棉丝细而韧力甚大,可为专用。

三、第三为普通的埃及棉，如 Aifi 及 Ashmuni。是与此类争竞的种类，为美国的长绒棉。其他如上等的比罗棉、非洲的新种，与此类亦颇仿佛。

四、其次为美国高原棉。以产额论，居世界棉产百分的六十。论其品质，则巴西棉、西非洲棉、俄棉、小亚细亚棉及上等印度棉，均能与之颉颃焉。

五、最次为普通的印度棉。纤维甚短，品质亦劣。消费于英国兰克地方(Lancashire)不多。印度、日本以及欧洲大陆的纺纱厂，都用是棉。俄国本地棉、中国棉的品质，亦属此类无疑。

上述的五类，再为列表如下。数字系就估计的大概，幸勿执一而观。

表 4-5-4　市面所售棉花种类及其具体信息

分类		纺纱最大的支数	棉丝长度（英寸）	利物浦市价（七月十号，1914，便士）	产额（平均每包五百磅，包）
I	顶上海岛棉：海岛(S.C.)	300 支	2＋	$12\frac{1}{2}$—18	10,000
	西印度	300 支	2＋	13—$18\frac{1}{2}$	5,000
II	海岛棉	100 线	$1\frac{1}{2}$—$1\frac{3}{4}$	$11\frac{1}{2}$—$12\frac{1}{2}$	70,000
	顶上埃及棉	100 线	$1\frac{1}{2}$—$1\frac{3}{4}$	10—$11\frac{1}{2}$	430,000
III	埃及棉	70 线	$1\frac{1}{4}$—$1\frac{1}{2}$	$8\frac{1}{2}$—$10\frac{3}{4}$	1,000,000
	美长绒棉	70 线	$1\frac{1}{2}$	$10\frac{1}{2}$	200,000
	比罗	60 支	1—$1\frac{1}{2}$	7—10	125,000
IV	东非洲棉	50 支	1—$1\frac{1}{4}$	$6\frac{1}{2}$—10	40,000
	巴西棉	50 支	$\frac{3}{4}$—$1\frac{1}{4}$	6—9	300,000
	美高原棉	40 支	1—$1\frac{1}{8}$	$5\frac{1}{4}$—$8\frac{1}{3}$	1,500,000
	俄棉	40 支	$\frac{9}{10}$—$1\frac{1}{8}$		1,000,000
	西非洲棉	40 支	1—$1\frac{1}{8}$	$6\frac{3}{4}$—$7\frac{1}{2}$	20,000
	小亚细亚	40 支	$\frac{3}{4}$—$1\frac{1}{8}$		100,000

分类		纺纱最大的支数	棉丝长度（英寸）	利物浦市价（七月十号，1914，便士）	产额（平均每包五百磅，包）
V	印度棉	30 支	$\frac{3}{8}$—1	$3\frac{3}{4}$—7	4,000,000
	中国棉	30 支	$\frac{3}{8}$—1	$6\frac{1}{4}$	4,000,000

美国

美国的棉产占世界总额一半以上。各种棉的市价，常以美国中等棉价为标准。美国产棉区域，约有七十万方英里。全国有州四十九，产棉的有十八州的多。出产额在十万包以上者，有十州。然产棉区域，田亩共约四万五千万英亩。据一千九百十三年的统计，种棉的只有三千七百余万，不足十分之一。试将一千九百十一年至一千九百十三年产棉各州的统计列表如下。

表 4-5-5　1911—1913 年产棉各州统计表

州名	棉田面积（以千英亩计）			产额（以千包计）			每英亩产额（包）		
	1911 年	1912 年	1913 年	1911 年	1912 年	1913 年	1911 年	1912 年	1913 年
Texas	10,943	11,333	12,597	4,297	4,889	3,949	0.39	0.43	0.31
Georgie	5,504	5,335	5,318	2,875	1,889	2,457	0.52	0.35	0.46
Alabama	4,017	3,730	3,760	1,736	1,367	1,538	0.43	0.37	0.41
S. Carolina	2,800	2,695	2,790	1,729	1,260	1,465	0.62	0.46	0.52
Mississippi	3,340	2,889	3,067	1,216	1,050	1,313	0.36	0.36	0.43
Arkansas	2,363	1,991	2,502	940	805	1,079	0.40	0.40	0.43
Oklahoma	3,050	2,665	3,009	1,056	1,057	881	0.35	0.39	0.29
N. Carolina	1,624	1,545	1,576	1,156	935	873	0.71	0.60	0.55
Louisiana	1,075	929	1,244	399	393	459	0.37	0.42	0.37
Tennessee	837	783	865	459	290	401	0.55	0.37	0.46
Florida	308	224	188	96	60	69	0.31	0.27	0.37
其他	184	159	173	150	96	130	0.82	0.60	0.75
总计	36,045	34,283	37,089	16,109	14,091	14,614	0.45	0.41	0.39

美国产棉各州，可分为三大区域：（一）太平洋区域，南北嘉禄拉爱拿[*]、乔治亚^{**}、弗罗立大^{***}数州属之。以诺福克（Norfolk）、惠而名顿（Wilmington）、郐而斯顿（Charleston）、萨凡那（Savannah）及白郎斯惠克（Bumswick）数港为市场的中心。所产的棉，有顶上等货，如海岛棉是。有极下等货，如乔治亚、嘉禄拉爱拿州内地所产的高原棉是。（二）海湾区域，阿拉排马（Alabama）、密锡锡俾（Mississippi）、鲁意斯亚拿（Louisiana）及塔克塞斯（Texas）数州属之，出产占美国总额三分之一。塔克塞斯州的出产尤富，一千九百十二年，该州出产在五百万包左右。市场的中心为奔杀哥拉（Pensacola）、麻别而（Mobile）、新屋伦斯（N. Orleans）及街而凡斯登（Galveston）等港。新屋伦斯的邻近，昔为棉产最富区域，故棉品中有特以该港为名者。今则受荫蛀虫（Boll Weevil）的影响，棉田已大减少。然该港仍不失为市场中心，盖棉产预卖交易（Future Market）在美国，除纽约外，惟新屋伦斯一港。且密锡锡俾流域各省的输出，多取道此港也。塔克塞斯、新墨西哥（N. Mecico）、屋克拉哈马（Oklahoma）及矮更塞斯（Arkansas）的西部，不妨另作一区域。因为荫蛀虫的蔓延，各省棉产的多寡，已大有变更。昔日出产最多者为鲁意斯亚拿、阿拉排马及密锡锡俾的南部。今则出产多者当推塔克塞斯，产品的佳良当推中央区域矣。（三）中央区域，矮更塞斯、屋克拉哈马、吞内西（Tennessee）、新墨西哥以及密锡锡俾的北部属之。密锡锡俾河及耶查（Yazoo）河间的冲积地，实为出产的中心。

除上述三大区域外，尚有矮立崇那（Arizona）州的盐河流域可灌溉的地方（Irrigated districts of the Salt River Valley），及嘉利福尼（California）州的皇谷（Imperial Valley）二处，均为棉产重要区域。昔日种棉田亩，虽甚狭小，近年来，得政府的提倡，有蒸蒸日上的现象焉。

气候

气候与棉产的丰歉，最有关系。美国植棉区域甚广，各地气候，当然不同。除矮立崇那、嘉利福尼二州，曾用灌溉植棉外，余均恃雨量的多寡。沿大

南北嘉禄拉爱拿，即北卡罗来纳州（N. Carolina）和南卡罗来纳州（S. Carolina）。

乔治亚，即佐治亚州（Georgia）。

弗罗立大，即佛罗里达州（Florida）。

西洋岸各州,雨量极多,空气亦时常潮湿。田畦均成曲线,免土肥的冲刷也。中央各州,雨量较少。然大河支流所在都是,虽有坚固的堤防,每患水灾。惟塔克塞斯州的植棉地,去海甚远,雨量年有三十英寸左右。然春秋雨量过多,或遇干旱均足减少每亩的收获。

雨量充足,棉田固无庸灌溉。然一遇旱潦,收获即无把握。在塔克塞斯,常须有充足的冬雨,田中水分方无缺乏之虞。春雨亦为播种时所必需,然过多则土面坚凝,种芽不易透出,以致必须再行下种。中央各州设或受密锡锡俾河暴涨的影响,淹没无收。在夏时则各地气候绝不相同,同时有患潦的地方,有患旱的地方。晴爽的秋季,尤为必要。虽在收获的时侯,常受多雨的损失焉。

收获的丰歉,最终决定于秋季严霜的早晚。棉科一遇严霜,不复生长。晚成的棉蕋,不能成熟开放,职是之故。冬季的严霜,足以灭杀害虫。非惟无害,且有益也。

种类

美国各地的棉种,已经略述。真正的海岛棉,生产于南嘉禄拉爱拿州的外岛。长绒棉的生产地,则在耶查河流域,其他各地,多普通的高原棉。近在矮立崇那试植埃及棉,颇有成效云。

耕种

各地耕种栽培的方法,亦多各自为政。下种与收获日期,尤有出入。试就高原棉一般的耕种方法略述之。下种必在春霜断绝以后。在塔克塞斯的南部,二月底已可下种。在沿大西洋各州的高原,则有迟至五月中旬者。耕地多于初春及深秋为之。各行相去的距离,大都以植科的高度为标准。普通以四英尺为度,播种常用机械,每日能毕六英亩或八英亩。每英亩约需种子二十磅至三十磅。播种后三四星期,生长至五六寸高时,即行间除。各株距离约一尺左右,每三星期行中耕一次,至八月中为止。中耕的目的,在刈除杂草,减少水分的蒸发。播种后两月,植科高度应在十五英寸左右,可见开花,三日即脱落。再一月,可见棉蕋。至成熟,又需一二个月之久。开花延期甚久,一科的上常见甫放的花及已开的蕋同时存在也。

收获

收获始期,最早的为塔克塞斯的南部。七月中已开始收获,最晚的,为九月下旬。因乏相当的人工,有延过冬季,尚未完毕者。收获大都用人工,虽有机械,尚未普及。在塔克塞斯,收获后,即行车至轧花厂。其余各地,大都以子花储藏。人云收获后,设以子花储藏一月,棉质稍若变佳,因在储藏时子棉逐渐干燥,未成熟的棉丝,逐渐成熟,吸收子中的油质。故棉丝较匀而柔软,色泽较佳,强度较大也。

植棉史

当哥伦布(Columbus)发现美洲大陆时,即见有棉。孚近尼矮州(Virginia)殖民人在一千六百二十一年,已有种棉的。至一千七百三十三年,南嘉禄拉爱拿及乔治亚州始行种植。输出至英国始于一千七百三十九年,为数甚微。其时棉业不能发达的缘故,大都由无相当轧花机械所致。待一千七百九十三年,惠脱内(Eli Whitney)*发明锯式轧花机后,始现发达气象。加以养奴为工,相习成风。棉价高贵,无与伦比。植棉者乃日见加增焉。一千八百二十六年,产额约百万包。至一千八百三十九年增至二百万包。至一千八百六十一年,南北战争的前,产额已有四百五十万包左右。战争既开,棉产大减。一千八百六十四年的产额,仅有三十万包左右。至一千八百七十年,始复战前的产额。一千八百八十年至六百万包。一千八百九十一年至九百万包。其后历年增加,至一千九百十一年时,已有一千六百余万包矣。

下表表明美国历年植棉面积产额及棉价的统计。并本此表作一图式,以便醒目。

表4-5-6 美国历年植棉面积产额及棉价统计表

年份	棉田(英亩)	产额(包)	每英亩收获量(包)	每磅平均价值(便士)
1889—90	20,175,270	7,313,726	36	6.19
—91	20,509,853	8,655,518	42	5.00
—92	20,714,937	9,038,707	44	4.12
—93	18,067,924	6,717,142	37	4.61

---

* 惠脱内,即埃里·惠特尼(Eli Whitney),美国发明家、机械工程师和企业家,1765年12月8日生于美国马萨诸塞州韦斯特博罗。1793年,他发明了轧棉机,使得产棉成为更有利可图的事业。

年份	棉田（英亩）	产额（包）	每英亩收获量 （包）	每磅平均价值 （便士）
—94	19,525,000	7,527,211	39	4.19
—95	23,687,950	9,892,766	42	3.44
—96	20,184,808	7,162,473	35	4.38
—97	23,273,209	8,714,011	37	4.22
—98	24,319,584	11,180,960	46	4.47
—99	24,967,295	11,235,383	45	3.28
—1900	24,275,101	9,439,559	39	4.87
—01	25,758,139	10,425,141	41	5.16
—02	27,220,414	10,701,453	39	4.78
—03	27,114,103	10,758,326	39	5.46
—04	28,016,893	10,123,686	36	6.94
—05	30,053,739	13,556,841	45	4.91
—06	26,117,153	11,319,860	43	5.95
—07	31,374,000	13,550,760	43	6.38
—08	31,311,000	11,581,829	37	6.19
—09	32,444,000	13,828,846	43	5.50
—10	23,044,000	10,650,961	33	7.86
—11	32,403,000	12,132,332	37	7.84
—12	36,045,000	16,043,316	45	6.09
—13	34,283,000	14,128,902	41	6.76
—14	37,089,000	14,609,968	39	7.26
—15	36,722,000	16,500,000	45	此年系预计之数

　　观上表,可知历年收获的总额,常与棉田的多寡为正比。有相差的年份,如一千八百九十五年、一千九百三年及一千九百九年收获的少,实因平均收获欠佳所致。如一千八百九十年、一千八百九十七年、一千八百九十八年、一千九百四年及一千九百十一年总额比平均为多,则收获丰盛的结果。

　　英国棉业中人,每信美国棉产的多寡,似有相间的现象。甲年出产量多,则乙年必少。观一千九百三年至一千九百十年历年的情形,似有此种现象。然就表内所载棉田面积及收获量而比较之,可知产额的多寡,大都由气候的顺逆使然。未必有相间的道理也。

棉价

消费人所最注意者,为棉价及其贵贱的理由。出产额的多寡,与下年的棉价是否有相联的关系,为吾人应行研究的问题。因为研究这个问题,应将历年的棉价,于图上作成相反的曲线。因产量苟多,价值必贱也。除有特别情形的年份以外,产量与棉价显然见联带的关系。观下图便知,所谓特别的年份,如:(一)一千九百六年,产量既多,价值反大。(二)一千九百十年至一千九百十一年的一季,产量比上年增加二百万包,而市价未曾大降。盖当一千九百六年至一千九百七年时候,世界棉品需要大增,纺织事业,勃然而兴。产额虽丰,吸收甚易也。一千九百十年适值前年歉收之后,幸而产量增加,不致有缺乏之忧。

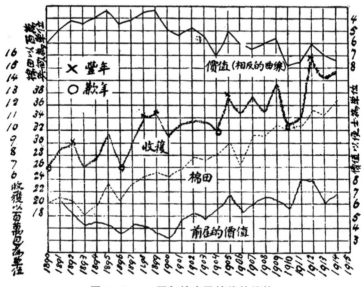

图 4 - 5 - 1 历年棉产及棉价的趋势

历年棉产及棉价的趋势,亦不难从上图得其梗概。细观上图,可知棉产及棉价均有向上的趋势。惟棉价向上的速率,较棉产的速率为大。这是求过于供的明证。一切增加棉产的奋力,似不能厌消费的欲望。

美国出产的总额，除依天时为转移外，大都视植棉面积的大小。棉产既有供不厌求的趋向，美人何不推广其植棉的面积，以应世界的需要乎？研究这个问题的时间，吾人应问植棉面积的多少，受何种情形的约束。一千八百九十二年、一千八百九十五年、一千九百五年及一千九百十二年，植棉的面积，何以大减乎？这种情形，都是普通心理的作用。人类的天性，往往以过去的情形，测度未来的状况。农人大都看的前年棉价的高下而定。其今年植棉地的广狭，未来的价值，非所计及焉。试将历年前届棉价的曲线与历年棉田的曲线，详细比较之，即可证明是说。一千九百三年至一千九百四年棉价的大，为历来所未有。一千九百四年春间，受垄断的影响，秋间即大跌落，故一千九百五年棉田较上年少百分的十三。一千八百九十二年、一千八百九十五年及一千九百十二年的情形，正复相同。前届棉价低贱，故棉田大减焉。

棉价向上的趋势，既较棉产向上的趋势为速，植棉的人应有厚利可图。而棉田的增加，反形迟缓者，盖有数故焉。

第一因为棉蛉虫的蔓延。该虫在一千八百六十二年，始见于墨西哥。三十年后，侵入塔克塞斯州的白朗斯维而(Brownsville)以后日就蔓延。至一千九百十三年时，被害区域有二十九万六千三百方英里的广大。南方近海各地，棉产被害殆尽。中央各州，几不能再种长绒棉。东方海岛棉区，亦有侵害的恐惧。该虫实为世界棉产的巨敌，学名为 Anthonomus grandis。成虫约长一寸的四分之一，灰黄甲壳。侵害花苞及未成熟的棉蛉。雌虫在蛉上蛀一小洞，即产卵其中。棉蛉生长的力量，因此阻碍。被害的花苞，凋残脱落。自夏徂冬，生可四五代。冬时，常藉残枝凋叶，趋避霜雪而过冬焉。该虫在初秋为害最烈，不能侵害成熟的棉蛉。故早熟的棉种，可免侵害。

棉蛉蛀虫的蔓延，不惟拘束美国棉产的发展，且每年损失数百万的金钱。研究虽久，所费虽多，尚未发明防除的方法。现在所注意者，在刈除田间的杂草、清洁沟畔的污物，不使该虫有所凭借而过冬。然在耶查流域及大西洋沿岸各州，杂草终年生长，刈除清洁，颇不容易。冬季的严寒，夏季的大旱，以及人工的捉除，亦能阻遏其蔓延的速率。设能育成早熟的棉种，必能避免该虫的侵蚀。现在美国农林部人员，全力注意于此，颇多成效云。

第二因为人工的缺乏。上述棉蛉蛀虫的蔓延，固为棉产发展的大障碍。苟虫害明日即能灭除，棉产亦未必能到吾人希望的程度，因有人工缺乏的障碍在也。植棉为耗费人工的事业。在人工众多的地方，植棉事业方能发达，乃有利益可图。昔日美国植棉人工多赖"黑奴"。黑奴虽不能久耐劳苦,工作效率亦复不大。然果能指导得宜,奖励合法,洵为植棉最配的工人。自黑奴开放以后,相当工人日就稀少。好逸者多,二三日的工作所入,已敷四五日闲荡之用。时作时辍,不能相强。农事失时,棉产未免受损矣。在埃及则适相反。农工劳苦独甚,一星期做工七日,一年做工三百六十五日,毫无间断,毫不偷闲,而工资不及美国四分之一。此所以埃及棉产的发展,较美国为大也。

因为人工缺乏,植棉成本的增加,远过棉价增高的速度。不惟如是,各地因不能得适当人工,耕种收获,不能及时。深耕易耨,未遑顾及。欲省人工而用马力,则各行距离,不得不大。收获不能及时,损失更巨。虽黑人自种的棉,因风俗的关系,常有不能应时收获之虞。早熟的棉,常因天气炎热,任置田中,不加采摘。设或遇雨,损失在百分之五左右。时届严冬,收获尚有未完全者。有一种棉的人,曾亲告托德先生曰:"吾人棉产的收获,应有二千万包。但吾们实收者,止得一千五百万包,且有一半已受损害也。"一千九百十一年收获极丰,而不能用于纺纱的棉,亦较历年为多。盖年岁虽佳,人工缺乏未能及时收获所致也。工资既贵,植棉生产费亦因之增高,而以收获费为尤著。在塔克塞斯州,收获的开始,每摘子棉一百磅,工资计洋六角(美金),季末增至一元。一季的平均,常约八角五分左右。在一千九百十三年时,季初已非七角不可。且人工异常缺乏,无工可雇的地方,只能听其自然。欧战以后,工价更贵矣。

人工缺乏的现象,恐永无救济的希望。每年客民迁居塔克塞斯者,户口颇众。但因荒地日辟,需工甚多,吸收来居的客民,尚觉不敷。该州昔多广大的牧场,今则尽为居民所有,开垦而为棉田矣。一千九百三年,该州棉田有七百八十万一千五百七十八亩。至一千九百十三年,增至一千二百五十九万七千亩矣。

因人工的缺乏,当然想及机械的利用。摘棉的机械,虽已发明数种,然试用的结果,每觉管理人工太费,价值太大。未可谓已得圆满结果也。

第三因植棉的生产费用大。工资不过生产费的一目,其他如器具、牲畜、饲料及肥料等市价,近来昂贵的情形,有出人意想之外者。试举一千九百十三年塔克塞斯州植棉生产费用表为例以证明之。

租田一百英亩(每英亩约等于中国六亩)

租税居收获的四分之一(缴还田主)

每英亩收获以二百磅棉花和四百磅棉籽计算

佃户的资本

驴四只	美金 七〇〇元
驾具	三二
犁	五五
播种器二具	七五
装物车二具	六〇
耙器一对	一八〇
割茎器一具	一五
除草锄六具	三点六〇
秤	一点七五
人坐车及驾具	一三〇
马	一五〇
棉包及杂具	五〇点二〇
共计	一四七八点五五
利息一分	一四七点八五
折旧一二点五%	一四八点八二

种子费(七十五英斗,每英斗计洋二元)　　　一五〇点〇〇

人工

常工二人(用六个月,每月二十元)	二四〇
间除二次工资	一五〇
收获费(每子花一百磅,作八角五分计算)	五一〇
秤棉费	三〇
运棉至轧花厂	四八
共计	九七八点〇〇

轧花及打包

秤费	四
轧花打包包皮	一二〇
共计	一二四点〇〇

饲料

四百五十英斗玉蜀黍每英斗计洋五角	二二五

三百六十包饲草每包计洋五角	一八二点五〇
共计	四〇七点五〇
管理员薪	
管理员一人每月支一百元一人管理一千英亩	一二〇
共计	二一一二点一七
产品价值	
花衣四十包	二四〇〇
花子	四〇〇
共计	二八〇〇
减去租税	七〇〇
计	二一〇〇点〇〇

上述的例,虽为塔克塞斯州实在的情形,恐不能代表各地的状况。然植棉的利益,因工资高贵,租税厚重,所获并不过厚,可断言也。故美国植棉的事业,尚为黑人所专有。面积不能大加扩广,此亦一原因也。

未来的问题

以后美国高原棉出产的状况,实为吾人所应注意的重要问题。论棉蒴蛀虫的为害,则蔓延不已。论每亩的产量,则未必增多。论生产费的支出,则有加无减。长此以往,棉田不惟不能推广,恐将日形减少矣。未来的希望,只有设法增加产量,注意品质改良而已。

论增加产量一端,在美国很有希望。现在美国每英亩平均的产量,不及二百磅花衣。在埃及则至四百五十磅左右,相差一倍有余。经各地研究的结果,如用佳良的种子、适宜的栽培方法、相当的肥料,不惟收获量大可增加。即品质的改良,亦能同时向上,并行不悖。今欲改良棉产,当先注意种子的改良。美国农人所用的种子,大都取诸轧花厂未经选择,且多混杂。一年复一年,不觉其产量减少、品质变劣矣。选种有两种方法:(一)就适宜的种子而选择之。(二)更种较良的种子。农林部及植棉家,现均注意新种的发明及分给。但守成不变的小农,尚多不知选种的利益,良可慨也。

棉质改良的迟缓,其咎不仅在农家。无适当的市场出高价以销纳佳棉,亦为推广改植佳种的障碍。现在美国专营生棉出口的大商号于棉产区域,大都设有分庄收买各等货色,汇集分等,再行输出。营业人员,富有识棉经验,故能分等收买，照货给价，不使农人吃亏。然各地均有零星收买商号，纷往各处专事收买，再行售与出口商人者。是项小经纪的商人，既无识别棉质的学识，又不欢迎多收高等的棉。小镇中舍此别无收买机关，则农人出售，不能选择行家。或竟迫于经济急速求售，不能待价而估。则优劣不分，往往得同一的价值。农人又何苦多费劳力资本，种植优良的棉耶？

南嘉禄拉爱拿州有植棉家名可感（Coker）者，热心改良棉质。所做的事业，颇可模范一方。可感自营种子场多处，育成嘉种分给农民。并组织收买的机关，出相当的价值，收买出产的良棉，分等销售于美国或欧洲。该地前年出产的棉质，非常短劣。自经可感提倡后，全行改种可感造育的种子，棉丝长度增至一寸及一寸半以上矣。

译者按世界生棉的销费额，历年均有增加。而历年的生产额因天时人力的关系，未必加增。据商业经济统计报告（Commercial and Financial Chronicle），反有退化现象。一千九百十五年至十七年三年间的生产，均较一千九百十四年时为少。相差常在一百万包以上。即就美国而论，一千九百十四年产量为二千余万包，次年即降至一千九百余万包，十六年与十七年均未超过一千八百余万包。棉价虽日益增高，而出产竟有不能保持现象之势。盖害虫的蔓延、食粮价的腾贵、人工的缺乏，有以致之。美国的棉产，照现在的情形而论，很少发展增加的希望。吾国田地广大，人工众多，苟能实力提倡，尽心于棉田的推广、棉质的改良、栽培方法的研求、病害虫害的注意，十数年后不惟仅能供给本国的需要，或可补救他国棉产的不足，亦未可知也。

（原载于《华商纱厂联合会季刊》1915 年第 1 卷第 4 期，206—228 页）

英国田制之变迁

（1920 年）

过探先

　　发展农业之障碍，除战争疫疠饥馑而外，首推非驻在之租田制，即田主不居于田地所在之地，而专以取租于佃户之谓也。其弊盖有数端：（一）租金输用于别处，为业农之乡之一大漏卮。（二）田主于农乡无永久利益之观念，只顾租金之征取。佃户以时间与财力之关系，亦难冀其为公益事务之经营，社会由此日呈衰象，一切教育公益等事不能进行发达。（三）田主与佃户，离居既远，交接难期，易生种种误会，冲突由是而起。佃户或因其田主之心狠刻而起反抗，田主复因受种种之刺激而为报复之谋。此种现象，各国农业史上皆有例据可证。即江苏六年吴县闹荒之风潮，亦未始非由业主与佃户之隔膜而起也。故租田制，为吾人之所忌，而非驻在之租田制，其弊尤大。若田主驻在租田之处，则田主与佃户为邻居，往来既密，感情自佳。较非驻在者，固当稍胜一筹也。

　　虽然，驻在之租田制，非无利益可言也。佃户因耕种之忙迫，无改良之余力。田主藉租以为收入，当然谋农家之幸福。田主与佃户，固相扶持者也。北美农田，业主多行自耕。闲暇既少，经济又缺，能致力于农事之试验，灌溉之改良，以及一切公益事务者，十无一二。于英则反是，大业主不待时机之要求，力顾农人之利益。故美国农事之改良，以中央农林部各省农业学校试验场为枢纽。在英则以为农人表率之业主为枢纽也。行租田制者，农业社会较易组织，亦为利益之一。盖农业社会，因缺乏领袖人物之故，往往不易组织，甚至互生猜忌焉。

　　欧战既开，经济竞争益形激烈。英国之驻在租田制，亦不得不随世界潮流而变迁。英国素因田地分配之不均，而生社会之阶级，读英史者，莫不知之。今日租田制之变迁，为民生主义之起原，未始非社会之福也。在 1913 年时,有四百贵族,每族之地产在八万亩以上,有九人,每人之森林,在二十四万亩以上。英伦三岛,四万六千二百万之田地,有一半在一千五百人掌握之中。最多者为一公爵,其田产在九百万亩以上,今则因世界经济潮流之变迁,竞争之剧烈,大田主不能复如昔日之安富尊荣矣。

英国田制之变迁,大田主之不能存在,赋税之重有以致之。设以得五元之租者而论,间接或直接纳税于政府之数,竟至四元三角七分之巨。其纯益之收入,只得六角二分耳。五十年前,英国农业已现衰颓气象,食料输入骤增,耕种面积渐少,农民生计,困苦异常。田主绝少农学专家,可以拯民于水火,且又不屑及此焉。

且英国之贵族,素以畜牧相尚,耕地因之日促。1875 年,至欧战之始,农田变为牧场者二千万亩左右,地租因之日降,地价之低落达四千兆元。一田主于 1876 年至 1884 年八年半之间,得地租四万五千一百五十元。然于 1905 年至 1914 年九年之间,同一面积之地租,仅三万四千八百十五元。又有田九百亩,在 1876 年,地租为一千一百六十五元,在 1912 年,仅五百八十五元耳。

田租收入,虽日益降低,而政府所定之赋税,则日见加重。盖英国政府社会,渐已觉悟田地垄断之不均,阶级制度之非计,思欲以田赋之加增间接限制其地主之并吞。在 1914 年时,田主所付之田赋,居田价百分之十四,即值百元之田,当纳赋十四元也。宣战后赋税更重,所得税,每一金磅纳五先令。额外加征,每磅纳三先令六便士。盈利税,须纳百分之八十。田租低落已久,复经重赋之打击,田主遂有难以支持之态矣。

地主既受重税之压力,不得不作自保之谋。然欲加增田租以挹注,已为法律所不许。盖其时,适当德人厉行潜艇之际。英人恐国内粮食断绝,极力提倡农业,遂有不得于 1922 年增加田租之规定。故田主惟有节流之一法,盛倡自行收租之议,不再假手于经理(犹苏人之所谓"催仔")。租田经理,恃势作弊,为害农民,不啻如滋蔓之莠草。田主自行经理,固为节流起见,而农民间接受其实惠已不鲜矣。

田主不但自行经理田租,更有进而自营农业者。如某公爵收回租田之一部,自行耕种,并雇簿记专家,详细记载一切出纳,其结果,收入之增加较地租为倍。一倡百和,英国租田制之变更,可计日而待矣。

(原载《科学》1920 年第 5 卷第 5 期,518—521 页)

世界农业新闻

（1923 年）

过探先辑

一、英国前农相之提倡畜牧试验

英国前农相李氏，将其私有田地一千三百英亩（每英亩等于中亩六亩六分），献于英国政府，作为模范畜牧场之用，内有七百英亩为熟田，余为森林。政府将建设模范畜牧场于此，注重牲畜育种事业，并研究谷类作物及牧草之改良。

二、记英国国立农作物研究院

英国国立农作物研究院（British National Institute of Agricultural Botany）之本部，在 Cambridge 已于一千九百二十一年十月一日正式开幕。其事业大致摹仿瑞典国之 Suolof 试验场。有品种改良分场，有种子检查所，有马铃薯试验场各一。十月十四日，英王偕同王后农相等至院视察。并各植桑树一枝，以为纪念。一半之经费由各种子公司、各农产品贸易公司、各厂家以及各私人所捐助，一半则由公款拨给。

三、英前相之重农主张

英国前首相乔治氏，于十二月五日，在下院力主大兴农业，以此为解决失业问题及保持国家安富之唯一方法。今首相波拉劳氏与乔治氏会商商后，在下议院宣称,彼已决议:以著名经济学专家三人,组织调查局,考察近五十年来殖民地及外国振兴农业方法,藉资效法云。

四、残废兵士之农业职业教育

美国退伍兵士管理局,于岛海岛州,设立第一职业学校,其农业一部分,现已组织成立。有教员六人,助教四人,教室、实验室、乳牛场、实习场,均极完备。有寄宿舍一所,可容四百人,并有平房多所,为住家之用。拟定之课程,有农艺学、经济昆虫学、植物学、畜牧学、乳品学、园艺学、农业机械学、农场管理学,以及英文、历史、算术、地理、图书等普通科目,培养森林人材,亦极注意。岛海岛州政府,并补助一万美金,为苗圃及在学校附近造林之需。此项学校设立之宗旨,在乎教育残废之兵士,兵士学识之程度,甚属浅薄。故各学科之教授方法,力主浅近,注重实用。俾于毕业以后,可以从事于农业而谋生焉。

五、美国之全国农业讨论会

美国全国农业讨论会第一届大会,在一千九百二十二年正月二十二至二十七日举行于京城。重要之农民团体,各州之农务科,各农科大学,以及各商业机关与农业有密切关系者,均派代表莅会。到会之代表,总数在三百人以上,各处之农夫农妇,到会者亦不少,各代表均能根据个人之学问及经验发挥对于国家重大农业问题之意见。为便利起见,复行分组讨论,有农业与物价之关系,农业之借贷及保险、运输方法,市上之需要及国外之竞争,成本平允市价方法,农产统计及市场报告,农产物出售方法,农事研究与农业教育,国家森林政策,农户及家室问题,州与中央政策及法律之关系等,共计十二组云。

(原载《农学》1923 年第 1 卷第 1 期,168—169 页)

其他论述

江苏治螟记

（1919 年）

过探先

　　稻为江苏主要作物之一。螟为害稻虫之最甚者。苏省鉴于民国六年金山等县螟虫为害之大，于七年夏，由实业厅组织考查团，专以劝导农民防除螟虫为职务，并行随时考察各县状况，决定螟虫之种类，生育之习性。为期半载，竭团员三十余人之力，虽不能尽歼乃孽，而七年各县螟害居然大减。虽曰天时使然，固有人力在也。爰撮记其心得如下，谅亦有志研究昆虫学者所许乎。

　　螟虫之为害，不自今始。乡人称之为"箬帽瘟""白消""白秀"，在苏已有数十年之久。查《江苏实业行政报告第一册》所载，民国元年高淳一县，水稻被虫歉收约四十余万担，昆山约二十万担，吴江约一百十余万担，江阴约三十余万担，溧阳约七十余万担。是年有统计之始，五县之损失已在五百万元左右。其他无统计各县，非无螟也，不知有螟也。其他无统计各年，螟害非不重也，狃于天灾之成见，注意无人也。春秋隐公五年书螟，前汉武帝纪元光五年八月螟，是吾国之有螟，已数千余年矣。《玉篇》云："螟为食苗心虫。"李巡云："螟，言其奸，冥冥难知也。"陆玑云："螟似好蚅而头不赤。"是螟虫之状态习性，古人知之亦详矣。《诗·小雅》曰："去其螟螣，及其蟊贼。"是古人未必无螟治之法，特年久而失传耳。

　　螟之大别有三：(1) 二化螟虫，每年发生成虫二次。(2) 三化螟虫，每年发生成虫三次。(3) 大螟虫，幼虫成虫，均较二化三化为大，每年发生成虫三次。苏省之螟，大螟虫尚少。各县办发见者，大都属于二化三化，往往错杂互生。盖其发育早晚之不同，有以致之。后述各例，摘录团员观察所及，幸勿执一而观也可。

　　(a) 松江小西泾乡，有二化螟虫。枫泾有二化三化夹杂而居。小崐山乡东库一带似均二化。十二三等图，则二化三化均有。三化尤多。

（b）金山三化为多。

（c）昆山张浦乡发生二化。陶家集捕得三化。

（d）吴县旧长元境所发见者，都系三化，陆墓郭巷尹山，蠡口南北桥等市乡，二化三化均有。唯亭乡发见二化。

（e）吴江八桥二化三化均有。北库二化三化均有。芦墟二化。

（f）武进二化为多。

观上各例，苏省之螟，二化三化，各县均有，孰多孰少，甚难断定，非一二年之记载所能解决也。

螟虫发育时期，各处容或不同。据日人研究所得之报告，二化螟初次成虫之发生，大都在五月下旬，及六月上中二旬。二次之蛾，大都在八月中下二旬。三化螟初次之蛾，大都在四月中下二旬五月间发生。二次之蛾，大都在七月下旬。三次之蛾，则在九月上旬云。苏省考查团，本有设立观察区之计划。因经济人才之关系，不克实行。姑就各团员之报告，记螟虫发育之情形如下。惜各县记载不全，未免残缺之憾也。

表 5-1-1　螟虫发育之情形

地点	时间											
	五月			六月			七月			八月		
	上	中	下	上	中	下	上	中	下	上	中	下
松江					虫	虫	蛹	蛾卵	蛾卵	虫	蛾卵	
金山									虫		卵	
青浦					蛾			卵				
昆山				蛹蛾	卵							
常熟							卵					
吴县				蛾卵						蛹		
吴江									虫			
武进					卵					蛾卵		
溧阳												卵

又据各人之观察，螟虫发育之迟速，与天时及稻苗生长之情形，颇有关系，不敢以一年之经验而遂断定也。

乡农不学,病虫之灾,诿谓天祸。非不愿尽防除之力而自卫也,实不知其灾原之所在,及其防除之方法耳。吾辈之职务,首在破除愚民螟害为天意之说。次则劝导防除之方法。以演讲指示为破除迷信之入手。以采卵为防除之法门。防除方法,不止采卵一端。轻而易举者,固莫如采卵若也。兹得一般之防除法,分为当年见效及隔年见效二项叙之以为参考。

(1) 当年见效者

(a) 捕蛾:(甲) 人力。灯诱或网捕。

(乙) 天敌。蝙蝠、蜘蛛、鸟等。

(b) 灭卵:(甲) 人力。采集卵块。苗田、稻田。

施毒剂。

(乙) 天敌。寄生蜂类。

(c) 灭虫:(甲) 施毒剂。

(乙) 捕捉。

(只及在卵化时之幼虫尚在茎外者)

(2) 隔年见效者

(d) 捕虫(已入茎者):

(甲) 截去受害之稻茎。

(乙) 烧稻根。

(丙) 掩埋稻根。

(丁) 稻田于冬期浸水。

论防除螟害方法,根本之图,莫如焚根。救急治标,莫如采卵。以个人之经验而言,采卵虽为治标之计,尤为防除法之最易施行、最有功效者。何则?焚根或有遗留,必须以采卵补其不迨,始克有济。否则蛾卵相生,后患堪虞。惟卵有一定之状态,有一定之地位,显而易见,不若虫蛹之隐匿于根,或蛾之飞翔于空中,捕捉废事也。果能标本兼治,创除自易为力。与其注意焚根而忽于采卵,不如专注采卵之为愈。其他若诱蛾截茎,虽为防除之要法,恐不能推行于中国。若灌油杀虫、施肥固本之说,则无确实之试验可凭,更不足道矣。

美国加利福尼亚州立大学农科昆虫学主任教授吴伟士博士来宁,而叩以防除螟虫之方法,赞成避种水稻之议,极诋采卵之策。再三诘问,方知吴博士之反对采卵,非谓采卵之不足见效,谓废人工太大,于经济上或不合算。盖美国社会学家之言也。中国农人,耕种面积太小,虽于极忙时,独多闲暇之人。

苟能于日出日入之际,利用品茶闲谈之时间为搜捕螟卵之举,亦增进收入之一法。彼谓无工夫以从事者,惰人也。

螟虫又能寄生于与稻相类之植物,已经证明无疑。有于荸荠田中采得螟卵者,则属创举。某国员之记载有曰:"近顾翁稻田之侧,有低田一丘,系种荸荠。螟蛾群集。绿色之荠茜,均为蛾翼所掩,望之如白蝶飞舞。检视茜上,卵块散布殆遍。本日自斜塘至郭巷,一路所见荠田,一望皆然。"则螟虫寄生之范围,固不仅限于与稻相类之植物乎。

与稻虫发生相似之加害状况者,于虫则有龙虫、杆蝇、浮尘子、蚜虫等,于病则有稻热病、叶枯病等。其他如椿象苞虫等,各处为害亦烈。

农民习故蹈常,往往难与图始。虽力倡采卵除螟之议,实行者益鲜。爰不得已而建收买螟卵之策。风声所播,卖者纷集。乡间小生活事业,有全行停止,以从事采卵争利者。不数日,各县收买之卵得 34,743,161 块(每块有卵数十枚),蛾得 9,756,537 头,虫得 13,635,759 条。经此巨创,乃获有秋。

作者常谓但碍农业之进行、农民之生计者,除水旱、虫病、兵灾以外,莫如不驻在之租田制。某团员与某老农之谈话,颇足代表农家一般之情形及心理。述之以告邦人。

"翁家种田几何?"

"以前种十余亩,今则儿子已做木匠,仅老妻种租田二亩耳。"

"比年乡间种田者如何情形?"

"有句俗谚,可以代表:种田如种祸,不种倒无祸。"

"其意云何?"

"近岁白秀,年盛一年。乡间业主均在稻热时候,自己放小舟遍历各田。某丘好,某丘不好,早已预知,再分别佃户之孰贫孰富。居时收租,成竹在胸,万不肯使其弃妻子、售产业而远遁他方。城中业主则不然,无论本年年成之如何,如在鼓中。即自己所有之田,亦不知丘头东西南北。凡事均委诸催子之手(催子即催甲,代田主催租之人也)。催子对于乡人,则威吓强迫。对于业主,则献媚讨好。若不如此,要被业主撤换。只图自己名利,安管他人冻饿。然而做佃户者,则苦不胜言矣。谚语之构成,实由于此。"

"城中业主岂无好者?"

"若某氏均是好的。但业主一好，佃户亦世世相守，无有肯退种者。他人虽欲种此数家之田，从何而得。"

"稻中有螟虫，乡间信之否？"

"初时不甚明瞭，疑为天意。本年上春，始知稻根有虫。至于现在，则非仅知螟能害稻，即若者为蛾为卵为幼虫为蛹，亦俱晓然矣。"

苏省螟虫之种类、广布之区域、为害之程度、发育之期间，以及稻种有无善于抵抗之种、防除方法，孰者最为有效，此种问题，亟应从事试验，以科学的经济的方法解决之。考查团未经从事科学之研求，即行倡议采卵防除之法，因为一时救急之计，非敢遂言治螟之道已经解决也。读是篇者，有愿为以上所列诸问题之研求者乎，不胜企盼之至。

（原载《科学》1919 年第 4 卷第 8 期，791—797 页）

余之通泰两属盐垦事业观

（1922 年）

过探先

南通之著闻,以实业之发达。而实业之中,范围广而影响大者,莫过于盐垦公司。即以大有晋、大豫、大赉、大丰四公司而论,已投之资本总额几及千万元,垦植之面积在五十万亩以上,未经整理开垦者尚有二三百万亩,赖以谋生者共计十万户左右。集合南通所有之新工业新商业与之比拟而并论,恐尚不能及其项背也。

南通之著闻,以教育之普及,而教育之有实惠者,莫若盐垦公司之国民学校。国人论教育之建设,每多趋重于都市而忽于乡村。乡村之教育,近来固有提倡注意者,然因人材经济之关系,其成绩远不若都市教育之良。其因乡村风气之鄙塞,学子寥寥,有名而无实者,固无论矣。独盐垦公司各区之国民学校,异常发达。教员诚朴,学子纯谨,形式精神,叹观止矣。闻各公司之计画,每区(约二三万亩之面积,户口约千数)设一国民学校。俟国民教育普及后,再行规划高等小学云。说者谓盐垦公司之教育计划,其重要不亚于南通大学,其效果或将过之无不及,非虚语也。

南通之著闻,以自治之成绩,而自治成绩之优良,以公司之各区为最,无须军警之林立,而盗贼不作,妓寮不见,赌博不闻。不有体育之提倡,道德之演讲,而社会之安静无比,人民强健异常,较诸城市之骄奢淫佚、羸弱多病,岂可同日而语哉! 自治之真象在彼而不在此也。

南通之精神,在实业,在教育,在自治,而其精神之所寄,则在盐垦各公司。观南通者,每忽于盐垦公司之考察;评南通者,绝少注意公司之关系。所谓不揣其本而齐其末也。

抑盐垦各公司,不仅为南通精神之所寄,抑亦为全国农业发展之命脉也。吾国名谓以农立国，实则农之一事，为士大夫不屑道也久矣。农民既熙熙攘攘，乐天安分，执政者复利用其愚蠢，任其相生而相息，丰歉委诸天，死生由诸命而已。各公司独能运用人力与资本，将数百万亩斥卤废弃之地，规划经营，俾成膏腴，不独国家骤增数千万元之富力，而人多地少之区，得此广大可耕之田地，藉以把注其余溢之农工，受惠亦非浅鲜也。不观海门之先例乎，人烟稠密，地价高而寸土如金，耕地狭而生计维艰。在民国六、七、八三年之间，出外至公司为佃者近十万户，海门之地价一时为之暴落，工价随之而增加，业农者方得稍减其竞争压逼之苦痛。吾国人口日繁，既无国力为海外殖民之后盾，边疆高腴之地亦复任人染指而不惜，各公司之所经营者，不啻为国内移民惟一之地域，谓之在吾国农业上创一新纪元也，谁曰不宜？

井田之制废，而沟洫不修，各自为政，以邻为壑，而水利更不堪问。独盐垦各公司有远大之计划，外河内沟，条理井然，既无水潦之灾，又少旱涸之虞。较之兴化等处，道路常为积水所阻梗者，相去何啻霄壤。各公司水利之规划，洵为当今之模范，后世之圭臬也。

吾国之农业，急应改良，闻之熟矣。改良容易提倡，容易见效者，当推盐垦各公司。各公司各区自种之标准田，苟能应用科学之方法管理经营之，则不啻指示之模范农场也。公司职员与农民常相往来，时以改良方法相劝导，则不啻农家之良师也。各公司各区设立之小学，苟能添设担任农业之教员，普及试验所得之良法，调查农民之困难，为研究试验之资料，则不啻传输机关也。通泰盐垦各公司，其将为吾国实施改良农业之大试验场乎！其将为吾国新农业之发祥地乎！

虽然，各公司之事业，足以辟农业之新纪元，各公司之规划，不愧为当然之模范，各公司之组织，最合宜农事改良之实施，固也。以农业之眼光视之，吾以为尚有缺点在焉。缺点何在？在乎无农事上之计划耳。每户耕种之面积，多数以十五亩为标准，未免太狭。作物以棉为大宗，不知注意于轮种，未免失当。土肥不知保守，省力器具不知应用，种子则驳杂不堪，不知选择。病虫则到处蔓延，不加遏阻，凡此种种，均与公司前途获利之丰歉、基础之稳固与否，有莫大之关系列，极应早定计划，藉谋解决者也，而公司忽焉。因病虫害之蔓延、耕种方法之不善、种子之不良，各公司区域内之收获，二三年来，异常歉薄，较之寻常应得之数量，往往不及十之二三。

为今之计，各公司急应互相联络，组织一农事机关，聘请专门家主持，执行研究农事之改良、病虫害之防除、纯种之发给、农学知识之普及，则其事业方有蒸蒸日上之势乎！

（原载《科学》1919 年第 7 卷第 9 期，970—973 页）

动物之寿命

（1922 年）

过探先演讲　曾省笔述

人皆畏死，而死终不幸免。位高而名显者，则喜寿之长。秦始皇、汉武帝信方士，求长生之术。当时谋救死之法，全属虚谈，非有真理存乎其间。故法终不行，洎乎晚近科学昌明，凡生物医药生理诸学，皆足以阐发其幽微，然终未有正当之解决。美人 R.Pearl 初以生物为何而死，及生物为何至死时而死二问题发于其衷，乃从事研究，广搜事实，立以下诸说。

（一）生物寿命不同，原生动物生命仅有二十四小时，昆虫二十四小时至十七年，鱼有活至二百六十七年，两栖类三十六年，爬虫类一百七十五年，鸟一百十八年，哺乳类一百年。

（二）察以上所举各动物之寿命，知生命之修短，与生物之组织及生理似无关也。

（三）生物之老死必有死征，如人至老时，身躯屈曲，发渐苍白，面生皱纹，且内部之细胞变小，其中原生质稀薄而色较深。

（四）单细胞动物永活不死，分裂后其第二代之细胞则各含第一代之半。昔 Woodruff 研究草履虫（paramecium）十三年，共有八千五百代，曾未发见其死者。

（五）不但草履虫如斯，即复细胞动物体中细胞，若得适宜之环境，亦可生育自然。昔 Loeb 将蛙卵于未受精前用针刺之，亦能发达。Harrison 之组织培养试验（Tissue Culture）亦足以证明细胞之自能生长繁殖、绵延不断也。Weismann 主张人之精质长生不死，亦足以与前说相表里。

（六）由以上诸说观之，生物之寿命不能夭折，惟分工之现象发生，细胞各有专司，且彼此有连带之关系，倘一有损伤，其余细胞必受影响，终致牵动全体,使归于死,可不惧哉。

生物何以有死,学说纷呶,莫衷一是。据宗教之迷信,说死为罪之酬报,实属荒谬无稽,毋庸置辩。一八八一年,Weismann 说死乃生物适合境遇之现象,甚利于种族,且由天择而遗传,恐亦无人赞同其说。Montgomery 说细胞平时能生一种毒质,日久充斥其间,动物以之而死。Coklin 说是新陈代谢(metabolism)之能力减少所致。Pearl 则归罪于生物身体细胞分工现象之发生,盖仍 Jennings 之旧说,谓一细胞之死亡,能影响于全体也。

死之原因甚复杂,据万国统计家之分类计十四类,百八十种。Pearl 约分之为十类:(1) 循环器;(2) 呼吸器;(3) 生殖器;(4) 排泄器;(5) 骨骼及筋肉;(6) 消化器;(7) 感觉器;(8) 皮肤;(9) 无管腺;(10) 其他无可分者。按英美巴西三国之统计,英美人民以呼吸器受病死者为多,巴西以消化器为多。若合三国统计观之,则死由呼吸器及消化器受病而致者强半,次之为循环器、感觉器、排泄器、生殖器,其余三者则甚少。由是观之,则分工之为害于生命也甚大。如肺之生活全恃血之运行,而血之来自消化器。若消化器受病,呼吸器及循环器亦如之,故生物体内各器官彼此显有连带之关系。身体之构造一如汽车然,内部各机关耐久之力不同,脑最强,心次之,肺最弱。

死是否由病尚属疑问。人之身体犹八日之钟,然钟之不能摇摆八日者,悬挂之位置及外动有关也。生物之不寿,则遗传于环境。遗传可方钟之内容,环境可方位置及外力。Pearson 研究各种家族之寿命,证明人之死,百分之五十至七十五由于遗传,不能因环境而挽回。Pearl 因寿命之试验,不能施诸人,乃用香蕉蝇(drosophila)代之。该虫寿命甚短,且易养,产卵在食物干处,卵一天即孵化,隔三四日而成蛹,再四五日而成蝇,更一日而产卵,其寿有一天或九十天。此蝇之死亡曲线颇与人类死亡之曲线相似。人类女命每较男为长,香蕉蝇亦然,故所得之结果,可推诸人类必无疑义。乃将蝇分为数系,置同蝇所产之雌雄二蝇(兄妹)于一瓶中,放食物及干吸水纸,使产卵其上。食物之分量及性质,各瓶皆同。至十天以后,在子蝇孵化以前,将前蝇移出,看其孵出者,则分置之瓶上,皆标记日期,且共同培养于摄氏二十五度之空气中,然后察其死否,列一统计。考其结果,每系之内蝇之寿命,与别系不同。此外寿命长短二蝇交配所得之结果,亦可证明寿命为遗传性之单位(unit character):

长寿平均 44.2±4

短寿平均 14.1±

第一代(长寿与短寿)交配之杂种 51.5±5

第二代(长寿与短寿)交配之杂种 43.3±4(长寿)14.6±6(短寿)

寿命与病有关否,可就微菌论之。人之口中常有肺炎菌,然人未必皆死于肺炎也。且人至三十五岁时,有百分之九十五受肺痨病之侵害。然十人之中,未有一人死于肺痨。Loeb 及 Northrop 放香蕉蝇之卵先用八十五度酒精泡过十分钟者于瓶中,此瓶已经消毒,故与菌不接触,后得蝇七十,在无菌处平均寿命为 28.5 强弱,而与菌接触之蝇,其寿命有过之无不及焉。温度与寿命有关,Lobb 用香蕉蝇证明生长于温度低处者,其寿命每较生长于高温者为长,其试验结果如下。

表 5 - 3 - 1　温度与香蕉蝇寿命试验结果

温度	幼虫	蛹	成虫	总数
15	17.8	13.7	92.4	123.9
30	4.12	3.43	13.6	21.5

蝇在低温处发育迟缓,高处者反是。化学原理凡物起变化,温度高,则进行愈速,动物之代谢作用亦然。不但是也,动物之运动亦可促其寿命。昔有人用白洋鼠四只在笼内转轮,计其速率能走一千二百六十五至五千四百四十九万里,其平均寿命为 29.5,又有三只不许运动,平均寿命反有 40.3 之多。

动物之老死似无妙术挽回,然世之所谓返老还童者,亦有之。Voronoff 及 Stemach 用生长二十六月之鼠毛已秃者,将其生殖器中之管结束可使变稚。盖其中物质不能入血故也。Robertson 用脑中 Pitnitary Gland* 所分泌之液,杂饵中以喂鼠,能使鼠寿延年。盖 Pitnitary Gland 在脑中常分泌液质,使体长大,是谓 Tostheline 法也。

(原载《科学》1922 年第 7 卷第 10 期,1078—1082 页)

---

* Pitnitary Gland,即脑垂体。

我国糖业问题之重大及其改进方法

（1922 年）

过探先

自十九世纪以来,各国用政治兵力,以侵略他国。欧战后,乃以经济为侵略。欧战以前,工商实为经济侵略之工具。三四年来,农业实为经济侵略之后援。欧洲除德国注重农业外,其他各国,皆以工商为本。然自大战所得之教训,使以工商业立国之英人,亦翻然悔悟,偏重农业焉。若美则更有甚于昔,按各国重农之原因实以农为衣食之本、工商之源故也。吾国欲求经济自卫之政策,舍提倡自给及输出无他法。欲求自给及输出之增加,舍振兴农产无他法。

（一）自给　欲求经济之战胜,须人民于衣食住三者饶裕自足,则外货不入国内,漏卮不出国外。如米、麦、棉、糖,皆人生一日不可或缺也。

（二）输出　中国仅足自给者,米麦,但去年收成不佳。麦之输入者甚多,其次为棉及糖。吾国输出最多者为大豆、蚕丝、茶。故今日提倡糖业,即求自给之道,或为糖为消耗品之一,不知糖实有关于人生也。

糖之初为人用,只医药上用之。吾国当唐大历中（代宗）,为西历八世纪时,有邹和尚者,发明制蔗为糖之法。而欧洲则自十七世纪,英皇后衣利撒白*,始用之。其后热带属地,乃多种甘蔗,以制糖。糖乃盛输入于欧洲焉。虽然当日糖价甚贵,平民不能购用。一四八二年,每百值金洋二百七十五元。昂贵之原由,则因:（一）出产限于热带地;（二）属地商业转运难,消费极大。至一七四七年,德国化学家 Mangref 氏,乃发明甜菜制糖。其学生 Achard 氏,始设厂制糖。于是各国属地产糖,不能与之竞争,欧洲金融,为之大起

---

*　英皇后衣利撒白,即英国女王伊丽莎白一世。

恐慌。

有人赇以三万金,劝其停业,然不足以动其心。一八一二年,拿破仑谕令,建设甜菜学校,并设立种植场,使农学家、化学家入学研究。欧洲自拿氏提倡后,至一八二五年,糖业大兴。因:(一)制造法改良;(二)用甜菜制糖。自一八六五年至一九一五年,五十年中,增加九倍有余。盖一八六五年,仅出产四千五百兆。至一九一五年,已增加为四万五千兆矣。

世界各国需糖之多寡,随文明程度而增进,美人年用糖七十余磅,英人更有甚焉。

今列各国每人每年消费糖之平均数如后(表中以磅为单位)。

表 5-4-1 各国每人每年消费糖之平均数

国名	每人每年消费量
英	89.58
丹麦	78.23
美	77.63
瑞士	61.81
瑞典及挪威	50.26
德国	42.79
荷兰	41.49
法	38.89
比	32.66
奥国	24.9
俄国	21.1
西班牙	12.7
意大利	8.9
中国	3

观表,可知国人消费,只有英人三十分之一,其微可知也。

糖之功用 糖何以消耗之多寡,与人民文明程度为正比例耶? 盖筋肉之原动力,皆来自糖也。据科学家试验,五百克之糖,能增加工作效力百分之六十一,食三四克之糖能减少疲倦,为兵士、小儿、农人不可少之食物,而非一种消耗品也。国人欲增加工作之效率决非二三磅之糖所能足也。

糖之生产地　世界各国产甘蔗者,首推印度,次古巴、爪哇、檀香山,其余如波陀梨角、美国、巴西、毛里撒司*,其出产皆在十万吨上。甜菜糖之出产各国,列表如下(欧战前)。

表 5 - 4 - 2　甜菜糖之出产各国概况

国家	数量
德	200 万吨以上
俄	150 万吨以上
奥	150 万吨
法	100 万吨以下
美	100 万吨以下
荷	10 万吨以上
比	10 万吨以上

糖之出产地极为有限者:(一) 农夫不能制糖,非如棉丝等,自生产自制造也。(二) 糖厂资本极大,不能普及。

今再以世界各国之糖产,自一八五〇年,至一九一八年止,每十年间及最近数年之糖产量列表如后。

表 5 - 4 - 3　1850—1918 年每十年间及最近数年世界之糖产量

西历	世界产糖额
1850 年	1,400,000 吨
1860 年	1,791,000 吨
1870 年	2,587,000 吨
1880 年	3,847,000 吨
1890 年	6,112,000 吨

---

* 毛里撒司,即毛里求斯。

西历	世界产糖额
1990 年 *	11,903,000 吨
1910 年	17,070,784 吨
1915 年	18,382,500 吨
1918 年	17,556,400 吨

在七十年中,增加十余倍。今再以世界各国糖之输入输出之百分数,表如后(一九〇九——一九一三年五年之平均数)。

表 5 - 4 - 4　1909—1913 年五年世界各国糖之输入之百分数

国名	百分数
美	29.5%
英	25.6%
印度	10%
中国	4.8%
加拿大	4.1%
其他各国	23.6%

总数 14,378,294,061 磅

表 5 - 4 - 5　1909—1913 年五年世界各国糖之输出之百分数

国名	百分数
古巴	26.9%
东印第	18.9%
德国	11.7%
奥国	11.4%
其他各国	31.1%

总数 14,930,047,885 磅

---

* 原文"一九九〇年",应为"一九〇〇年"之误。

至吾国所产者,为数不多,今并列以资参考。

表 5-4-6　民国元年至民国六年我国产糖斤数

年别	产糖斤数
元年产糖	229,345,203
二年	258,669,627
三年	303,826,550
五年	238,837,737
六年	244,275,370

至输入超过输出额,自元年至七年止,其总数为三,六二〇,三二七,七〇〇斤。故吾国漏卮之失于糖者,年在数千万两。欲提倡吾国糖业,惟有奖励种甘蔗与甜菜耳。而甘蔗只广东、福建、云南及浙江一部分产之,若甜菜则长江南北皆适宜焉,故提倡甜菜,实为要图。从前美国产糖不多,有柏氏者(Palmer)费十五年之力考察欧洲各国糖业,与农业家、经济家相晤谈,均谓欧洲甜菜之种植,与农业之经营、耕种之方法、土壤之肥沃极有关系,不仅每年生产数万万元之金钱而已也。德国费三百五十兆金元,以提倡甜菜,故乃有今日之结果焉。

柏氏既回新大陆,乃以其见闻,著为报告。故美洲甜菜事业,亦日以新盛焉。种植甜菜,其益甚大,分言之。

(一)辅助农业,以改良作物。欧洲种麦最盛,然只初耕一次,中耕一次,且耕地甚浅,资本亦小。种甜菜必叮咛锄地,殷勤中耕,资本须大,一方面以改良土壤。他方面因资本既大,农家种甜菜者,先与糖厂订契约,故各种农家组合业,亦因之而兴焉。

(二)增加农家之收益。据柏氏之调查统计,种甜菜后,农家之收入,比未种甜菜时,增加四分之一。因:(a)深耕,(b)勤耘。二者对于下造作物,最有关系。如前造种甜菜,后造种小麦,因深耕之故,产量遂增加。

(三)教育上之价值。在种植甜菜及制糖之处,须有育种家、化学分析家、工程家。故种甜菜之地,即专门人材荟萃之所。而于教育上、科学上,亦皆能有供献也。

(四)童工之利用。种植甜菜,需童工甚多,如中耕、除草、割顶,皆轻而易举。此等工作,皆可利用童工为之。且寒时农家多闲逸,独制糖厂附近之农人,皆有工作可做,不致如他地之空闲矣。

(五)商业上之关系。糖厂发达之地,运输业亦因之而发达。制糖之余渣,可利用以饲猪羊,故牧畜可因之而发达。

(六)经济上之自卫。吾国每年糖之输入,值八千万两。设能自给,无异年获此巨款也。如改良之后,尚有余裕,正可输与各国。美与英,年需糖甚多,与吾国商业亦极有关系。正可利用此机,而求经济上之自卫也。

改进糖业之方法。

(一)改良现有之糖业,分二项言之。

(A)整顿糖厂。吾国粤闽二省,产糖不少,惜制法不精,未能与洋糖相竞争。使吾国所产,外人购去,加以提炼,反售诸中国。此不可不整顿者也。

(B)改良种植。欲产量增加,第一须改良品种,使糖分增多。其次则改良栽培之方法,使作物得充分发育,二者皆影响产量不少也。

(二)振兴甜菜制糖业,分二项言之。

(A)试验及育种。吾国栽培甜菜之地尚少,农人多不知其种法及成效如何。故须先为之试验,且育成适宜于吾国气候土质之新品种,以为农家之先导。

(B)糖厂之规划。甜菜既栽培,糖厂须设附近原料出产之地,且发给农家良好种子,兴定承种契约,厂家可按期收买,于农家亦极便利焉。

(原载《农业丛刊》1922 年第 1 卷第 4 期,70—79 页)

江苏省农民银行进行计划书

（1928 年）

过探先

民众之痛苦，莫过于经济之压迫，需要解放之急切，莫过于农民。我省政府洞鉴及此，去夏遂有创设农民银行之拟议，旋即指派员司，积极筹备，然以事实上之障碍，遂致中辍。十月初，复经省政府会议改聘筹备委员主持其事，足征政府深具解除农民痛苦之决心。我筹备同人，复以此事关系民生至大，受命以来，不敢稍懈，无何而一切章则如期拟定，指定作为银行基金之亩捐，亦经派员调查，拟有清理计划，而监理委员会组织亦同时告成矣。探先初则谬膺筹备委员，继则承乏监理委员秘书，今且被推为总经理矣。才轻任重，深惧弗胜，诚不知如何黾勉，方足以副全省民之殷望，而不负政府之付托。爰将筹备结束时所拟之进行计划，加以修正，公诸报端，邦人君子，幸垂教焉！

一、进行原则

农民银行进行之计划，系根据以下之原则。

（一）基金之最少限度　农民银行基金愈多愈好。良以吾苏全省而论，农户不下五百万，若每户借贷十元，则已需五千万元，即以半数而论，亦需二千五百万元，方能流通；况实际所需，决不止此数乎？基金过少，则利益不能普遍，觊望之人必多，小康者捷足先得，贫苦者呼吁徒然，则更有背于设行之本旨。且民生之程度愈高，农业愈形发达，则金融之需要愈多，将见十年之后，其需要或将十倍于斯时。然际此军事甫定之后，筹集巨款，诚属不易。省政府指定之基金，各县情形，异常复杂，或挪用已多，或开征有待，亦非一时所能毕集;然为农民之需要起见,荒春已届,银行之成立,刻不容缓。且为信用计,尤有及时成立之必要;为观摩计,亦不能不于征收基金较多之地方,先行举办。然开办时基金太少,则利息之收入,不足以抵一切之开支,银行必至亏本,亦非安全之策。筹备委员会为应付农民急切之需要起见,曾有俟基金收足二十万元,即行开办之议,实属太少,所幸基金收数,渐见踊跃,照现在之情形而言,至少可得五十万元,开行以后,各县征解亩捐,亦必更加踊跃,设再加以严厉之清理,则一二百万之数,或可翘足而待也。

(二)分行及代理所之设置　为便利农民起见,实行多设分行及代理所之必要。且江苏各县,尚有无金融机关者,分行之设置,尤觉必需。然于撙节开支便于监督起见,初办时必须谨慎,分行亦不能过多,应就基金实收数在十万元以上之县分,先行筹备分行,或设代理所,以便农民就近接洽。代理所之多寡,视地方之情形而定,分行之设置,则以每县一行为限。因有金融流通之关系,其设置之地点,不得不限于县城或重要之市镇。

各县有未设分行者,其代理所由邻近之行管辖,俟营业发展,再行按照农业区域,实行区分行之制度。将各分行分区管辖,以求监督之周密,及运用基金之便利。

(三)监督之机关　农民银行之基金,既出之于民众,且其事业之经营,与农民之休戚有密切之关系,监理之权,似应付诸民,最为相宜。然在训政甫经开始之时,事实上决难做到,故农民银行初办之时,取总行集权制度,监理委员由省政府选聘,不过为一时权宜之计,俟分行营业发达,或区分行制实行以后,即应将总行集权逐渐缩小,以期各分行或各区分行,均有独立发展之权能。总行成为联络机关,各县或各区,于此时即可另设立赞助委员会,或顾问委员会,或监理分委员会,付以相当之职权,俟宪政开始以后,更应改由人民选举,以符民有民治民享之本旨。

(四)人选之标准　希望农民银行之基础巩固、业务发展,不仅监理委员之聘任,须考虑周群,即行员之委雇,亦须十分审慎。农民银行之职员,除应有普通商人之道德经济学识外,必须有相当之银行经验,一也。农民银行为农民之金融机关,主持其事者,必须与农民有深刻之同情,而能时常至乡村与农民接近者,二也。农民银行与农业之改良有密切之关系,主持其事者,最好有普通之农业知识,三也。农民银行之放款,以合作社为基础,主持其事者,须有合作社组织之知识,四也。农民银行,既非商业银行可比,必无分红之希望，非其他公共机关可比，初办时待遇亦不能优，主持者必须有牺牲服务社会之决心，五也。各县之人士，对于地域观念，牢不可破，分行之职员，必须就地取材，方无隔膜之处，六也。农民银行办理愈久，成绩愈著，主持其事者，必须有终老于斯之决心，即不可存五日京兆之观念，复不可以之为猎官进身之阶梯，七也。当此人浮于事之际，登庸漫无标准，投机自难幸免，荐牍纷驰，日有数起，位寡禄薄，遗贤必多。深愿各方同志，加以谅解，当局者因利害切身关系，自当审慎，惟贤才之是求焉！

（五）营业之方针　农民银行之业务，早经于条例之内明白规定，无庸赘述，兹姑就进行时必须注意之两端言之：一曰，放款之方针。农民银行之放款，必须以合作社为基础，其所放之款，方能直接普及于真实之农民，方无搁浅倒帐之危险，早已尽人皆知。惟苏省尚无合作社之组织，则农民银行，不得不暂时兼负合作社提倡、组织、指导及监督之任务也明已。即省政府颁布合作社法规以后，虽管理及监督之任务责有攸归，但农民银行为自身事业及合作社之固起见，对于合作社之组织，仍有随时调查及指导之必要。且合作社之组织，必须由民自动，方符本旨，在民众知识低下之邦，不得已由在上者酌予提倡，提倡不得其道，必致被人操纵，易滋流弊，一发而不可收拾。故在组织之始，必须充分晓谕，使知谨慎将事；组织之后，尤应随时指导，并加严密监督。指导监督之权集于官厅，则有耳目难周、顾此失彼之虞；付诸银行，则有休戚相关、互相维持之效。二曰利率之规定。农民银行之利率，固愈小愈好，但规定利率如果太小，则存款无从吸收，低借高贷之弊，难以杜绝且有引起贪借浪费之危险。故农民银行初办时之利率，不宜过小，应视地方之情形而定。以现在而论，月利仍不再较一分为小，俟营业发达，组织完备，再行逐渐降低可也。

（六）开支之标准　农民银行经常费之开支，取之于基金之利息，自应格外撙节。否则难免有侵蚀基金之虞。开支之多寡，应依营业之大小而定，可就基金年利八厘，分成均派，设以基金五十万而言，拟以息金之半成为公积及准备金，以一成五为代理所之津贴，以一成为监理委员会之开支，以三成为总行之开支，以四成为分行之开支。基金增多，再行重新支配。惟初开行时，合作社未发远，基础未固，所有基金决不能全部运用，开支经费所恃之息金，似应再以全部经费之八折计算。姑拟一表如下，以便类推。

表 5 - 5 - 1　农民银行开支经费所恃之息金

基金数	息金总数	各项开支							
		公积及准备金		分行及代理所		总行		监理委员会	
		成数	元数	成数	元数	成数	元数	成数	元数
500,000	32,000	5%	1,600	50%	16,000	35%	11,200	10%	3,200
1000,000	64,000	10%	6,400	50%	32,000	30%	19,200	10%	6,400
1500,000	96,000	18%	17,280	50%	48,000	25%	24,000	7%	6,720
2500,000	160,000	25%	40,000	50%	80,000	20%	32,000	5%	8,000
5000,000	320,000	37.5%	120,000	50%	160,000	10%	32,000	2.5%	8,000

二、进行程序

（一）　四月

（1）总行正式成立，设于南京，兼办江宁县分事宜，暂租民房为行所。

（2）派员赴江宁县四乡宣传合作社之利益，及其组织方法，实地指导合作社之组织。

（3）开始放款。

（4）积极清理各县亩捐，由财政应农会同监理委员办理之。

（5）在亩捐收数较多之县分，筹备分行。以六个月为限，筹备有成绩时，再行正式成立。

（6）拟定行员任用及待遇规程。

（二）　五月

筹备第一次合作社讲习所。

（三）　七月

（1）清理亩捐结束。

（2）报告经营状况。

（3）开第一次合作社讲习会。

（4）自本月份起，陆续在亩捐收数较多而及额之各县添设分行筹备处。

（四）　八月

由总行派员赴各县视察行务及合作社之情形。

（五）九月

开业务会议。

（六）十一月

举行第二次合作社讲习会。

（七）二月

(1) 报告经营状况。

(2) 订定民国十八年进行之计划。

三、开支预算

各项开支，另订预算，由监理委员会议决施行。预算之数目，据开支之标准，既不可随时变更，尤不可滥用溢出。

各项开支，必须量入为出，前以言之。如以五十万基金预算，设总行兼分行一处，则总行每年支出，最多不得过一万二千元，基金增多，则总行经费，方有扩充余地。监理委员会之收支，似可敷用。俟基金增多，如需将常务监理改为有给专任，亦尚可以收支适合。

然分行经费，因行数之不能太少，基金之运用困难，虽极力搏节，或犹收不支，只可希望以年利与月利之比余及汇划之收入弥补。

开行伊始，基金决不能全数放出，则开办费及经常费之开支，只能由基金项下另行拨借，逐年在公积金内提还。

（原载《民国日报》1928 年 4 月 14 日 0001 版）

附录一

过探先科长传略

（1929 年）

金陵大学农学院院长　　谢家声

　　过先生探先江苏无锡北乡人也。少孤,育于母氏,性敏慧,刻苦力学,九岁毕五经,十三岁已能焕然成章。时科举未废,士大夫溺于咕毕章句之学,先生独旁及艺术诸书,尤注意专门学术。年二十二入上海中等商业学校,旋改入苏州英文专修馆,专攻英文;约二年,转入南洋公学;数月后,考取出洋留学,时年二十五耳。先生首入美国惠斯康辛大学,后转入康奈尔大学专习农学,因其品学优长,曾被举为该校名誉学会会员,复于此时创办中国科学社,开中国科学界之新组织。年二十九毕业得学士位,又以研究育种学有成绩,旋得硕士学位。时在民国四年,遂学成归国矣。先生归国后,即受江苏省当局委任调查江苏省农业教育,因其报告具有卓见,遂被任为江苏省第一农业学校校长。先生长校五年,对于校务,改革整顿,不遗余力,故内而诸生奋发有加,外而校誉日益隆起,一时外省负笈来学者,踵相接也。先生除尽瘁校务外,复于民国四年冬发起江苏省教育团公有林,为全省教育之基产,中国之有大规模造林,盖自兹始耳。民国五年,先生复奉命筹备省立第一造林场,今之首都中山陵园,即其一区也。民国七年[*],复发起中华农学会,时中国科学社新由海外移至南京,社务未臻发达,先生勉设临时办事处于三牌楼寓所,苦心孤诣,独任撑持。民国八年,先生应华商纱厂联合会聘,主持棉作事,遂辞校长职,于南京洪武门外开辟植棉总场,输入新种,改良栽培。今日各省植棉事业之发达,先生与有力焉。民国十年,东南大学农科成立,被聘为该科教授,

---

　　[*] 原文为“民国七年”,经编者核对中华农学会的正式成立时间实为 1917 年 1 月,应为“民国六年”。

仍主持棉作事宜，继又兼农艺系主任，十二年复兼任农科副主任，十三年再兼推广系主任，东大农科之发展，有赖于先生者实非浅鲜。十三年秋季，江浙构乱，松太一带，糜烂不堪，被聘为善后会议赈务处委员，筹备农民借贷局。十四年辞东大教授职，改任金陵大学农林科主任。四年以来，金陵农科之进展一日千里，而负盛名于海内者皆先生之赐也。十六年革命军入京，混乱之际，金大副校长死于难，其时西人悉避去，一时内忧外患，纷乘叠来，先生被举为校务委员会主席，奔走应付，千方筹措，始入于磐石之安。自十七年以来，兼任江苏银行总经理、教育部大学委员会委员、农矿部设计委员、江苏教育林委员、中山陵园计划委员、国府禁烟会委员、江苏农矿厅农林事业推广委员会委员，并连选为科学社理事、中华农学会干事。溯先生自美回国以来，十余年间，节节为农界劳力，善能应时势以创造，尤能明宿弊而革新，特是一己之精力，亦因之耗烁于不自觉者多矣，故行年未及四十，而发已斑白。今春三月九日，忽患腹泻，医药罔效，遂于是月二十三日溘然长逝，享年仅四十三岁，呜呼痛哉！先生平生宁静俭朴，办事勤能，诚建设界之能人。著有百科小丛书棉一册；农林论文若干篇，散见于《科学》和有关农业杂志、《农林新报》等刊物。妻胡氏，子五、女三，均幼。

（原载《农林汇刊》1929 年第 2 期，1—2 页）

过探先先生追悼会纪略

（1929 年）

金陵大学农学院《农林汇刊》社记者整理

    本校*与中大学农学院及江苏农矿厅等十二团体于五月四日下午二时在本校大礼堂举行过探先先生追悼大会,到各团体代表及来宾四五百人,场中满悬追悼先生挽联屏幛,景象严肃。行礼后,主席杨杏佛先生致开会词,陈宗一先生报告过先生历史,继由各团体代表致追悼词,最后家属致答词,至五时始摄影散会,这各方面的言论,乃认识先生的具体的表现、内心的哀音,而值得我们注意的。兹略记之如下。

一、主席杨杏佛致开会词

    今天是十二个学术团体及农林、教育、科学界同志及过先生的至友亲属在此开追悼会。在这全国开始建设的时候,我们丧失了过先生,一个真能做建设的人才,我们非常的悲痛,这不独是我们这十二个团体的哀悼,而亦全国之哀悼了。中国自民元以来,十余年中,能真正做建设事业如过先生这样的人才实在很少,过先生为做建设的事业,他牺牲了个人的幸福,为社会谋幸福,我们晓得现在国中许多的农科事业,皆由先生创办的。过先生年仅四十三岁,他的头发已斑白过半,这是他为社会事业劳心劳力过度而使然的。有时有人劝他稍事休养,不要劳动太甚,他每不以为然,仍努力不懈,真不料,竟于一月前一病不起,与世长辞了。先生的死,其光荣有如战士死于疆场一般,先生的形体虽死,但先生的事业永存,他的精神更成为建设期中的原动力,我

---

    * "本校"指的是"金陵大学"。

们今天开会追悼先生，我们哀悼我们失掉了建设的健将，我们纪念先生伟大的精神。

二、陈宗一先生报告过探先生生*历史

　　今天要我报告过先生的历史，是一件很难而亦不必的事，因为今天到会的人众，不是过先生的亲故，亦是素仰过先生之为人的人，对于先生皆有相当的认识，用不着我再来讲。今天我且将我的感想说说罢。我之认识过先生在民国四年，那年他初由美国留学回来，因他考查江苏农业状况成绩优良的缘故，政府就委他做江苏第一农业学校的校长。先生自长一农以后，即从事建设，他虽遇了许多的困难，决未畏难中辍，他本着他勇敢的精神，做事的决心，和科学的方法，努力做去，终使他的主张实现，而使那时他领导下的第一农业学校，变为中国唯一的模范农校。所以在他那时，一农非常的发达，学校的学生，北方自甘肃、南方至南洋群岛皆有。现在在社会中服务的，上而农矿厅，下而建设局农场，莫不弥满了他们的足迹，先生作育人才之功德，可谓大了。在这时期中，先生除办理校务外，尚有特殊之建设，而应永垂不朽的。我们晓得中国科学社，在中国学术界上占有极重要的位置，但许多人还不知道科学社之起源，先生即为手创科学社之一人，在十六年前他同九位同学在美国肄业时创办的。返国后，中国科学社亦由美国迁来，那时社员很少，而经费亦很支绌，先生就在他的住宅中划出一间屋子来作办公室，经先生惨淡经营，方滋长发荣，而具今日伟大之规模。这是先生对于科学界的建树。其次，先生对于森林亦很注意，提倡不遗余力，民国五年他以全省名义，在江浦方面，觅得公有地二十万亩，筹办江苏省教育团公有林，而命我（陈先生自称）办理其事，现在此地森林已略具雏形了。中国人造森林，除青岛而外，当以此为最大。但青岛森林，创自德人，则在中国最先提倡人造森林者，当以先生为第一人也。这是先生对于森林上的建树。再，先生复于此时组织中华农学会，这更算是对于农林界上有伟大的贡献了。

　　民国八年，中国纱厂业如雨后春笋一般，特别地发展，但国中所产的棉花，皆品质窳劣，华商纱厂联合会，乃倡办棉场，而请先生主持其事。事前先

---

*　"生生"应为"先生"之误。

生毫未表示就任与否,及各事布置就绪后,乃突然辞去一农校长职务。彼时一农教职员及学生等皆相率想恳留,先生婉言谢曰:"欲改良中国的农业,非实在去做是不能收效果的,我现在决定去做了,你们何必留我呢?久住在这物质优美的环境中,恐将使我一无所为了。"先生乃毅然去,而竟于数年之中,使棉作育种,大收成效。民国十年华商纱厂合办于东大农科,先生乃就东大农科教授。民国十一年组织农民借贷所,十四年来作金陵大学农林科的科长,在这数年之中,先生所办的事业,皆一步一步的向前进展,而有相当的成功,这都由先生革新的精神,任劳任怨,努力而获得的结果。

先生本来研究作物,但其成功不仅在作物方面,这实由先生具有伟大的"创造能力"。先生今年才四十三岁,为社会服务才十有四年,便有如此伟大的成绩,如再假之以数十年,则其有成功,宁有限量耶!所以先生之死,从各方面说来,皆是很可悲痛的。回想三月九日他于军官农事训练班毕业之训话中,犹作兵农政策实施计划之种种报告和希望,不料他即于是晚染病,缠绵床第,约二星期,而竟不幸于三月二十三日便溘然长逝矣。今睹先生之遗像,思先生之遗教,实令人哀痛无已!

三、金陵大学代表陈裕光校长致追悼词

五月中本来是最悲痛的时候。不幸过先生于四十日前逝世,我们今天在这里开会追悼,觉得又是一件很悲痛的事情。过先生在金大服务才四年,刚才陈宗一先生讲他希望过先生再多活数十年为社会多做些事业。我亦希望他再有四十年,再有十个四年来发扬光大我们的金陵大学。我们正待先生筹划进行,而先生竟弃我等而长逝。金大的教职员同学,在这四十余天之中实在觉得十二万分的悲痛。

四、江苏农矿厅厅长何玉书先生致追悼词

我们今天在这里追悼过先生。本人代表农矿厅同人等表示十二分的哀悼。农矿厅自成立了到现在才十一个月,而得到过先生指导的地方,的确已经是不少。我们有什么不能解决的问题,都去请教过先生。过先生去世了,我们好象是孩子失去了乳母一般,失了领导。我们又好比是马车上的马,只

知前进,拖着重担前进,而不知前面的环境怎样,过先生好比是马车上的驾驶者。农矿厅之所以有如此地步,过先生曾费了不少的力量。如今过先生去世了,我们应该格外地努力继续他的精神。玉书很希望农界之先进,能如先生一样地来推动全省之农政。

五、中华农学会代表徐士元先生致追悼词

中华农学会的历史,可以分做三个时期。第一是筹备时期,发起的人虽很少,而都很努力,尤其是过先生,是个最劳苦最努力的人。第二是停顿时期,民国十二、十三年的时候,东南战事发生,中华农学会受着战事的影响,无形停顿,但先生仍设法维持。第三是预备发展时期,现在中华农学会正拟力谋发展,刚才努力进行,而先生又去世。这是中华农学会很大的不幸。兄弟代表中华农学会表示十二分的哀悼,希中华农学会的同志,格外努力,继过先生未竟之功。

六、中华林学会代表姚传法先生致追悼词

表面上看来,好象过先生同中华林学会毫无关系。其实,发起公有林和一切关于林业教育的设施,都是过先生努力的成绩。过先生的死,其光荣,比死在战场上的战士还要光荣。他的死,我们所蒙的损失,比死了战将还要重大。在中国,象过先生这样的建设人才,真是寥落晨星。过先生最好的地方,有两点是值得我们学法的。第一,不作意气之争。第二,是他刻苦的精神。

七、中大农院代表王善荃* 先生致追悼词

过先生在农林界,前后服务十四年。在一农约五年,在东南大学农科约四年。今日之中大农学院,即一农与东大农科合组而成的。中央大学农学院现有的行政方针,许多还是过先生所定下的。中国农业、农学、农政三者的强有力的结合,过先生费了不少的力量。兄弟所希望于农界同志,亦所以勉励

---

* 原文中为"王善荃",经编者核对,实为"王善佺"。

兄弟自己的,是继续过先生耐劳耐苦的精神,继续奋斗,为中国农界放一光明。

八、江苏农民银行代表王志莘先生致追悼词

过先生是手创农民银行的一个,始终是最努力的一个,江苏农民银行,正待筹划进行,先生竟弃我等而长逝,这是江苏农民银行同人等时最痛心的。留在我们脑筋中的,是过先生的勤俭的精神。他办事的勤,和自待的俭,最值得我们效法的。

九、中山陵园代表傅焕光先生致追悼词

中山陵园是过先生计划的。现在骤失良师领导,我们非常沉痛。过先生的办事,都斟情酌理,根据事实,想出方法。所以,我们有事请教过先生的时候,他总有办法。这一点,是过先生留给我们的一个办事的方法。

十、江苏省昆虫局代表吴福桢先生致追悼词

过先生已经去世了,他所留给我们的,有三种精神。

(一)俭朴。这是与过先生来往的,都知道的。

(二)求学精神。过先生所担任的事情虽很忙,而他求学的决心,还继续不息,这远非普通一班学生所能望其项背。他白天做事,晚上读书。

(三)实事求是的精神。他从来不曾唱过高调,什么事都向着实在去努力。

十一、中国科学社代表杨杏佛先生致追悼词

中国科学社,本来是过先生发起的。过先生虽回国仅十四年,而对于科学社的历史,已经有十六年。他还没回到中国的时候,已经发起了中国科学社,那时最努力的是过探先先生和胡明复先生。今天科学社能有这样,是胡过两先生努力奋斗的结果。如今胡过两先生相继去世,中国科学的前途,也就觉得前途茫茫了。

金陵区造林场的代表和金大学生会的代表都有追悼词。金陵区造林场的代表大致谓中国林业的发轫,始于过先生。金大学生会的代表大致谓过先生的爱护金大,和忠于祖国,是我们最感戴而最不能忘的。

十二、家族代表致答词

先兄回国才十四年,对社会上的服务,已经有相当的成就,他的家庭,上有白发,下有黄口,一家数口,正等着先兄孝养,而先兄弃我等而长逝。先兄在社会方面,刚才几位先生已经讲过,是不能死;家庭方面,也是不能死。他在不能死的时候竟死了,不由得我们不十二分的悲痛。今天承诸位先生来追悼先兄,兄弟代表家族方面表示十二分的感激。

十三、记者的感慨

过先生服务于社会十有四年,十四年来努力的结果,如今只留个沉痛的回忆!先生不是短命而死,是为了社会,牺牲了自己。先生年未五十,而发已半白,劳苦的程度,可见一班。先生的死,是光荣,是悲痛!我农林科同学正在黑暗之途,骤失了良师指导,我们今后的努力,应如何刻苦自励,才不负过先生栽培我们的一番苦心?追悼过先生,不仅开追悼会,不仅哭泣。追悼会与哭泣,不过内心悲哀外溢的表示。我们积极的纪念过先生,是不忘过先生。我们要像过先生的努力奋斗,刻苦自励,向我们中国农林界的前途,开出一条光明的路来,为一般农民谋幸福,为国家谋富强。我们要有过先生的牺牲精神,牺牲个人,而为社会谋利益。我们不要希望,有庸庸碌碌的长寿。我们不要希望,有虚无缥缈的荣华。我们要愿意为人类牺牲。

(原载《农林汇刊》1929 年第 2 期,3—9 页)

念纪过探先科长

（1929 年）

张　恺

　　本科科长过探先先生竟不幸于本年三月二十三日与世长辞了！回想这学期开始的时候，先生犹谆谆地对我们讲演授课，汲汲地为本科筹谋工作，曾几何时，竟离弃了我们了！先生的影像犹很鲜明地在我们的脑中，先生的声音犹很清晰地在我们的耳畔，而先生的形体却不在我们的眼前了！我们丧失了先生，犹如婴孩丧失了慈母一般，有如舟人失掉了舵师一样，彷徨悲惧，不知所措！所以我们正欣欣向荣的农林科，一月以来，顿承凄凉沉闷的现象。Camtus* 细草的碧绿，校园里榴花的火红，在这风光中，不过使我们触景生悲，倍增哀悼而已！

　　先生自来长本科到现在，不过才四年有余，本科的进展，非常的迅速，本科的成绩，特别地卓著，这都是先生劳心劳力的收获。现在统一完成，建设开始的时候，农林事业的建设，正须要先生去领导和匡助，乃溘然长逝，不独使我们农林科受重大的损失和打击，而亦属整个中国农林界之大不幸了。

　　先生一生以事业为重，不屑升官发财，更不愿苟安逸乐，为事业，为民众国家的福利，但牺牲了个人的幸福，终于牺牲了宝贵生命！你看他辞了江苏第一农业学校校长的职务而就华商纱厂的棉场主任，抛弃了一农的一切优美的物质生活，而到南京洪武门外的孤寂棉场中作工，这是多么难能可贵的事！他这样的避易就难、刻苦工作为的是什么？无非为改良中国的棉作。棉花的改良一方面足以助纱业的发达，也就是解决国人的穿衣问题，真是刻不容缓去做的事业，所以他毅然地放弃了校长的位置，不顾学生们一再的恳留，至于

---

　　*　应为"Campus"之误。

自己的困苦艰难,则更未计及了。再看他在长一农的五年中,他除把校务办理完善外,更进而提倡森林,推进中国科学社,组织中华农学会,这些都是很伟大的建树！现在我们举国方始提倡造林,但先生于十年前已实行创有江苏省教育团公有林,开中国人造森林之先河,先生的眼光是何等的高远呵！中国科学社算是现在中国的最高的科学组织了,规模宏大,成绩卓然,但是先生是它最有力的创造人,更是它的抚育者,在十二三年前,它尚在先生的襁抱之中,全赖先生的抚育爱护,才有今日蓬蓬勃勃的发育——那时的科学社就设立在先生的住所中,没有许多的会员,更没有基金、仪器、书籍等物。

在最近的六七年中过先生的事业更多且大,他助理东大农科,而东大农科遂振兴起来；筹办江苏农民借贷所,而农民借贷所遂扩大而肇江苏农民银行之基业；长本科而本科遂日趋发达,先生的能力是何等的伟大！总计自回国以来,为社会服务,不过才十有四年,便树立了这许多的丰功伟业,那令人不钦佩无已！先生是农学家、科学家,更是事业家！他时时刻刻地创造事业,以谋裕国计民生,而以其精密的思想、坚毅的意志,和伟大的能力,努力做去,不畏困苦艰难,所以先生有为必成了。总理孙先生说,学生立志,是要做大事,不可要做大官,先生就是我们青年的一个好榜样,先生就是现今中国需要的人才,而值得我们效法景仰的！

现在先生死的形体离开我们了,但是先生的精神不死,先生的事业将永垂不朽。我们敬仰先生的人,尤其是先生的学生们,应本着先生的精神,继续努力,而完成先生未完的事业。

我们应永久地纪念先生的伟大的精神、人格和事业！

十八年五月

（原载《农林汇刊》1929 年第 2 期,10—12 页）

过探先先生墓志铭

（1930 年）

吴敬恒（吴稚晖）撰文

　　先生姓过氏，名探先，出江苏无锡县北乡望族。当其少时，世界更大通，远识之士，悟中国不能尚沿旧习，专为无用之学。故无锡名儒吾友胡先生雨人，首集其亲故群子弟督促之，使研泰西有益人群之智。能成就而能探学奥有高名者，都十余人，先生其一也。先生为胡先生女侄竞英女士之婿，夫妇皆以硕学闻当世。不幸前年女士仲兄胡博士明复中年遇险猝殒。昨年先生又以疾逝，年亦仅逾四十。两人设竟其研讨之所得，皆足为学术界加增新发明。故两人之早谢，其损失关系世界全人类，非独中国而已。先生治农学，初成业于美利坚之惠斯康辛及康奈尔两大学。归国教授于东南大学，及主任金陵大学之农科。一时公私所有农林事业争倚恃先生擘画指导，得全国惟一之信仰者，且十余年。而其他科学界亦共推先生主持重要组织。先生不惟学术为一时领袖，而性行尤超乎群伦。其详自有传状，学史备尽之。今全国学子议葬先生于汤山之教育林，永纪念其农学界之先哲。故于其下砭之碑，镌记大端，并系之以词曰：先生之学穷高极远。衣我粒我，早夜黾勉。汤之阴手植有木，应勿伐而勿翦。

中华民国十有九年十月
武进吴敬恒撰文敬书并篆额

我国近代农业教育和棉花育种的开拓者
——过探先(1887[*]—1929)

郭文韬

过探先,1887年(清光绪十二年十二月二十九)生于江苏省无锡县八士桥镇。早年丧父,由母抚养长大。聪慧异常,又能刻苦学习,9岁学完五经,13岁已经焕然成章。当时虽然科举未废,但过探先不溺于章句之学,而独喜科技艺术诸书,尤注意专门学术。22岁(1909年)入上海中等商业学校,后改入苏州英文专修馆,专攻英文,约两年后转入南洋公学。1910年,25岁时考取庚子赔款留美,首入美国威斯康星大学,后转入康奈尔大学,专修农学,因其品学兼优,曾被举为该校名誉学会会员。复于此时创办中国科学社,开中国科学组织之先河。29岁时获学士学位后,又以研究育种学的突出成绩,获硕士学位。1915年(民国四年)学成回国。过探先回国后被江苏省当局任命为江苏省立第一农业学校校长。在校5年,对校务整顿改革,校内师生奋发向上,校外声誉日隆,外省负笈来学者,接踵而至。1915年冬,他发起创设江苏省教育团公有林,为全省教育之基产,中国近代大规模造林自此肇始。1916年,过探先奉命筹备省立第一造林场,今之南京中山陵园即其一区。1917年初发起成立中华农学会,并将中国科学社由海外迁回南京,设临时办事处于三牌楼过探先寓所,苦心孤诣,独自撑持。1919年,过探先应华商纱厂联合会之聘,主持棉花育种事宜,遂辞去江苏一农校长,于南京洪武门外开辟植棉总场,输入新种,改良栽培,选出首批棉花新品种,对我国现代植棉事业之发展

---

* 原文为1886年。学界关于过探先先生的出生年份存在不同意见,经编者多方查阅资料并同过探先先生家人反复核对,确认过探先先生出生年份为1887年(清光绪十二年十二月二十九),故编者在此作校正处理。

是一大推动。1921 年南京东南大学农科成立,过探先被聘为该校教授,仍兼长棉产改进事宜,旋又兼任农艺系主任,1923 年复兼任农科副主任,1924 年再兼任推广系主任,东南大学农科之发展有赖于先生者匪浅。1925 年过探先辞去东南大学教授职,改任金陵大学农林科主任,4 年中金大农科之发展,一日千里,而负盛名于海内外者,同先生之辛勤努力有极为密切之关系。直至1928 年过探先社会活动日多,身兼江苏农民银行总经理、教育部大学委员会委员、农矿部设计委员、江苏教育林委员、中山陵园设计委员、国府禁烟会委员、江苏农矿厅农林事业推广委员会委员、中国科学社理事、中华农学会干事等等。过探先自美留学回国,一直为振兴我国农业和农业教育而超负荷地工作,由于劳累过度,年仅 40 而鬓发斑白,形容憔悴,终于积劳成疾,医治无效,1929 年 3 月 23 日遽然逝世,享年只有 43 岁。

一、我国近代农业教育和棉花育种的开拓者

清朝末年,由于甲午战争的失败,"洋务运动"破产,人们从历史教训中,逐步认识到单纯靠"坚船利炮"、兴办军事工业,不能复兴自强。于是人们开始比较全面地看待西方的近代文明和科技教育。过探先在梁启超的"商之本在工,工之本在农,非振兴农务则始基不立"的思想影响下,出国专攻农学,学成回国之后,立志把自己的一生奉献给农业教育事业。

过探先自 1915 年回国,一直到 1929 年逝世,把毕生精力都投入发展我国近代农业教育事业,他在江苏省立第一农业学校担任校长 5 年,在职期间悉心整顿和改革,并能平易近人,善于团结师生,发扬民主,尊重人才,既无官僚习气,又无宗派意识,纪律严明,公私分清,建立起良好的学风和校风。当年江苏省第一农校的办学成绩,经教育部考核,列为全国农校的模范,声闻遐迩。

1921 年东南大学农科成立,过探先被聘为教授,继又兼任农艺系主任、农科副主任,1924 年再兼任推广系主任,实现了科研、教学、推广三结合的理想,对东南大学的发展贡献颇多。

1925 年过探先应金陵大学农林科之聘,任农林科主任,辞去东南大学教授等职。在他任职的 4 年间,金陵大学农科的教学、科研、推广事业均有很大发展,为我国农业科技界培养出众多著名的学者和专家,使金陵大学农科在海内外久负盛名。1927 年国民党进军南京时,过探先一度担任金大校务委员

会主席，维持学校的正常秩序。

过探先在短短十几年间为我国早期的高等农业教育，在引进近代农业科学技术、培养科技人才、促进农业发展方面，做出了卓越的贡献，是我国近代农业教育的奠基人和开拓者。

二、开创我国近代大面积造林与植棉事业

过探先在担任江苏省立第一农业学校校长期间，与新回国的林科主任陈嵘一致认为，林科师生为进行科研实习，应有大面积的林场。他不辞辛苦，风尘仆仆，对南京周围无林荒山进行调查了解，终于在江浦境内觅得较为理想之老山。但由于学校财力不足，想到由全省教育经费中抽出百分之一，作为联合开办林场之经费，既可把林场办起来，又能增加教育经费，一举两得。此事得到江苏省长公署教育科科长卢殿虎的赞同支持，即告定案，1916年"江苏省教育团公有林"终于诞生了。建立管理机构，推定卢殿虎为总理，过探先、钟福庆为协理，陈嵘为技务主任。第一林场，即今日之国营老山林场，当年先设三区，后因工作需要，又增设一区，共为四区，每区面积约5万亩，设置技术员1人、林业工人10—20人，每逢造林季节，除了雇佣短工，林科师生一律停课上山，参加造林育苗工作，使学生能理论联系实际，取得了良好的效果。江苏省教育团公有林的建立，开创了我国近代大规模植树造林事业的先河。

1919年，过探先应华商纱厂联合会之聘，主持棉产改良工作。他考虑到我国新兴的纺织工业需要优质的原棉，而广大人民更需要衣被，他恳切地辞去农校校长职务，虽然全校师生再三恳切挽留，也没有改变他的意志。他对师生们说："我们常说，要改良中国的农业，非实在去做是不能收效的，我现在决定去做了，你们何必留我呢？长久住在这物质优美的环境中，恐将使我一无作为了。"他毅然离开农校，到南京洪武门外，选地建立棉场，使自己处在艰苦创业的位置，引进新棉种，精心观察，谨慎选择，改良栽培，经过3年艰苦的田间工作，才选出江阴白籽棉、孝感光子长绒棉、改良小花棉和后来以他的姓氏命名的"过字棉"。为发展我国新兴的棉纺织业，解决人民衣被不再依靠洋布的问题，做出了重大贡献。他还以他自己的贡献，有力地说服上海纺织工业界给东南大学和金陵大学农科提供科研经费，既推动了我国棉花品种改良

事业,也促进了东大和金大农业科学研究工作的发展。

三、创办学术团体,推动学术交流

早在美国留学期间,过探先就与任鸿隽、胡适、茅以升、邹秉文等共同发起成立我国第一个学术团体——中国科学社,并编辑第一本近代学术刊物——《科学》月刊。回国后,由于当时会员很少,中国科学社经费支绌,过探先就在三牌楼自己的住宅中划出一间作为科学社的办公室,经过他初期的惨淡经营,后来中国科学社发展成为全国最有影响力的学术团体。

1917 年 1 月,过探先又与王舜臣、陈嵘、陆水范以及梁希、邹秉文、许璇、孙恩麟等人共同发起组织成立我国第一个农业学术团体——中华农学会。中华农学会初创时期,过探先利用他的社会地位,不辞辛苦,在军阀混战、社会动乱中,千方百计,设法维护和发展会员,开展学术活动,并为中华农学会创办《中华农学会报》,亲自为这个学术刊物写稿,使会报成为我国近代最有影响力的农业期刊之一。

过探先在创办学术团体、促进学术交流、主办学术期刊、繁荣我国近代的学术研究方面功不可没。他短暂的一生中,仅仅工作了 14 个年头,却对我国近代农业教育事业的发展作出了卓越的贡献,特别是开拓性地发展林业和植棉事业,更给后人留下极为有益的启示。

（原载于中国科学技术协会编:《中国科学技术专家传略 农学编 综合卷1》,北京:中国农业科技出版社,1996 年。略有删改。）

永远怀念父亲过探先

（1994 年）

过南大　过南五　过南强　过南同

父亲逝世已有六十余年，他离开我们的时候，我们姐弟数人，大的不足十四岁，小的尚在襁褓之中，幼年丧父，其哀其痛，不可言表。

由于年幼，父亲于我们的印象，是一副庄严的形象，我们记忆中的父亲，是一副宁静的面容，是一个沉默的背影。我们的感觉是，父亲很忙，家中很少看见他的身影，也很少听到他的声音，我们的日常生活和平时的学业教育，皆由母亲胡竞英和外祖母孙婉容全力承担。我们只记得，在每天的餐桌上，才能见到父亲，他对我们的关心，也仅限于匆匆地询问学业，寥寥几句鼓励的话语，虽然言简语短，却使我们深感父亲的关怀与期望，那番情景，至今犹不能忘。

父亲平时不苟言笑，内心却充满热情。他精于农学，特别是棉花育种，也为南京市和郊县的造林工作奔忙，毕生只为祖国农林的发展尽力。他在文章中写道："故谋衣食住行四者之健全发展，必先求农林事业之发达。"在父亲的追悼会上，大家多次赞扬的，是父亲"耐劳耐苦的精神"及他办事的勤奋，和"自待的俭朴"，确实点明了父亲高尚的人格，"严于律己，宽以待人"使父亲的形象在我们的心中愈发高大。

父亲勤学，回国仅十四年的时间，就先后发表过五十多篇*关于农业、植棉、造林、治虫等方面的专业研究论文，以他的才智和博学，参与了广泛的社

---

* 据编者不完全统计，过探先先生发表在各期刊上的论著远不止五十多篇。详见附录二之"过探先著作目录"。

会活动,历任省立第一农校校长、东南大学农艺系主任、金陵大学农林科科长、江苏省农民银行总经理、江苏教育林委员、中国科学社理事、中华农学会干事等十多种职务,操劳奔波,尚在壮年,已是满头白发,可以毫不夸张地说,他为国家的农学事业耗尽了自己的心血。

父亲在学术上的博学与他对自己的刻苦,形成了鲜明的对照。父亲虽兼职颇多,事务频繁,却收入不高。记得母亲告诉过我们,他只在金陵大学领取自己的一份正式工资,另外在农民银行领极少的一点车马费,除此而外,别无其他收入。由于我们姊妹众多,家用开支大,母亲在操持家务之余,只得兼作教员贴补家用,生活颇为紧凑,翻开父亲的遗照,总是一件件普普通通的长衫。在我们的记忆中,家中的膳食以素菜居多,且规矩极严,不许谁多占抢吃,记得一次用餐,吃的是煮鸡蛋,在我们来讲,已是难得的"打牙祭",但父亲宣布:不准狼吞虎咽,每人只许吃半个鸡蛋。我们只得克制自己,唯唯从命。

父亲对自己,是俭朴一生,近乎苛刻,但他对别人,却一直平等宽容,即使对家中的雇佣工也不例外。家中雇用了一个黄包车夫,每天送父亲四处奔波,父亲对他总是客客气气,不打招呼不登车,路上有过桥、上坡等较费力的地方,他细心地体谅车夫的辛苦,坚持自己下车步行,亲自走过桥、走上坡。决不让车夫为此而多费力气。他的宽以待人,家中佣工都有体会,以至在他病逝以后,提起过先生的宽厚,仍令车夫不胜感叹。

父亲英年早逝,身后却留下宝贵财富:他为我国引进和改良棉种与选择利用当地适用的优良棉种方面,都为今后打下了基础;他创建的教育林场,如今是满目青山,处处松柏;他教出的学生,已是当今的农学巨子、科研专家,人才辈出,父亲应该欣慰了。

父亲治学一生,未能给我们留下任何物质财富,留下的是对祖国农业研究的热爱,是对农业教育的关心,是愿儿女成材、国家强盛的期望。我们姐弟在外祖母、母亲养育下,自立自强,均已各有事业,而今也是儿孙满堂,过氏后代中继承父亲"勤劳耐苦的精神"学业有成者不乏其人,父亲有知,亦当含笑九泉。

父亲膝下长子过南田,少小离家,漂泊一生,心系故乡,总盼父亲遗志有人继承,父亲事业有人壮大,如今他落叶归根,倾其毕生积蓄愿为父亲的农学事业扶持新人,多蒙南京农业大学鼎力相助,《过探先先生纪念文集》在校庆八十周年之际得以问世。国事强盛,以农为本,有热血青年为农学研究继续开拓,为农林事业不断发展贡献才智,我辈心愿足矣。

1994 年元月

　　(原载南京农业大学编:《过探先先生纪念文集》,南京:南京农业大学,1994 年。)

附录二

过探先先生生平纪事

周邦任辑

1887 年

清光绪十二年十二月二十九日(西历 1887 年 1 月 22 日),过探先生于无锡(一说金匮)滕山乡八士桥,字宪先。父亲锡嘉公(字穗九),母亲朱氏,有一姊(后适杨氏)。

1895 年　9 岁

少年时代父亲早逝,靠母亲抚育成长,6 岁入私塾。资质聪颖,9 岁时已读完四书五经。

1899 年　13 岁

过探先已能独立撰文。对科举和八股文章不感兴趣,而喜欢阅读自然科学和文学书刊。当时上海江南机器制造总局、墨海书馆等已译印外国科学书刊。

1906 年　20 岁

年初,清廷正式废除科举制,设各级学堂。

10 月,清廷学部考选游学(留学)毕业生。其中,毕业于日本农科的王荣树、路孝植、罗会坦三人,在此次会考中获赐农科举人。

本年,李石曾在法国蒙城农业学校毕业。

1907 年　21 岁

本年,过探先考入上海中等商业学校。

1908 年　22 岁

光绪三十三年十二月二十(西历 1908 年 1 月 23 日),清廷公布游学毕业生廷试录用章程,规定凡在外国高等以上学堂之毕业学生,经学部考验合格,赏给进士、举人出身,学实业的学生不必作经义,可作科学论说一篇。

7 月,清廷外务部与美国商定,以美国退还部分庚子赔款之年起,清廷在最初四年每年派遣赴美留学生 100 名,从第五年起每年派遣至少 50 名,直至该项赔款用完为止。

7 月,过探先转学到苏州英文专修馆,专攻英文。

10 月,清廷决定今后凡在各省中等学堂以上毕业的学生,择其外国语能直接听讲者酌送出洋学习实业。

1909 年　23 岁

7 月,清廷设游美学务处,并筹建游美肄业馆(即清华学堂前身)。

9 月,游美学务处第一批庚款留美学生复试放榜,录取秉志、金邦正、张福良等 47 人留美。其中,秉志、金邦正等学习农林科。

1910 年　24 岁

6 月,过探先以优异成绩在英文专修馆毕业,转入上海南洋公学(上海高等实业学堂)。

7 月,前往北京参加赴美留学考试,因报考年龄过大,只得改动年龄。

8 月,第二批庚款留美学生录取 70 名,其中有过探先、胡适、竺可桢、郭守纯、胡宪生等学习农、林、兽医等科,胡适一年以后改学文科。上海高等实业学堂学生中同时被录取的有周象贤、陆元昌、周铭等 7 人。

1911 年　25 岁

过探先赴美,先入威斯康星大学,后转康奈尔大学农学院学习农学,专攻作物育种学。院长为世界著名农学家贝莱(L. H. Bailey)。

10月,武昌起义,清王朝被推翻。

1912 年　26 岁

1月1日,中华民国宣告成立,孙中山任临时大总统,任命蔡元培为教育总长。本年,过探先在美国攻读作物育种学并到美国农场参观、实习。

11月16日,在康奈尔大学组织中国留美学生"政治研究会",决定每两周举行一次演讲会,胡适与过探先分别担任第一次演讲者,题目是"美国议会"〔据《胡适留学日记》(第一册),商务印书馆,1947年〕。

1913 年　27 岁

本年,在校刻苦攻读。

12月23日,过探先在康奈尔大学与胡适、赵元任、任鸿隽(叔永)、杨杏佛等一起举行圣诞假日联欢会。

1914 年　28 岁

1月,过探先获康奈尔大学农学学士学位。

6月,过探先与赵元任、杨杏佛、任鸿隽、邹秉文、胡明复、竺可桢等9人在美国康奈尔大学共同发起创办中国科学社,出版《科学》杂志。过探先被选任美国通讯处负责人(据胡适日记)。这是中国近代科学界最早成立的学术性群众团体,"其中最努力的是过探先与胡明复"(杨杏佛在过探先追悼词中语)。

10月,清华学校校长周诒春到康奈尔大学,过探先等同学集会欢迎。

年末,撰写《中美农业异同论》,发表在《科学》杂志1915年第1期上。

本年,金陵大学农科成立,创办者为美国人裴义理(J. Beilie,又译培黎)。

本年,过探先撰写研究生论文并通过学位答辩,被破格授予康奈尔大学农学硕士学位。

1915 年　29 岁

年初,过探先回到阔别4年的祖国,并与胡竞英女士结婚。

年初,撰写《说种子》,发表在《科学》1915年第3期上。翻译日本人泽村写的《制茶法之研究》,也发表在《科学》第3期上。又写《农业与战争》一文,发表在《科学》第 4 期上。

秋,发起组织江苏省教育团公有林,有土地 20 万亩,作为江苏教育界的公有资产,开始了江苏省较大规模的造林工作。并任江苏省教育团公有林委员兼协理。

11 月,过探先受江苏省政府委托,调查江苏省农业教育,写出调查报告。因报告具有卓见,被任命担任江苏省第一甲种农校校长,校址在南京三牌楼,设农、林两科。此时全国有甲种农校 41 所。

撰写《康南耳大学之纽约省立农学院》一文,发表在《留美学生季报》本年第 2 卷第 2 期上。

本年还撰写《棉种选择论》《植物选种论》《谷种改良论》《美国之森林》,均发表在《科学》月刊各期。

1916 年　30 岁

1 月,过探先为成立公有团各林场与陈嵘(江苏省立第一农校林科主任)、陈植等教师奔忙,在南京紫金山(后为中山陵园)、汤山、徐州云龙山、江浦老山等地分设林场。为《教育林概要》一书作序。

秋,过探先与王舜成(江苏省立第二农校校长)、陈嵘等发起组织中华农学会,向全国倡议,受到梁希、邹秉文、许璇、顾复、沈宗瀚、葛敬中、邓植仪等全国农、林、蚕桑、畜牧兽医等各界人士响应。

本年,撰写《农业教育管见》,这是国内讨论农业教育的先声。

1917 年　31 岁

1 月,过探先参加在上海教育会堂召开的中华农学会成立大会,到会人数 10 余人,推定王舜成任会长,邀请实业家张謇为名誉会长。

6 月,南京高等师范学校农业专修科成立,主任邹秉文,为过探先留美时同学。该科后改名为东南大学农科,为中央大学农学院的前身。

1918 年　32 岁

夏,中国科学社从美国迁到南京,临时办事处设在过探先三牌楼寓所(约一年后迁成贤街文德里)。

夏,鉴于民国六年金山等县螟虫为害之大,江苏实业厅组织考查团,由过探先率师生 30 人到苏南吴县、金山等 11 个县考察,写出《江苏治螟记》,并于翌年发表于《科学》第 4 卷第 8 期上。

7月,参加在上海举行的中华农学会第一次年会,决定创办《中华农学会丛刊》(后更名为《中华农学会报》)。

本年,撰《论农田之收获》一文。

1919 年　33 岁

春,过探先应上海华商纱厂联合会聘请,主持棉花育种栽培研究工作,辞去已任职 4 年多的农校校长职务。学校在先生主持下,学生遍布全国许多省份,还有南洋华侨学生,被教育部评为中国唯一的一所模范农校。

8月 15 日,参加在杭州举行的中华农学会第二次年会,到会 39 人,当选为 5 名干事之一,分工会计工作,兼任 11 名学艺专员之一。

秋,在南京洪武门(今光华门)外开辟植棉总场,并引进美国优良棉种试植、研究。且与来华的美国植棉专家柯克(O. F. Cook)共同进行“全国美棉品种试验”。

本年,参加中国科学社第四次年会,于会上作题为《中国在世界农业之位置》的演讲,并担任农林股成员。翻译美国贝莱(L. H. Bailey)的《永久农业与共和》一文。

1920 年　34 岁

春,过探先选拔农校学生 9 人驻棉种场实习,并亲自指导,又接受棉业处督办派的实习生 16 人驻场实习。

8月 15 日,参加中国科学社第五次年会,中国科学社社址迁移至南京成贤街文德里。

8月 25 日,参加在无锡举行的中华农学会第三次年会。

9月,率队调查北方植棉情况,历经山东、河北、河南、山西四省。时值北方干旱,写出《北方旱灾实地观察感言》一文。

10月,会同邹秉文、原颂周和中国银行副总裁张公权到南通、泰州一带视察棉业贷款使用情况,发现棉虫危害甚巨,商计建立昆虫研究机构。

本年还撰写《本会植棉计划》《英国田制问题之变迁》《植棉简法》。

1921 年　35 岁

过探先继续主持棉花总场工作,接受东南大学农科主任邹秉文聘请,任该科教授。不久兼任农艺系主任。

春,接受广西棉业促进会派出的棉作实习生,亲加指导。

春,接受华商纱厂联合会委托,与孙玉书、叶元鼎一起在河南、湖北、安徽等 4 省 7 处的棉场进行紧张的试验工作。

5 月,写出《余之培养植棉人才之方法》,并发表于《中华农学会报》本年第 2 卷第 7 期上。

9 月,赴北京参加中华农学会第四次年会,被选为总干事(总干事有 15 人),分工担任会计和资金募集工作。

秋,主持选育出江阴白籽棉、孝感光子长绒棉、改良小白花棉。

本年还撰写《吾国棉业之前途》《吾国之棉产问题》两篇文章。

1922 年　36 岁

春,主持东大农科开办的植棉专科。

4 月,过探先答复中华职业教育社征求对新学制草案中职业教育部分的意见,并撰写《什么是初等农业教育》。

5 月,兼任教育部实业部联合会农业委员会主任,作为筹备委员,进行第一届全国农业讨论会的准备工作,并撰写《讨论农业教育意见书》。

7 月,出席在济南召开的第一届全国农业讨论会。

7 月,出席在济南召开的中华农学会第五次年会,在会上继续当选为总干事。

8 月,由东大农科、金大农林科、农商部等发起组织的"全国棉场联合会"举行会议,过探先为主持人之一。

本年还写出:《农科大学的推广任务》、《动物之寿命》(曾省记录)、《余之通泰两属盐垦事业观》、《近世进种学之发明与农业之关系》(王希成、黄绍绪记录)、《对于新学制草案职业教育农科一部分的意见》。

1923 年　37 岁

1 月 7 日,过探先参加中华农学会总干事会,继续负责基金收纳保管。

2月,兼任东南大学农科副主任(主任邹秉文),并再兼棉作改良推广委员会主任,东南大学《农学》杂志筹备员(另两人为胡经甫、孙玉书),讲授"种子品评学""作物育种学",每周4小时,以及做主题为"棉作育种研究"的讲座。

3月,任东大《农学》杂志生物学组、农艺学组、世界农业新闻组编辑员,以后每期均要编写文章和世界农业新闻数则。

4月,与周凤鸣合写《棉作试验及事业》,作为东大棉作改良委员会报告第三册(分上、下部分)。

6月,发表《办理农村师范学校的商榷》《美国农林部研究事业经费》《农作物学教授大纲之商榷》等文章。

5—8月,主持进行美国爱字棉驯化研究、常阴纱棉育种实验、小麦品种抗锈能力观察研究、大豆品种选择研究、甜菜移植和玉米遗传研究等项目。8月,赴苏州参加第六次中华农学会年会,继续当选为总干事。

10—11月,主持东南大学农科与省第一农校合办的江苏棉作展览会,与校长郭秉文、农科主任邹秉文一起引领省长韩国钧、华商纱厂联合会副主席聂云台等各界人士参观,受到好评。

1924年 38岁

4月,过探先担任东南大学《农学》杂志专刊《江苏新农业》主任编辑,该刊对江苏稻、麦、棉、林、园艺、水产、畜牧各业进行规划,并同邹秉文、王舜成共同提出《江苏教(育)实(业)联合会农业委员会组织办法案》,被继续聘为主任委员并兼农业系统组委员。

8月,赴安庆参加第七次中华农学会年会。

秋,江浙军阀战争后,江浙农村遭很大破坏,过探先被江苏省政府聘为善后会议赈务处委员,并筹办农民借贷局。

1925年 39岁

1月,发表《我国农业教育的改进》一文,载《教育杂志》本年第17卷第1期。

2月,金大、中大开办乡村服务讨论会,由芮思娄(J. H. Reisner)、过探先主持。3月,撰写《爱字棉驯化育种报告》《常阴沙棉育种报告》《爱字棉常阴沙棉生育状况之比较》。

3月,东南大学发生校长更换风波,过探先愤而辞去在东南大学农科的所有职务。8月,应聘担任私立金陵大学农林科中方主任(美方主任为芮思娄),迁家到大石桥路单牌楼3号。

6—8月,参加江苏实业厅组织的绥远农牧业调查,到归绥、武川等地访问参观与考察。同行者有汪德章、罗清生、姚星黄等20人。

8月,到上海参加中华农学会第八次年会。

9月,写出《论人造肥料》和《绥远农业问题管见》二文。其中,《绥远农业问题管见》一文,提出农、林、牧结合的意见。

10月,黄炎培、邹秉文组织"淞沪战后农村复原调查团",过探先、邹钟琳等15人参加调查。

1926年 40岁

4月,过探先作为中华农学会代表、金大农林科主任起草对英国庚款大部应用于农业的意见书,并与陈焕镛一起会晤中英庚款委员会的威灵顿爵士、胡适、丁文江等人并做详细说明。

4月,撰写《农业教育之曙光》一文。

6月,在中央大学农学院讲《农业问题之分工合作》。

8月,在广州召开中华农学会第九次年会,孙科、毛泽东、许崇清等参加会议并致词,过探先继续当选为总干事,但南京代表30人名单中无过探先,似因故未参加。

1927年 41岁

1月,过探先撰写《民国十六年之希望》一文。

1月,美方主任芮思娄回国(11月返回),过探先主持金大农科工作。1月,到上海参加中华农学会总干事会议,仍继续任干事,负责基金保管工作。

2月,收到万国(罗马)农会农业统计文件,委托农经系孙文郁译出并亲自作序。2月,对金大学生训话,题为《为什么要学农?》。

3月,撰写《金陵大学农林科之发展及其贡献》一文。4月,北伐军进入南京,混乱中金大一名美国籍副校长被枪杀,美国人纷纷回国,过探先被推选为金陵大学校务委员会主席,奔走应付,团结中国教师,才使学校稳定下来。不久由陈裕光先生任校长,过探先仍任农科主任。他主持召开全科教师会议,决定改变过去制度,设立科务委员会,以集思广益办好学校。

7月,决定聘美国著名育种专家洛夫(H. H. Love)到校并主持举办作物暑期讨论会,邀请全国同行参加。此举对中国作物育种工作走上科学轨道有深远意义。

8月,江苏省筹备成立农民银行,过探先参加筹备。

9月,参加在杭州举行的中华农学会第十次年会。会上,过探先提议设立农业计划委员会,并被选为农业计划委员。

9月,聘著名教授来校任教:戴芳澜任植物病理学教授、张巨伯任昆虫学教授、沈宗瀚为作物育种学教授。

10月,在校内组织各委员会以发挥教授作用,如设行政委员会、教务委员会、研究委员会、推广委员会、标本管理委员会、中英文出版委员会、农工管理委员会、交际娱乐委员会,亲自担任行政和教务两委员会主任。

11月,受中华职业教育社委托,撰写《农业训育问题》。

11月,请徐澄代表自己参加第四次中华农学会总干事会议,讨论成立中华农学会农学研究所、农事试验场问题,决定在上海金神父路44号设农学研究所,在真如暨南村设农事试验场。过探先当选为农学研究所筹备员,被推举为所长候选人(后由许璇任所长)。

12月,教育部俞庆棠、程柏庐率江苏各县教育局长到金大农林科参观,陈裕光、过探先出面接待。

本年,兼任教育部大学委员会委员、国民政府禁烟委员会委员、农矿部设计委员。

1928年　42岁

2月,举办新春农业研究会,邀请江苏省农民协会代表参加,过探先在开幕式上致欢迎词。

2月,撰写《农业教育的分工合作》一文。

3月,孙中山先生逝世三周年,过探先撰写《总理逝世三周年纪念参与首都民众植树感言》一文,兼任中山陵园计划委员,积极参加中山陵园的筹划工作。

7月16日,江苏省农民银行正式成立,过探先兼任总经理。

8月6日,在金陵大学农科召开中华农学会第十一次年会,过探先以东道主名义致欢迎词。会上,过探先被选为大会主席团成员,并当选为执行委员(共 19 人)。

8 月 12 日,国民革命军副总司令冯玉祥以及李烈钧等来校参观,过探先、沈宗瀚陪同,并到太平门外学校农场参观,参观中由政府派人摄制影片。

9 月,过探先聘著名教授赵连芳、张福良等来校任教。

10 月 19、20 日,过探先连续在中央大学民众教育院演讲《中国之农业问题》《中国农业之发展及其变迁》,11 月 16,17 日又讲此题,撰写成文。

10 月,与周凤鸣合著《棉作杂种势力之观察》。

11 月,过探先根据本校推广部对乌江实验区的农民生活调查报告,撰写《乡民的痛苦与呼吁》一文。

11 月,蒋介石与宋美龄到金大农林科参观,陈裕光、过探先出面接待,蒋介石索阅森林系的"淮河测绘图"。

本年,金大农林科已设置农艺、园艺、森林、蚕桑、生物、植物病虫害、乡村教育、农业经济、农业推广、农业专修科等 19 个部系,规模齐全、教师阵容强大,成为国内私立大学农科之首。

本年,兼任江苏省农矿厅农林事业推广委员会委员。

1929 年　43 岁

2 月,致函农矿部,指出美国进口棉花种子上可能夹带象鼻虫,必须令海关严加检验。

2 月,应金大农林科学生组织的"农林学会"之请,担任该会顾问和该会出版物《农林汇刊》的顾问。该会执行委员为黄瑞采、马保之、程世抚等人,编辑为马保之、魏景超、莫甘霖等,并一起摄影留念。

2 月,参加中大农学院、金大农林科在成贤街教育馆召开的改良南京棉花会议,决定组织"宁镇棉作改良推广会"。

3 月 1 日,由于金大森林系教师罗德民(美国人)、李德毅、任承统等赴淮河流域调查由于社会不宁请求政府派兵保护事,过探先上书国民政府主席蒋介石,请求支持以完成淮河流域森林水土调查,此公开信载于《农林新报》。

3 月 9 日,参加设在金大农林科的"军官屯垦讲习班"(冯玉祥的西北军),并作训话,内容是他对兵农政策的实施计划和希望。当晚得病。

3 月 15 日,病逐渐沉重,曾请中、西医和日本医生诊治。

3月23日,救治无效,不幸逝世。遗妻胡氏,子五,即过南田、南寿、南武、南强、南同,女三,即南大、南山、南五。

3月26日,《农林新报》刊出讣告,称先生为"我国农业界之栋梁"。

4月1日,金陵大学、中央大学农学院、江苏省农民银行、中华农学会、中华林学会、中国科学社、上海华商纱厂联合会、江苏省农矿厅、江苏省昆虫局、江苏省立金陵造林场等12个单位联合组成治丧委员会。蔡元培先生亲笔题写《过探先先生遗像赞词》(原件藏中国第二历史档案馆)。

4月17日,江苏教育林委员会会议决定指拨第一林场第二区山地3亩为安葬和纪念过探先之墓地。

5月3日,中央大学同意江苏教育林委员会拨3亩土地安葬的意见并通知家属。

5月4日,上述12个单位在鼓楼金陵大学礼堂举行追悼大会,到会各界团体代表和人士500多人。大会由杨杏佛、陈裕光、王善佺等先生致悼词,陈嵘(宗一)先生报告过探先先生生平,最后由族弟代表家属致答词。

5月7日,过探先先生灵柩安葬在朝阳门(今中山门)外汤山南麓,由中山陵园主任傅焕光、林场场长李寅恭与家属共同勘察,并由上述单位募款树立纪念碑。

5月,华商纱厂联合会荣宗敬、穆藕初先生为纪念过探先,决定将过探先生前(1919年)创办的洪武门(今光华门)棉场中的56亩地作为"探先小学",地点在洪武门外半里之花园村,由中央大学农学院王善佺院长主持筹办,推广部管理。选择在中和桥元真观3间房和12亩土地的基础上加以修建(东大《农学》杂志上有照片),9月正式开学,招收学生50多人。

本年,中央大学农学院将过探先培育的一种棉花新品种(由北京长绒棉与江阴丰产棉杂交而成)命名为"过字棉",以纪念过先生在棉花育种工作上的成就。

金陵大学农学院(1929年农林科正式改名为农学院)《农林汇刊》第二期作为"纪念过探先先生"专刊出版,登出过探先遗照、蔡元培先生题词、纪念文章和过先生遗作数种。

(原载南京农业大学编:《过探先先生纪念文集》,南京:南京农业大学,1994年。有删改。)

过探先著作目录

一、农艺与种业

1.《说种子》,《科学》1915 年第 1 卷第 3 期。

2.《植物选种论》,《科学》1915 年第 1 卷第 7 期。

3.《棉种选择论》,《科学》1915 年第 1 卷第 8 期。

4.《谷种改良论》,《科学》1915 年第 1 卷第 9 期。

5.《本会植棉计划》,《华商纱厂联合会季刊》1920 年 1 卷第 3 期。

6.《吾国棉业之前途》,《科学》1921 年第 6 卷第 1 期。

7.《吾国之棉产问题》,《科学》1921 年第 6 卷第 4 期。

8.《吾国之棉产问题》,《科学》1921 年第 6 卷第 5 期。

9.《近世进种学之发明与农业之关系》,《农业丛刊》1922 年第 1 卷第 1 期。

10.《吾国之棉产问题(三)》,《科学》1922 年第 7 卷第 4 期。

11.《爱字棉驯化育种报告》,《科学》1925 年第 10 卷第 3 期。

12.《常阴沙棉育种报告》,《科学》1925 年第 10 卷第 4 期。

13.《爱字棉常阴沙棉生育状况之比较》,《农学》1926 年第 3 卷第 5 期。

14.《主要食用作物育种法大纲(绎述)》,《兴华》1926 年第 23 卷第 20 期。

15.《主要食用作物育种法大纲(绎述)》,《兴华》1926 年第 23 卷第 21 期。

16.《简易的除螟方法》,《兴华》1926 年第 24 卷第 1 期。

17.《棉作杂种势力之观察》,《中华农学会报》1928 年第 64—65 期。

18.《为防止输入棉花害虫事上农矿部书》,《农林新报》1929 年第 162 期。

19.《植棉简法》,南京高师农科推广部《百科小丛刊》之八。

20.《棉作试验及技术》,东南大学棉作改良推广委员会报告第三册。

二、农业问题考

1.《江苏农林政策刍议》,《江苏省立第一农业学校校友会杂志》1917 年第 3 期。

2.《上齐省长条陈组织稻作害虫考查团意见书》,《江苏省立第一农业学校校友会杂志》1918 年第 4 期。

3.《论农田之收获》,《东方杂志》1918 年第 15 卷第 6 期。

4.《永久农业与共和(译)》,《科学》1919 年第 4 卷第 8 期。

5.《北方旱灾实地观察感言》,《中华农学会报》1920 年第 2 卷第 2 期。

6.《北方旱灾实地观察感言(续)》,《中华农学会报》1920 年第 2 卷第 3 期。

7.《吴江县农业调查报告书(上)》,《吴江》1923 年 12 月 16 日第 4 版。

8.《吴江县农业调查报告书(下)》,《吴江》1923 年 12 月 23 日第 4 版。

9.《农业委员会组织办法案》,《农学》1924 年第 2 卷第 1 期。

10.《绥远农业问题管见》,《农学》1926 年第 3 卷第 1 期。

11.《绥远农业问题管见(续)》,《西北汇刊》1926 年第 2 卷第 7 期。

12.《农业实习审查报告》,《江苏教育公报》1926 年第 9 卷第 9 期。

13.《中国农业之发展及其变迁》,《金陵周刊》1928 年第 6 期。

14.《调查江苏教育公有林之报告》,《江苏大学教育行政周刊》1928 年第 33 期。

15.《中国之农业问题》,《农林汇刊》1929 年第 2 期。

16.《农业问题之分工合作》,《国立中央大学农学院旬刊》1929 年第 17 期。

三、论农业教育

1.《康南耳大学之纽约省立农学院》,《留美学生季报》1915 年第 2 卷第 2 期。

2.《农业教育管见》,《江苏省第一农校校友会刊》1916 年第 1 期。

3.《本校进行计划概略(六年度起)(呈教育厅稿)》,《江苏省立第一农业学校校友会杂志》1918 年第 4 期。

4.《农业补习学校办法草议》,《江苏省立第一农业学校校友会杂志》1918 年第 4 期。

5.《余之培养植棉人才之方法》,《中华农学会报》1921 年第 2 卷第 7 期。

6.《余之培养植棉人才之方法(续)》,《中华农学会报》1921 年第 2 卷第 8 期。

7.《农科大学的推广任务》,《新教育》1922 年第 5 卷第 1、2 期合刊。

8.《讨论农业教育意见书》,《中华农学会报》1922 年第 3 卷第 8 期。

9.《什么是初等农业教育》,《浙江教育月刊》1922 年第 5 卷第 8 期。

10.《对于新学制草案职业教育农科一部分的意见》,《教育与职业》1922 年第 33 期。

11.《农作物学教授大纲之商榷》,《农学》1923 年第 1 卷第 3 期。

12.《办理农村师范学校的商榷》,《义务教育》1923 年第 20 期。

13.《改良乡村学校实施办法之商榷》,《新教育》1924 年第 9 卷第 1、2 期合刊。

14.《新学制农业科课程标准草案》,《教育与人生》1924 年第 26 期。

15.《我国农业教育的改进》,《教育杂志》1925 年第 17 卷第 1 期。

16.《农业教育之曙光》,《金陵光》1926 年第 15 卷第 2 期。

17.《金陵大学农林科之发展及其贡献》,《金陵光》1927 年第 16 卷第 1 期。

18.《农业教育的分工合作》,《教育与职业》1928 年第 96 期。

19.《农业训育问题》,《农林汇刊》1929 年第 2 期。

四、观世界农业

1.《中美农业异同论》,《科学》1915 年第 1 卷第 1 期。

2.《美国农林考》,《南洋》1915 年第 1 期。

3.《美国农林考(续)》,《南洋》1915 年第 2 期。

4.《欧洲战争与棉业之影响》,《南洋》1915 年第 2 期。

5.《制茶法之研究(译)》,《科学》1915 年第 1 卷第 3 期。

6.《美国之森林》,《科学》1915 年第 1 卷第 11 期。

7.《农业与战争》,《科学》1915 年第 1 卷第 4 期。

8.《世界的棉产(节译)》,《华商纱厂联合会季刊》1920 年第 1 卷第 4 期。

9.《英国田制之变迁》,《科学》1920 年第 5 卷第 5 期。

10.《世界农业新闻》,《农学》1923 年第 1 卷第 1 期。

11.《美国农林部研究事业经费》,《农学》1923 年第 2 期。

五、其他

1.《受伤临时救护法》,《科学》1915 年第 1 卷第 8 期。

2.《经理部报告》,《科学》1917 年第 3 卷第 1 期。

3.《经理部部长报告》,《科学》1917 年第 4 卷第 1 期。

4.《江苏治螟记》,《科学》1919 年第 4 卷第 8 期。

5.《檀香山群岛人种之混杂》,《科学》1919 年第 4 卷第 12 期。

6.《余之通泰两属盐垦事业观》,《科学》1922 年第 7 卷第 9 期。

7.《动物之寿命》,《科学》1922 年第 7 卷第 10 期。

8.《我国糖业问题之重大及其改进方法》,《农业丛刊》1922 年第 1 卷第 4 期。

9.《论人造肥料》,《农林新报》1925 年第 42 期。

10.《本校同学有金陵周刊之发行感而书此聊作赠言》,《金陵周刊》1927 年第 3 期。

11.《为完成淮系调查事上民国政府主席书》,《农林新报》1929 年第 165 期。

过探先先生家谱图系

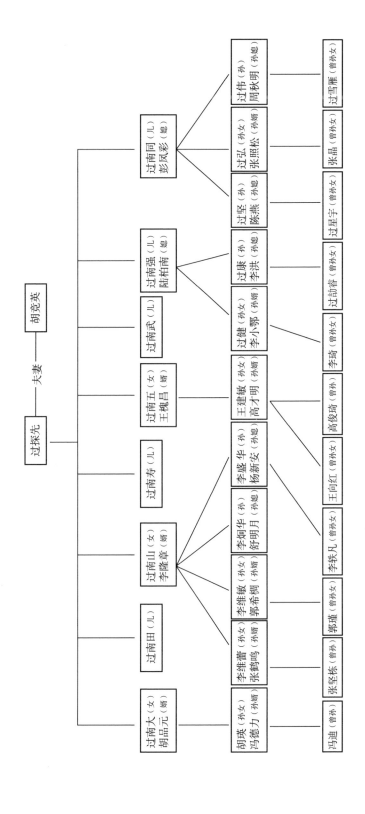

过探先 —— 夫妻 —— 胡竞英

过南大（女）
胡吕元（婿）

过南田（儿）

过南山（女）
李隆章（婿）

过南寿（儿）

过南五（女）
王槐昌（婿）

过南武（儿）

过南强（儿）
陆柏南（媳）

过南同（儿）
彭凤彩（媳）

李维蕾（孙女）
张鹤鸣（孙婿）

李维敏（孙女）
郭希稠（孙婿）

李炯华（孙）
舒明月（孙媳）

李盛华（孙）
杨新安（孙媳）

王建敏（孙女）
高才明（孙婿）

过健（孙）
李小鄂（孙媳）

过康（孙）
李洪（孙媳）

过坚（孙）
陈燕（孙媳）

过弘（孙女）
张照松（孙婿）

过伟（孙）
周秋明（孙媳）

胡瑛（孙女）
冯德力（孙婿）

张坚栋（曾孙）

郭瑾（曾孙女）

李铁凡（曾孙女）

王向红（曾孙女）

高俊峤（曾孙）

李峤（曾孙女）

过劼睿（曾孙女）

过星宇（曾孙女）

张晶（曾孙女）

过雪雁（曾孙女）

冯迪（曾孙）

编 后 记

　　过探先先生是我国近代农业教育和棉花育种事业的开拓者与奠基人之一。其在短短十余年的教育实践中，留下了大量有关农业、农村、农民主题的论著。在 20 世纪 90 年代，为缅怀先生为南京农业大学前身及近代农业教育发展所作出的杰出贡献，先生的子女和南京农业大学共同整理编撰了《过探先先生纪念文集》。文集选录了先生在农业、林业、教育等方面的理论成果，反映了先生在近代农业教育与农业问题研究上的远见卓识。但囿于当时条件，史料收集困难，前版文集内容丰富度尚有待提升。今年适逢南京农业大学百廿校庆，值此契机重编文集，意义非凡。

　　本文集在前版文集的基础上加以扩充，将过探先先生的著述重新进行整理。新一版的《过探先文集》不仅包括过探先先生正式发表的有关农业科教的学术论文，也包括他撰写与主编的部分著作的篇章、工作计划、调查报告以及商榷意见等，较为完整地反映了先生的学术成就及其对农业科学事业发展所作的超卓贡献。在编撰过程中，为全面了解先生的著述情况，编者在中国国家数字图书馆、全国报刊索引、中国第二历史档案馆、南京图书馆、南京大学图书馆、南京农业大学农业遗产分馆等数据库及档案馆查阅了大量资料，得到了部分先生亲撰的珍贵手稿及诸多前版文集所未收录的著述。在内容编排上，本文集将先生正式发表的相关论著按照研究内容分为五个篇章，分别为"农艺与种业""农业问题考""论农业教育""观世界农业"和"其他论述"；后人对先生的缅怀与追思则作为附录。需要提到的是，先生在盐业、糖业、动物、人种等方面的研究亦取得了相当的成就。在这些领域的论著，受篇幅所限，本文集未予收录。

　　在本书的编撰过程中，编者得到过探先先生家族的大力支持与帮助，他们提供了部分先生的遗稿、书信、笔记、书刊等等。此外,南农校友会、江宁市文物局、江宁市委宣传部也为本书的编撰工作提供了有力支持,南京农业大学校史馆李冰老师,农业史学科任思博、陈晖、杨源禾等同学为文稿编撰付出了大量辛苦的劳动,在此一并表示衷心的感谢。

高山仰止,景行行止。过探先先生的丰功伟绩永远彪炳史册。希望本文集的出版,能够将先生勤学、俭朴的一生给予立体、真实的呈现,并以此彰显先生突出的学术成就,缅怀先生卓著的学术功绩,勉励后人加倍努力,为中国农业教育事业的繁荣与发展而共同奋斗。

编　者
2022 年 11 月